"创新设计思维"
数字媒体与艺术设计类新形态丛书

移动学习版

Premiere Pro CC

视频编辑与特效制作 核心技能一本通

李敏 李茜 袁婧婧 主编　时娟娟 焦江红 副主编

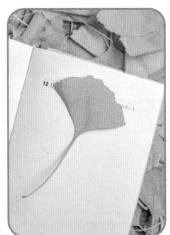

人民邮电出版社

北 京

图书在版编目（ＣＩＰ）数据

Premiere Pro CC视频编辑与特效制作核心技能一本通：移动学习版 / 李敏，李茜，袁婧婧主编. -- 北京：人民邮电出版社，2022.10（2024.1重印）
（"创新设计思维"数字媒体与艺术设计类新形态丛书）
ISBN 978-7-115-59134-0

Ⅰ. ①P… Ⅱ. ①李… ②李… ③袁… Ⅲ. ①视频编辑软件－教材 Ⅳ. ①TN94

中国版本图书馆CIP数据核字(2022)第061286号

内 容 提 要

Premiere 是 Adobe 公司旗下的一款视频处理软件，在影视后期、视频广告等领域应用广泛。本书以 Adobe Premiere Pro 2020 为蓝本，讲解 Premiere 在视频编辑与特效制作中的核心应用。全书共 14 章，首先对视频编辑的理论知识进行详细介绍；然后讲解 Premiere 的基础知识和基本操作，如安装与卸载 Premiere、认识 Premiere 工作界面、自定义 Premiere 工作区等；再逐步深入探讨 Premiere 在视频编辑与特效制作中的应用，包括视频剪辑、视频过渡、视频特效、关键帧动画、视频抠像与合成、调色、字幕与图形、音频等；接着对视频的渲染与输出进行介绍；最后将 Premiere 的操作与商业实战案例相结合，在视频特效和商品短视频 2 个领域中对全书知识进行综合应用。

本书结合大量"实战"和"范例"对知识点进行讲解，而且还设计了"技巧""巩固练习" 与"技能提升"等特色栏目来辅助读者学习和提升应用技能。此外，在操作步骤和实例展示旁还附有对应的二维码，扫描二维码即可观看操作步骤的视频演示，以及案例视频的播放效果。

本书可作为各类院校数字媒体艺术相关专业的教材，也可供 Premiere 初学者自学，还可作为视频编辑与特效制作人员的参考用书。

◆ 主　　编　李　敏　李　茜　袁婧婧

　　副 主 编　时娟娟　焦江红

　　责任编辑　韦雅雪

　　责任印制　王　郁　陈　犇

◆ 人民邮电出版社出版发行　　北京市丰台区成寿寺路 11 号

　　邮编　100164　　电子邮件　315@ptpress.com.cn

　　网址　https://www.ptpress.com.cn

　　雅迪云印（天津）科技有限公司印刷

◆ 开本：880×1092　1/16

　　印张：20.5　　　　　　　　　　　2022 年 10 月第 1 版

　　字数：746 千字　　　　　　　　 2024 年 1 月天津第 3 次印刷

定价：109.00 元

读者服务热线：**(010)81055256**　印装质量热线：**(010)81055316**
反盗版热线：**(010)81055315**
广告经营许可证：京东市监广登字 20170147 号

PREFACE 前言

当下，互联网和信息技术的快速发展，为我国加快建设质量强国、网络强国、数字中国提供了力量支撑。基于互联网和信息技术而迅速发展的视频，在人们日常生活中也扮演着越来越重要的角色。与此同时，随着视频技术的不断发展，视频编辑与特效制作日益市场化，各种专业的视频制作公司如雨后春笋般涌现，市场对视频编辑与特效制作人才的需求量越来越大，这也对视频编辑与特效制作人员提出了更高的要求。目前，视频编辑与特效制作人员不仅要掌握基本的视频编辑与特效制作技能，还要满足互联网环境下企业及个人对设计作品的要求。

党的二十大报告指出，教育、科技、人才是全面建设社会主义现代化国家的基础性、战略性支撑。在视频编辑与特效制作教学中，如何利用新的信息技术、新的传播媒体提高教学的时效性，进一步培养满足社会需要的视频编辑与特效制作人才，是众多院校相关专业面临的共同挑战。尤其是随着近年来教育改革的不断发展、计算机软硬件的不断升级，以及教学方式的不断更新，传统视频编辑与特效制作教材的讲解方式已不再适应当前的教学环境。鉴于此，编写团队深入学习二十大报告的精髓要义，立足"实施科教兴国战略，强化现代化建设人才支撑"，在最新教学研究成果的基础上编写了本书，以帮助各类院校快速培养优秀的视频编辑与特效制作人才。本书内容全面，知识讲解透彻，不同需求的读者都可以通过学习本书有所收获，读者可根据下表的建议进行学习。

学习阶段	章节	学习方式	技能目标
入门	第 1 章 ~ 第 3 章	案例展示、实战操作、范例演示、课堂小测、综合实训、巩固练习、技能提升	① 了解视频与视频编辑的概念 ② 了解并熟悉视频编辑中的常用术语和常见文件格式 ③ 了解并熟悉视频画面中的镜头语言和视频编辑的基本流程 ④ 掌握 Premiere 的入门基础，包括 Premiere 的应用领域、作用、工作界面等知识，以及 Premiere 的安装与卸载、打开与关闭和工作区设置等操作 ⑤ 掌握项目和序列的新建与设置操作 ⑥ 掌握素材的导入、查看、替换等操作 ⑦ 掌握彩条、黑场视频、颜色遮罩等新元素的创建操作
提高	第 4 章 ~ 第 12 章	案例展示、实战操作、范例演示、课堂小测、综合实训、巩固练习、技能提升	① 灵活应用不同视频剪辑技术剪辑视频 ② 能够通过为视频添加和编辑过渡、特效、关键帧、音频，以及对视频进行调色，打造高品质的视频作品 ③ 灵活应用不同抠图技术抠取视频并合成 ④ 能够对完成的视频作品进行渲染和输出
精通	第 13 章、第 14 章	行业知识了解、案例分析、案例制作、巩固练习、技能提升	① 能够融会贯通本书所讲述的知识，掌握 Premiere 的核心功能、使用方法与操作技巧 ② 能够通过设计案例了解并熟悉视频编辑与特效制作行业的工作，提升设计技能 ③ 能够通过综合案例的设计实战，锻炼资源整合能力与案例整体设计能力

 内容与特色

本书以知识点与实例结合的方式来讲解Premiere在实际工作中的应用，本书的特色可以归纳为以下5点。

- ▶ **体系完整，内容全面。** 本书条理清晰、内容丰富，从Premiere的基础知识入手，由浅入深、循序渐进地介绍Premiere的各项操作技能，并在讲解过程中尽量做到细致、深入，辅以理论、案例、测试、实训、练习等，加强读者对知识的理解与实际操作能力。

- ▶ **实例丰富，类型多样。** 本书实例丰富，不仅对涉及操作的部分，尽量以"实战"引入，还以"范例"的形式，综合应用多个知识点，让读者在操作中掌握相关知识在实际工作中的应用方法。

- ▶ **步骤讲解翔实，配图直观。** 本书的讲解深入浅出，不管是理论知识讲解还是案例操作，都有对应的配图，且配图中还添加了与操作——对应的标注，便于读者理解、阅读，更好地学习和掌握Premiere的各项操作。

- ▶ **融入设计理念、设计素养。** 本书中每章的"综合实训"是结合本章重要知识点的行业案例设计，不仅有详细的行业背景，还结合了实际设计工作场景，充分融入了设计理念、设计素养，紧密结合课堂讲解的内容给出实训要求、实训思路，培养读者的设计能力和独立完成任务的能力。

- ▶ **学与练相结合，实用性强。** 本书通过大量的实例帮助读者理解、巩固所学知识，具有很强的可操作性和实用性。同时，还设有"小测"和"巩固练习"，通过测试训练读者的动手能力。

📢 讲解体例

本书精心设计了"本章导读→目标→知识讲解→实战→范例→综合实训→巩固练习→技能提升→实战案例"的教学方法，以激发读者的学习兴趣。本书通过细致而巧妙的理论知识讲解，辅以实例与练习，帮助读者强化并巩固所学的知识和技能，以达到提高读者实际应用能力的目的。

- ▶ **本章导读：** 每章开头均以为什么学习、学习后能解决哪些问题切入，引导读者对本章内容展开思考，从而引起读者的学习兴趣。

- ▶ **目标掌握：** 从知识目标、能力目标和情感目标3个方面出发，帮助读者明确学习目标、厘清学习思路。

- ▶ **知识讲解：** 深入浅出地讲解理论知识，并通过图文结合的形式对知识进行解析、说明。

- ▶ **实战：** 紧密结合知识讲解，以实战的形式对复杂的理论进行一步步讲解，帮助读者更好地理解并掌握知识。

图3-59

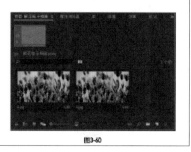
图3-60

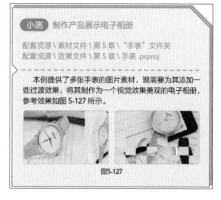
图5-127

- ► 范例：本书精选范例，对范例的要求进行定位，并给出操作的要求及过程，帮助读者分析范例并根据相关要求完成操作。
- ► 综合实训：结合设计背景、设计理念，给出明确的操作要求、操作思路，让读者独立完成操作，提升读者的设计素养和实际动手能力。

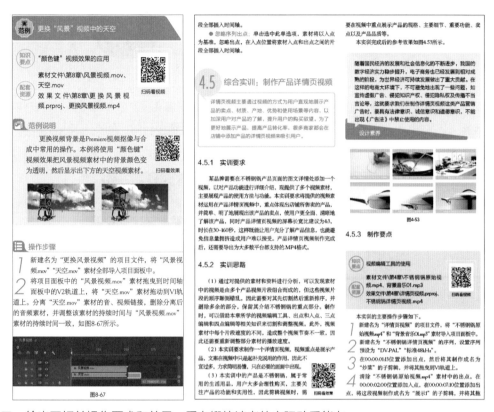

- ► 巩固练习：给出了相关操作要求和效果，重在锻炼读者的实际动手能力。
- ► 技能提升：为读者提供了相关知识的补充讲解，便于读者进行拓展学习。
- ► 综合案例：本书最后2章的综合案例，结合真实的行业知识与设计要求，对案例进行分析，再一步步进行具体的实操，帮助读者模拟实际设计工作的完整流程，使读者能更快地适应实际设计工作。

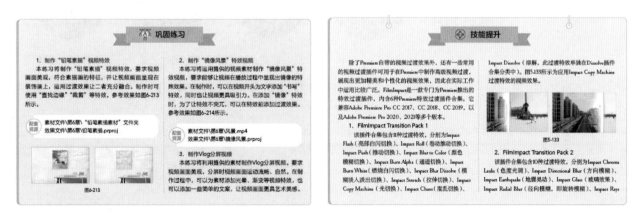

 配套资源

本书提供立体化的配套资源，读者可登录人邮教育社区（www.ryjiaoyu.com），在本书页面中下载。

本书的配套资源包括基本资源和拓展资源。

📋 基本资源

演示视频 ＋ 素材和效果文件 ＋ PPT、大纲和教学教案

▶ **演示视频**：本书所有的实例操作均提供了教学视频，读者可通过扫描实例对应的二维码进行在线学习，也可扫描下图二维码关注"人邮云课"公众号，输入校验码"rygjsmpr"，将本书视频"加入"手机上的移动学习平台，利用碎片时间轻松学。

"人邮云课"公众号

▶ **素材和效果文件**：本书提供所有实例需要的素材和效果文件，素材和效果文件均以案例名称命名，便于读者查找。
▶ **PPT、大纲和教学教案**：本书提供PPT课件，Word文档格式的大纲和教学教案，以便教师顺利开展教学工作。

📋 拓展资源

案例库 ＋ 实训库 ＋ 课堂互动资料 ＋ 题库 ＋ 拓展素材资源 ＋ 高效技能精粹

▶ **案例库**：本书按知识点分类整理了大量Premiere软件操作拓展案例，包含案例操作要求、素材文件、效果文件和操作视频。
▶ **实训库**：本书提供大量Premiere软件操作实训资料，包含实训操作要求、素材文件和效果文件。
▶ **课堂互动资料**：本书提供大量可用于课堂互动的问题和答案。
▶ **题库**：本书提供丰富的与Premiere相关的试题，读者可自由组合出不同的试卷进行测试。
▶ **拓展素材资源**：本书提供可用于日常设计的大量拓展素材。
▶ **高效技能精粹**：本书提供实用的速查资料，包括快捷键汇总、设计常用网站汇总和设计理论基础知识，帮助读者提高设计的效率。

编者
2023年4月

目录 CONTENTS

第6章　创建视频特效............99

第7章　关键帧动画和运动效果............142

第 8 章　视频抠像与合成.....................165

第 9 章　视频后期调色技术.....................188

第 1 章

视频编辑基础

本章导读

视频编辑是指在计算机上使用视频编辑软件对拍摄的影像进行编辑。在编辑前，我们需要先了解视频编辑的基础知识，然后使用专业的视频编辑软件进行相应操作。

知识目标

- 了解视频与数字视频的概念
- 熟悉视频编辑的常用术语
- 熟悉视频编辑中常见的文件格式
- 熟悉视频画面中的镜头语言和拍摄手法

能力目标

- 掌握视频编辑的基本流程
- 能够分析视频画面中的镜头语言和拍摄手法

情感目标

- 提高对视频编辑基础知识的理解和分析能力
- 增强对视频编辑的学习兴趣

1.1 认识视频与视频编辑

视频是承载各种动态影像的媒体类型，如音视频内容可以通过互联网进行传播。视频编辑是指在计算机上使用视频编辑软件对动态影像进行编辑。

1.1.1 什么是视频

根据视觉暂留原理，当连续的图像变化每秒超过24帧时，人眼将无法辨别单幅的静态画面，会产生平滑连续的视觉效果，这种连续的画面即为视频。图1-1所示为某视频画面的截图。

图1-1

视频有模拟视频和数字视频两种类型。

- 模拟视频：模拟视频是指由连续的模拟信号组成的视频图像，其中每一帧图像都是实时获取的自然景物的真实图像信号。模拟视频具有成本低、还原性好的优点，但经过长时间的存储或者多次复制后，信号和画面质量将大幅度降低。
- 数字视频：数字视频是以数字形式记录的视频。数字视频有两种记录方式：一种是使用模拟信号记录，即先用摄像机等视频捕捉设备将外界影像的颜色和亮度等信息转变为模拟视频信号，再运用数字技术将信号记录到储存介质中（如硬盘）；另一种是使用数字信号记录，即使用专业的数字摄像机直接产生数字视频信号，然后将数字视频信号存储在数字录像带或磁盘上。数字视频可以不失真地进行无数次复制，并且便于长时间存放。另外，数字视频还能在Premiere等非线性编辑软件中进行编辑。

1.1.2 视频编辑三要素

画面、色彩和声音是视频编辑的基本要素，它们共同构成视频，对视频的整体效果有着重要影响。

1. 画面

画面是视频中最直观的要素，使用Premiere进行视频编辑时，可以在画面中添加视频特效、视频过渡、图案和形状等元素，打造更具吸引力的视觉效果。图1-2所示为某视频添加特效前和添加特效后的画面效果。

添加特效前

添加特效后

图1-2

2. 色彩

色彩是一种极具冲击力的视觉元素，它由光波反射产生，再通过眼睛传递给大脑，从而使人们看到色彩时产生不同的心情与感受。色彩可以突出画面风格，传达情感与思想。使用Premiere进行视频编辑时，可以通过调色表现不同的画面色彩。图1-3所示为视频调色前和调色后的画面效果。

3. 声音

声音可以调节视频氛围，不同的声音会给观众以不同的听觉感受。使用Premiere进行视频编辑时，通常会根据视频内容的风格选择适合的人声、音效和背景音乐，声音风格或浑厚或小清新或气势磅礴。

| 调色前 | 调色后 |

图1-3

1.1.3 线性编辑与非线性编辑

线性编辑和非线性编辑是不同的视频编辑方式，也是进行视频编辑前必须了解的基础知识。

1. 线性编辑

线性编辑是一种磁带的编辑方式，也是一种传统的视频编辑方式，它利用电子手段，根据节目内容的要求将素材连接成新的连续画面。线性编辑通常以时间顺序来编辑视频，视频片段在磁带上按时间顺序进行排列。编辑完成后，不能轻易改变这些视频片段的组接顺序，只能以插入编辑的方式对视频中的某一段进行同样长度的替换。

2. 非线性编辑

非线性编辑是针对传统的以时间顺序编辑视频的线性编辑而言的，是指应用计算机图形和图像技术，在计算机中以帧或文件的方式对各种视频素材进行编辑，并将最终结果输出到计算机硬盘、光盘等记录设备中的一系列操作。非线性编辑是借助计算机来进行数字化操作的，几乎所有的非线性编辑工作都能通过计算机来完成，而不再需要太多的外部设备，这大大节省了设备和人力资源，提高了工作效率。

非线性编辑需要结合软件（如动画软件、图像处理软件、视频处理软件和音频处理软件等）和硬件（如计算机、声卡、硬盘、专用板卡以及外围设备等），这些软件和硬件共同构成了非线性编辑系统。随着非线性编辑系统的发展和计算机硬件性能的提升，视频编辑操作变得更加简单，如可以对视频进行插入、删除和重组等操作。经过多年的发展，现有的非线性编辑系统已经完全实现了数字化，并且与模拟视频信号高度兼容，被广泛应用于电影、电视、广播和互联网等传播领域。

1.2 视频编辑中常用的专业术语

帧、帧速率、场等名词是视频编辑中常用的专业术语，了解这些专业术语，能够帮助我们理解视频编辑的原理，更好地进行视频的编辑操作。

1.2.1 帧和帧速率

帧和帧速率都是视频编辑中常用的专业术语，它们对视频画面的流畅度、清晰度、文件大小等都有着重要的影响。

1. 帧

帧相当于电影胶片上的每一格镜头，一帧就是一幅静止的画面，播放连续的多帧就能形成动态效果。

2. 帧速率

帧速率也称FPS，是指画面每秒传输的帧数（单位为：帧/秒），即通常所说的视频的画面数。

一般来说，帧速率越大，视频画面越流畅，视频播放速度也越快，但同时视频文件也会越大，进而影响到后期编辑、渲染，以及视频的输出等环节。

视频编辑中常见的帧速率主要有23.976帧/秒、24帧/秒、25帧/秒、29.97帧/秒、30帧/秒。视频的用途不同，帧速率也不同，如胶片电影的帧速率一般为24帧/秒，为了电影播放顺畅，帧速率可以设置为23.976帧/秒。另外，我国电视或互联网中视频的帧速率一般是25帧/秒；欧美、日本等国家和地区视频的帧速率通常为29.97帧/秒、30帧/秒。

使用视频编辑软件编辑视频时，软件会使用算法（差值法、光流法等）自动统一帧速率，以保证视频的流畅度。因此，使用Premiere编辑视频时，应尽量让序列的帧速率与视频的帧速率相匹配。

1.2.2 场

场是一种视频扫描的方式。视频素材的信号分为隔行扫描和逐行扫描。隔行扫描的每一帧由两个场组成，一个是奇场，是扫描帧的全部奇数场，又称为上场；另一个是偶场，是扫描帧的全部偶数场，又称为下场。场以水平分隔线的方式隔行保存帧的内容，显示时会先显示第1个场的交错间隔内容，再显示第2个场，其作用是填充第一个场留下的缝隙。逐行扫描将同时显示每帧的所有像素，从显示屏的左上角一行接一行地扫描到右下角，扫描一遍就能够显示一幅完整的图像，即为无场。

1.2.3 常见电视制式

视频最早通过电视机播放，而为了完成电视信号的发送和接收，视频需要采用电视制式这种特定的方式。电视制式是指电视信号的标准，可以简单地理解为用来显示电视图像或声音信号所采用的一种技术标准。世界上主要使用的电视广播制式有NTSC、PAL、SECAM。不同的制式有不同的帧速率、分辨率、信号带宽、载频（一种特定频率的无线电波），以及不同的色彩空间转换关系等。

1. NTSC制式

NTSC（National Television System Committee，国家电视标准委员会）是1953年美国研制成功的一种兼容的彩色电视制式。它规定视频每秒30帧，每帧525行，水平分辨率为240～400个像素点。视频采用隔行扫描，场频为60Hz，行频为15.634kHz，宽高比为4:3。美国、加拿大、日本等国家使用这种制式。

NTSC制式的特点是用R-Y和B-Y两个色差信号分别对频率相同而相位相差90°的两个副载波进行正交平衡调幅，再将已调制的色差信号叠加，穿插到亮度信号的高频端。

2. PAL制式

PAL（Phase Alteration Line，相位远行交换）是联邦德国于1962年制定的一种电视制式。它规定视频每秒25帧，每帧625行，水平分辨率为240～400个像素点。视频采用隔行扫描，场频为50Hz，行频为15.625kHz，宽高比为4:3。

PAL制式的特点是同时传送两个色差信号：R-Y与B-Y。不过R-Y是逐行倒相的，它和B-Y信号对副载波进行正交调制。采用逐行倒相的方法，若在传送过程中发生相位变化，则因相邻两行相位相反，所以可以起到相互补偿的作用，从而避免由相位失真引起的色调改变。

3. SECAM制式

SECAM（Sequential Color and Memory System，按顺序传送彩色存储）是法国于1965年提出的一种电视制式。它规定视频每秒25帧，每帧625行。视频采用隔行扫描，场频为50Hz，行频为15.625kHz，宽高比为4:3。上述指标均与PAL制式相同，不同点主要在于色度信号的处理上。

SECAM制式的特点是两个色差信号是逐行依次传送的，因此在同一时刻，传输通道内只存在一个信号，不会出现串色现象。在SECAM制式中，两个色差信号分别对两个频率不同的副载波进行调制，再把两个已调制的副载波逐行轮流插入亮度信号高频端，从而形成彩色图像视频信号。

1.2.4 时间码

时间码是摄像机在记录图像信号时，针对每一幅图像记录的时间编码。它为视频每帧分配一个数字，用以表示时、分、秒和帧。其格式为：××H××M××S××F，其中的××代表数字，也就是以时:分:秒:帧的形式确定每一帧的地址。在Premiere工作界面中的节目面板、源面板、时间轴面板中都可看到时间码，如图1-4所示。

图1-4

默认情况下，Premiere会为任何剪辑显示最初写入源媒体的时间码，可选择【编辑】/【首选项】/【媒体】命令，打开"首选项"对话框，在"时间码"下拉列表框框中重新设置时间码，如图1-5所示。

图1-5

1.2.5　像素与分辨率

像素通常以每英寸的像素数（PPI）来衡量，单位面积内的像素越多，分辨率越高，所显示的影像就越清晰。

分辨率主要用于控制屏幕显示图像的精密度，是指单位长度内包含的像素点的数量。分辨率的计算方法是：横向的像素点数量×纵向的像素点数量，如1024×768就表示每一条水平线上包含1024个像素点，共有768条线。不同的视频显示设备支持的分辨率不同，如普通的标清电视可支持720×576的分辨率；而高清电视能支持1920×1080的分辨率。目前常用的输出视频分辨率主要有352×288、176×144、640×480和1024×768。

1.2.6　像素宽高比和屏幕宽高比

很多初学者在学习视频编辑时容易混淆像素宽高比和屏幕宽高比，导致视频编辑过程中出现一些问题，因此我们需要对这两者进行学习并加以区分。

1.　像素宽高比

像素宽高比是指图像中一个像素的宽度与高度之比，如方形像素的像素宽高比为1.0。像素在计算机和电视中的显示并不相同，通常在计算机中为正方形像素；而在电视中为矩形像素。因此，在选择像素宽高比时需要先确定视频文件的输入终端，在计算机屏幕上输入，一般选择"方形像素"；若在电视上或宽屏电视上输入，则需要选择相应的像素宽高比，避免视频画面变形。

2.　屏幕宽高比

屏幕宽高比是指屏幕画面横向和纵向的比例。在不同的显示设备上，屏幕宽高比也会有所不同。一般来说，标准清晰度电视采用的屏幕宽高比为4:3，高清晰度电视采用的屏幕宽高比为16:9。

● 4:3：视频画面的横向和纵向的比例为4:3，也可表示为1.33。4:3通常是计算机、数据信号和普通电视信号最常用的比例，如图1-6所示。

● 16:9：视频画面的横向和纵向的比例为16:9，也表示为1.78。16:9是电影、DVD和高清晰度电视最常用的比例，如图1-7所示。

图1-6　　　　　　　　　　图1-7

除16:9外，电影院也经常采用2.35:1、2.39:1、21:9等超大变形宽银幕的宽高比，这样会给人一种更震撼的沉浸式的视觉效果。

1.3　视频编辑中常见的文件格式

在编辑视频时，通常会使用各种不同的文件格式，如图像格式、视频格式、音频格式等。了解这些文件格式有助于我们更好地编辑视频。

1.3.1　图像格式

图像的格式非常多，且不同图像格式适用的场合也不同。

● JPEG：JPEG是最常用的图像文件格式之一，文件的后缀名为".jpg"或".jpeg"。该格式属于有损压缩格式，能够将图像压缩在很小的存储空间中，会减小文件的大小，但在一定程度上也会造成图像质量的损失。

● GIF：GIF是一种无损压缩的图像文件格式，文件的后缀名为".gif"。GIF格式使用无损压缩来减小图像，可以缩短图像文件在网络上传输的时间，还可以保存动态效果，但最多只能支持256色，适用于线条图的剪贴画以及使用大块纯色的图像。

● TIFF：TIFF是一种灵活的位图格式，主要用来存储包括照片和艺术图等在内的图像，文件的后缀名为".tif"。TIFF格式对图像信息的存放灵活多变，可以支持很多色彩系统，而且独立于操作系统，因此应用较为广泛。

● PNG：PNG是一种采用无损压缩算法的位图格式，文件的后缀名为".png"。PNG格式的设计目的是试图替代GIF和TIFF，同时增加一些GIF格式所不具备的特性。PNG格式的优点包括文件小、无损压缩、支持透明效果等，因此被广泛应用于互联网领域。

● PSD：PSD是Adobe公司的图像处理软件Photoshop的专用格式，文件的后缀名为".psd"。PSD格式能支持图像的全部颜色模式，可以保留图层、通道、遮罩等多种信息，便于下次打开文件时修改上一次的设计，也便于其他软件使用文件的各种内容。在Premiere中导入PSD格式的图像文件，更便于创建动态效果。但这种格式的文件在存储时会占用较多的磁盘空间。

● AI：AI是Adobe公司的矢量制作软件Illustrator生成的文件格式，文件的后缀名为".ai"。与PSD格式相同，AI也是一种分层文件格式，文件中的每个对象都是独立的，都具有各自的属性，如大小、形状、轮廓、颜色、位置等。将其导入Premiere中以后，这些格式的属性也会完全保留。

● SVG：SVG是一种可缩放的矢量图形格式，文件的后缀名为".svg"。这种图像文件格式基于XML（Extensible Markup Language，可扩展标记语言）的二维矢量图形标准，具有强大的交互能力，可以提供高质量的矢量图形渲染，并能够与其他网络技术进行无缝集成。

1.3.2　视频格式

视频的来源不同，格式也就不相同。下面介绍一些主流的视频文件格式，以及一些用特定设备拍摄的视频格式。

● AVI：AVI是一种音频视频交错的视频文件格式，由Microsoft公司于1992年11月推出，文件的后缀名为".avi"。该视频格式将音频和视频数据包含在一个文件容器中，允许音视频同步回放，类似于DVD视频格式，用来保存电视、电影等各种影像信息。

● WMV：WMV是Microsoft公司开发的一系列视频编解码和其相关的视频编码格式的统称，文件的后缀名为".wmv"。该视频格式是一种视频压缩格式，在画质几乎没有影响的情况下，可以将文件大小压缩至原来的二分之一。

● MPEG：MPEG是包含MPEG-1、MPEG-2和MPEG-4在内的多种视频格式的统一标准，文件的后缀名为".mpeg"。其中，MPEG-1、MPEG-2属于早期使用的第一代数据压缩编码技术，MPEG-4则是基于第二代压缩编码技术制定的国际标准，以视听媒体对象为基本单元，采用基于内容的压缩编码，以实现数字视音频、图形合成应用，以及交互式多媒体的集成。

● MOV：MOV是Apple公司开发的QuickTime格式下的视频格式，文件的后缀名为".mov"。MOV格式支持25位彩色和领先的集成压缩技术，提供150多种视频效果，并配有200多种MIDI兼容音响和设备的声音装置，无论是在本地播放还是作为视频流格式在网上传播，都是一种优良的视频编码格式。

● F4V：F4V是一种新颖的流媒体视频格式，文件的后缀名为".f4v"。该格式的文件小、清晰度高，非常适合在互联网上传播。

● MP4：.MP4（MPEG-4）是一种标准的数字多媒体容器格式，文件的后缀名为".mp4"，主要存储数字音频及数字视频，也可以存储字幕和静止图像。

1.3.3　音频格式

视频编辑中有时需要加入音频素材，以更好地体现设计者的意图和情感。了解视频编辑中常用的音频格式，可帮助我们更好地处理音频素材。

● WAV：WAV是一种非压缩的音频格式，文件的后缀名为".wav"。该格式是Microsoft公司专门为Windows系统开发的一种标准数字音频文件格式，能记录各种单声道或立体声的声音信息，并能保证声音不失真，但占用的磁盘空间较大。

● MP3：MP3是一种有损压缩的音频格式，文件的后缀名为".mp3"。该格式能够大幅度地减少音频的数据量，如果是非专业需求，则MP3格式在质量上基本没有明显变化，可以满足绝大多数人对音频文件的应用。

● WMA：WMA是Microsoft公司推出的与MP3格式齐名的一种音频格式，文件的后缀名为".wma"。该格式在压缩比和音质方面都超过了MP3，即使在较低的采样频率下也能产生较好的音质。

● AIFF：AIFF是Apple公司开发的一种音频格式，属于QuickTime技术的一部分，文件的后缀名为".aiff"。该格式是

IOS系统的标准音频格式，质量与WAV格式相似。

1.4 视频画面中的镜头语言

视频是视频编辑中的重要素材，视频的画面质量在一定程度上影响着作品的最终效果，这就对视频拍摄有了更高的要求。所以通过拍摄的方式获取视频素材时，拍摄人员要熟悉和掌握镜头语言。

1.4.1 景别

景别是指由于在焦距一定时，摄像设备与拍摄对象的距离不同，而造成拍摄对象在视频画面中所呈现出的范围大小的区别。景别是影视教学中最重要的概念之一，现代影视作品都是由不同景别的画面按照影视叙事规律组合而成的。

景别通常可以从两个方面进行设置：一是摄像设备的位置与拍摄对象的距离，即视距；二是拍摄时摄像设备所使用的镜头焦距的长短，即焦距。也就是说，在拍摄视频时，可以通过改变摄像设备的视距或焦距来设置景别。在具体拍摄中，一般把景别分为远景、全景、中景、近景和特写5种类型。其划分的标准通常是拍摄对象在视频画面中所占比例的大小，如果拍摄对象是人，则以画面中截取人体部位的多少为标准。

1. 远景

远景一般用于表现与摄像设备距离较远的环境全貌，以及展示人物及其周围广阔的空间环境、自然景色和人群活动大场面的画面。远景相当于从较远的距离观看景物和人物，视野非常宽广，以背景为主要拍摄对象，其视频画面往往能突出整体。

根据拍摄对象与摄像设备之间的距离，远景景别可分为大远景和远景。

● 大远景：大远景通常拍摄的是遥远的风景，人物很小或不出现，用来展现宏大、深远的叙事背景或者交代事件发生或人物活动的环境。其视频画面通常都是渺茫宏大的自然景观，如浩瀚的海洋和无垠的草原等，如图1-8所示。

图1-8

● 远景：远景的拍摄距离比大远景稍微近些，但镜头中的风景画面仍然深远，人物在整个画面中只占据很小的位置。在视频拍摄中设置远景可以表现大规模的人物活动，如人声鼎沸的市场、车水马龙的街道和人流如织的景区等，如图1-9所示。

图1-9

2. 全景

全景用于展示场景的全貌或者人物的全身（包括体型、衣着打扮、身份等），以交代与说明一个相对窄小的活动场景里人与周围环境或者人与人之间的关系。在进行室外视频拍摄时，全景通常作为摄像的总角度景别，如图1-10所示。

图1-10

3. 中景

中景的视频画面下边缘常位于人物膝盖左右部位或场景局部，重点在于表现人物的上身动作，其次才是表现环境。中景能细致地推动情节发展、表达情绪和营造氛围，所以具备较强的叙事功能，在影视剧画面中使用较多。视频中表现人物的身份、动作和动作的目的，以及多人之间人物关系的镜头，甚至对话、动作和情绪交流的场景都可以采用中景，如图1-11所示。

图1-11

4．近景

近景一般是人物胸部以上的视频画面，有时也用于表现景物的局部。由于近景拍摄的视频画面可视范围较小，人物和景物的尺寸足够大，细节比较清晰，所以非常有利于表现人物的面部或者其他部位的表情或状态、细微动作以及景物的局部状态，这些都是远景、全景和中景画面难以表现的特性。正是由于这种特性，近景常被用于表现人物的面部表情、传达人物的内心世界和刻画人物性格，如图1-12所示。

5．特写

特写的视频画面下边框在成人肩部以上的位置，或其他拍摄对象的局部。由于特写拍摄的视频画面视角最小，视距最近，整个拍摄对象充满画面，所以能够更好地表现拍摄对象的线条、质感和色彩等特征。在视频中使用特写镜头能够向观众提示信息，制造悬念，还能细微地表现人物面部表情，在描绘人物内心活动的同时给人留下深刻的印象。

图1-12

根据摄像机设备与拍摄对象的视距，特写可细分为普通特写和大特写两种类型。

● 普通特写：普通特写是指在很近的距离内拍摄对象，通常以人体肩部以上的头像为取景参照，强调人体、物件或景物的某个局部，如图1-13所示。

图1-13

● 大特写：大特写又被称为"细部特写"，是指在拍摄对象的某个局部拍摄更加突出的细节，如人体面部的眼睛、蒲公英的种子等，如图1-14所示。

图1-14

在实际的视频拍摄过程中，我们往往很难用一个单独的镜头来表达连贯性内容，因此最好将不同的景别组合在一起，以完整地表达视频内容，展示其强劲的视觉吸引力。

1.4.2 视频拍摄手法

视频拍摄主要通过多个镜头的组合来完成，不同的镜头可使用不同的视频拍摄手法来表现，并且视频的拍摄手法会直接影响到视频的最终效果。了解并运用多种视频拍摄手法能更好地表现镜头画面，从而提高视频质量，为后续的视频编辑提供更多、更好的素材。

1．固定镜头

固定镜头是一种常用的视频拍摄手法，可以在固定的框架下长久地拍摄运动或者静止的事物，从而体现事物的发展规律。在具体的拍摄过程中，除了摄像器材位置固定外，摄像镜头的光轴和焦距也不会发生变化。在影视剧拍摄领域，固定镜头被认为是最古老的拍摄方法之一，一直沿用至今，影响着影视剧内容的表达。图1-15所示为固定镜头拍摄的日出视频画面。

图1-15

2．运动镜头

运动镜头也叫移动镜头，是指通过摄像机的连续运动或连续改变光学镜头的焦距进行拍摄的一种手法。可以将摄像机放置在活动的物体上进行拍摄，也可以让摄像者肩扛摄像机，通过人体的运动进行拍摄。拍摄运动镜头时，要保证视频画面的平稳。运动镜头有推、移、拉、摇、跟、升降等不同的实现方式，对应的镜头也被称为推镜头、移镜头、拉镜头、摇镜头、跟镜头和升降镜头。

（1）推镜头

推镜头是在拍摄对象不动的情况下，摄像器材匀速接近并向前推进镜头的拍摄手法。推镜头的取景范围由大变小，可形成较大景别向较小景别连续递进的视觉前移效果，如图1-16所示。

图1-16

（2）移镜头

移镜头是将摄像设备架在活动的摄像器材上随之运动而进行拍摄的手法。移镜头与摇镜头十分相似，但前者视觉效果更为强烈。摄像器材的运动使得视频的画面框架始终处于运动状态，因而拍摄的物体不论是运动还是静止，都会呈现出位置在不断移动的效果。移镜头不断变化的背景使视频画面呈现出一种流动感，使观众产生一种身临其境感，以及一种强烈的时间变化感，如图1-17所示。

图1-17

（3）拉镜头

拉镜头是在拍摄对象不动的情况下，摄像器材匀速远离并向后拉远的拍摄手法。与移镜头正好相反，拉镜头能形成视觉后移效果，且取景范围由小变大，景别也由小变大，如图1-18所示。

图1-18

（4）摇镜头

摇镜头是在拍摄器材位置固定的情况下，以该器材为中轴固定点，通过摄像器材本身的水平或垂直移动进行拍摄的手法。摇镜头类似于人转动头部环顾四周或将视线由一点移向另一点的视觉效果。摇镜头包含起幅、摇动和落幅3个部分，便于表现运动主体的动态、动势、运动方向和运动轨迹。摇镜头通常用于拍摄开阔的视野，以及群山、草原、沙漠、海洋等宽广深远的景物，也可以用于拍摄运动的物体，

如利用水平摇镜头拍摄的画面，如图1-19所示。

图1-19

（5）跟镜头

跟镜头是摄像器材始终跟随拍摄主体一起运动的拍摄手法。不同于移镜头，跟镜头的运动方向是不规则的，但是要一直把拍摄主体保持在视频画面中位置相对稳定的状态。跟镜头既能突出拍摄主体，又能表现其运动方向、速度、体态，以及与环境的关系，在视频拍摄中非常实用。

（6）升降镜头

升降镜头是摄像器材借助升降装置或人工控制一边升降一边拍摄的手法。升降镜头能为拍摄的视频带来画面视域的扩展和收缩，并且由于视点的连续变化形成多角度、多方位的多构图效果，如图1-20所示。

图1-20

3. 主客观镜头

主客观镜头也是视频拍摄中常用的拍摄手法，以客观镜头为主，主观镜头仅出现在剧情类、旅游类和体育运动类视频中。

● 客观镜头：客观镜头又称中立镜头，是从导演或旁观者的角度（以中立的态度）客观地描述人物活动和情节发展的拍摄手法。客观镜头通常站在人物背后的角度和方向，或者从观众的角度拍摄视频，视频画面中的人物主体可以保留全身，也可以保留一部分。

● 主观镜头：与客观镜头相反，凡是表现视频中人物的眼睛，直接目击、观察大千世界中的人和事、景和物，或者表现人物的幻觉、梦幻、情绪等，都可使用主观镜头进行拍摄。其主要功能是增加观众的代入感，让观众产生身临其境的视觉体验。主观镜头在一定程度上可以充当人物的感

官，从而起到渲染情绪的作用。

主观镜头与客观镜头的区分不是绝对的，有时候可以相互转换。

4. 艺术表现镜头

通过艺术表现镜头拍摄视频，可以使拍摄出来的视频画面具有像电影一样的艺术表现效果。艺术表现镜头的常用表现手法是空镜头和长镜头。

（1）空镜头

空镜头是指视频画面中只展示自然景物或场面环境而不出现人物（主要是指与剧情有关的人物）的拍摄手法。空镜头的主要功能是介绍环境背景、时间和空间，抒发人物情绪及表达拍摄者的态度，也是增强视频艺术表现力的重要手段。空镜头有展示风景和描写事物之分，前者通称风景镜头，往往用全景或远景表现；后者又称细节描写，一般采用近景或特写。

拍摄视频时，一般在开始或结尾处使用空镜头，介绍整个故事发生的环境，或者以景物传递浓烈的感情，对视频内容进行总结。空镜头常常会让观众产生想象，使观众暂时离开视频内容的叙述，从而集中注意力领略事件的情绪色彩。

（2）长镜头

长镜头是指一段时间较长的镜头，对一个场景或是一场戏进行连续的拍摄，形成一个比较完整的镜头。通常超过10秒钟的镜头都可以称为长镜头，而在影视剧中，长镜头往往以分钟作为时间单位。长镜头所记录的时空是连续的、实际的，所表现的事态进展也是连续的，具有很强的真实性。

5. 其他拍摄手法

除以上拍摄手法外，在视频拍摄中还有其他一些比较常用的手法。

● 俯视镜头：俯视镜头是摄像器材向下拍摄的手法。使用俯视镜头拍摄的画面会让拍摄对象显得卑弱、微小，降低了威胁性。美食类视频就经常使用俯视镜头，在展现观众的主观视角的同时增加其食欲，如图1-21所示。

图1-21

● 仰视镜头：仰视镜头是摄像器材向上拍摄的手法。

使用仰视镜头拍摄的画面会让拍摄对象看起来强壮且有力，显得崇高或颇具威严，如图1-22所示。

● 鸟瞰镜头：鸟瞰镜头与俯视镜头类似，是俯视镜头的技术加强版。鸟瞰镜头的拍摄位置更高，通常使用无人机拍摄，能给观众带来丰富、壮观的视觉感受，让观众产生统治感和主宰感，多用于旅游类和风景类视频的拍摄，如图1-23所示。

图1-22　　　　　　　　　图1-23

● 360度环拍镜头：在很多旅游类和剧情类的视频中，经常可以看到环绕某个主体拍摄的视频画面，这类镜头非常酷炫但比较难拍。360度环拍镜头拍摄的对象其实要比环绕的动作更重要，通常以拍摄对象为中心，以一个相对固定的半径画圆围绕拍摄对象进行拍摄。使用360度环拍镜头拍摄的视频画面能清晰地展现出拍摄对象周围的全部景象，使画面显得更加立体，增强观众的亲身体验感，加深观众对画面的印象。

1.4.3　视频画面的构图方式

构图可以理解为通过在正确的位置添加各种视觉元素，并正确构建视频画面中的各种要素，突出视频拍摄的主体。构图通常包含主体、陪体和环境3个主要元素，主体是视频的主要拍摄对象，在画面中起主导作用，是构图的表现中心，也是观众的视觉中心；陪体是视频画面的次要拍摄对象，作为主体的陪衬存在；环境则是主体和陪体存在的环境，包括前景和背景两个部分。选择一种合适的构图方式，对提升视频画面的质量有非常重要的作用。

1. 三分构图

三分构图是将整个画面从横向或纵向分成3个部分，将拍摄的主体放置在三分线的某一位置。三分构图的优点是能突出拍摄的主体，让画面紧凑且具有平衡感，让观众感受到视频画面的和谐与美，如图1-24所示。

2. 九宫格构图

九宫格构图是指将整个视频画面在横、纵方向各用两条直线（也被称为黄金分割线）等分成9个部分，将拍摄的主体放置在任意两条直线的交叉点（也被称为黄金分割点）上，既能凸显主体的美感，也能让整个视频画面显得生动形象，如图1-25所示。

图1-24

图1-25

3．均衡构图

均衡构图是指在视频画面中均匀分布物体。在均衡构图的视频画面中，物体的大小、颜色、亮度及摆放位置等都会对视频画面的效果产生影响。当物体均匀分布于画面中时，能创造出均衡的构图，达到整体性和一致性，向观众传递整齐、严肃、冷静等感觉。

4．非均衡构图

非均衡构图与均衡构图相反，是一种视觉比重仅集中于视频画面某一区域的构图方式，这种构图方式打破常规，使画面具有活力与动感，如图1-26所示。

5．对角线构图

对角线构图将主体安排在对角线上，能有效利用画面对角线的长度，带给观众立体感、延伸感、动态感和活力感。对角线构图是一种导向性很强的构图方式，可以体现动感和力量，线条可以从画面的一边穿越到另一边，但不一定要充满整个画面，如图1-27所示。这种构图方式常用来描述环境或展示物品，适用于旅游、美食等类型的视频。

图1-26   图1-27

6．辐射构图

辐射构图是指以拍摄主体为核心，主体向四周扩散、辐射的构图方式。这种构图方式可以使观众的注意力集中到主体上，并使视频画面产生扩散和延伸的效果，常用于需要突出主体而其他事物多且杂的场景，如图1-28所示。

7．三角形构图

三角形构图是指在视频画面中构建三角形构图元素来拍摄主体。在拍摄以人物为主体的视频时，为了增强视频画面的稳定性，通常使用三角形构图。这种构图方式也可以用于拍摄建筑、山峰、植物枝干和静态物体等对象，如图1-29所示。

图1-28   图1-29

8．对称构图

对称构图是指拍摄的主体在画面正中垂直线两侧或正中水平线上下，形成对等或大致对等的状态的构图方式。这种构图方式具有布局平衡、结构规矩等特点，能够带给观众稳定和平衡的感受，如图1-30所示。对称构图常用于对举重、蝶泳、水中倒影、中国式古建筑、某些器皿用具等的拍摄。

图1-30

9．引导线构图

引导线构图是指在场景中构筑引导线，串连起视频画面内容主体与背景元素，以吸引观众的注意力，完成视觉焦点的转移。视频画面中的引导线不一定是具体的线条，可以是蜿蜒的小路、小河、栈桥、铁轨，喷气式飞机拉出的弯曲的白线，桥上的锁链，伸向远处的树木，抑或人的目光，只要符合一定的线性关系，都可以作为引导线进行构图。

10．S形构图

S形构图是指在视频画面中构建S形构图元素来拍摄主体。S形构图可以表现出一种曲线的柔美，并使视频画面充满灵动感，让观众在感受意境美的同时根据S形引导线拓展视觉范围。

11．框架构图

框架构图也称景框式构图，是指在场景中利用环绕的事物突出拍摄的主体。框架构图可以使画面充满神秘感，并让观众感觉好像窥视，从而引起观众的观看兴趣并使他们将视觉焦点集中在框架内的拍摄主体上。环绕框架的元素可以是门、篱笆树干、树枝、岩洞、一扇窗、一座拱桥和一面镜子等，如图1-31所示。

图1-31

12. 低角度构图

低角度构图是指确定拍摄主体后，寻找一个足够低的角度进行拍摄。使用低角度构图拍摄视频画面时，拍摄人员通常需要蹲着、坐下、跪着或者躺下，以便使摄像镜头贴紧地面。宠物、萌娃等类型视频使用低角度构图的方法进行拍摄，能有一种让人出乎意料的效果，类似于用宠物或萌娃的视角来观察世界。

13. 中心构图

中心构图是指将想要拍摄的主体放在视频画面的正中央，以获得突出主体的效果。中心构图的特点是主体突出、明确，而且画面容易获得左右平衡，因此这种构图方式是视频拍摄中常用的构图方式，如图1-32所示。

图1-32

1.5 了解视频编辑的基本流程

编辑视频并不能凭空设想、随意操作，而是要根据视频编辑的基本流程一步一步完成。了解视频编辑的基本流程，可以使我们对编辑视频的过程一目了然，有利于视频作品的编辑。

1.5.1 前期策划

进行视频编辑前，应该做好准备工作，如确定视频的内容定位、创作和构思脚本等，为中后期视频制作打好基础。

1. 根据用户需求确定视频的内容定位

明确用户的需求是进行视频编辑的前提条件。不同目标用户所关注的视频内容不同，因此编辑人员在进行视频编辑前，需要根据用户对视频的需求确定视频的内容定位。

● 休闲娱乐：休闲娱乐是用户的基本需要，使用视频获取娱乐资讯、满足精神消遣是互联网环境下用户休闲娱乐的主要目的。很多视频之所以受到大众的喜爱，主要原因就是视频内容满足了用户的娱乐需求。

● 获取知识和信息：视频是一种大众传播媒介，大众传播媒介的一个主要功能就是传播知识和信息，视频内容如果能够让用户了解到资讯、学习到知识或技巧，就会满足用户获取知识或信息的需求。视频中的内容信息比传统媒介中的内容信息更加具象和丰富，并逐渐使用户的信息阅读方式从图文过渡到视频。

● 满足自身渴望，提升自我归属感：视频的本质是一种社交媒体，能够满足用户传递所见所闻、分享生活动态的需要。由于视频的表达方式更直观、生动、形象，除了有社交功能外，还可以满足用户对某种事物或行为的愿望和期望，如对美食、美景和小动物的喜爱，对亲情、爱情和友情的渴望等。视频内容本身所具备的特点，以及基于社交媒体的发布、评论、点赞和分享等社交功能，能够满足用户自身的渴望，提升用户的自我认同感和自我归属感。

2. 创作和构思脚本

创作和构思脚本是视频编辑过程中非常重要的步骤，一个好的脚本是创作优秀视频的关键。脚本可以根据已经确定好的视频内容由专门的编辑人员撰写，也可以根据其他的优秀视频、故事或者段子等进行改编。

创作脚本时，编辑人员可以先拟定一个提纲，然后根据拟定的提纲做好视频的拍摄、剪辑、录音、配音、配乐、特效、合成输出等各个环节的细节描述，使脚本尽量完整。这样不管是在前期的准备中，还是在后期的制作过程中，都可以辅以脚本，保证视频编辑工作有条不紊地进行，并且更便于对编辑过程进行控制，提高视频制作的速度和质量。

1.5.2 收集素材

素材是视频的组成部分，在视频编辑软件中编辑视频，就是将一个个素材组合成一个连贯完整的整体。因此，需要通过各种渠道尽可能多地收集素材。

1. 网站收集

网站收集是指在互联网上通过各种资源网站，搜索并下载需要的文字、图像和音视频素材，使用时要注意版权问题。

● 文字素材收集：文字素材可以根据视频脚本在网站上收集，如某视频是一个水果宣传视频，其制作脚本中有展示人物品尝水果、采摘水果等的镜头，那么文字收集可以查找该水果的口感、营养价值、生长环境等信息，便于后期制作视频时搭配字幕。如需要制作端午节科普视频，可搜集端午节的习俗、起源、诗句等相关资料，便于编辑视频时使用。为了保证收集到的信息符合设计需求，编辑人员要注意做到广泛性、准确性、及时性和系统性等。

● 图像素材收集：图像素材收集网站较多，如千图网、花瓣网、摄图网等，编辑人员可根据需要进行收集，然后运用在视频中。除了图像素材，在这些网站中也可以收集音视频素材。

● 音视频素材收集：目前较为权威的音乐门户网站有虾米音乐、QQ音乐、网易云音乐等。这些门户网站具有品类全、内容丰富、搜索方便等特点，并且还可先试听后下载，但有些音乐下载需要付费。另外，在编辑视频时，有时也会需要一些辅助音效和视频素材，如喇叭音、敲打声、雨滴声等音效，自然风光、美食制作等视频，这些素材也可以在视频网站中直接获取，如熊猫办公、觅知网、包图网等。

● 模板收集：为了达到更好的视觉效果或者节约制作时间，编辑视频时可以直接在网站中选择合适的模板，并将收集到的其他素材添加到视频编辑软件中，替换模板内容，这样不但能展现完整的内容，而且能保证视频的美观度。很多网站都能下载模板，图1-33所示为在包图网选择"PR模板"后的页面，在该页面中还可以根据所需模板的用途或行业进行精确搜索。

2. 实地拍摄

为了制作出视觉效果突出的视频，编辑人员可以根据实际情况进行实地拍摄。在进行实地拍摄之前应该做好准备工作，如检查拍摄器材的电池电量是否充足、DV带是否准备充足，若需要进行长时间拍摄，则还应该安装三脚架。

图1-33

另外，还要确定拍摄的主题，对拍摄场地的大小、灯光情况和主场景的位置进行考察。准备充分后，就可以进行实地拍摄，获取需要的素材。图1-34所示为实地拍摄的视频素材。

图1-34

3. 合作方提供

除了网站收集和实地拍摄两种方式外，编辑人员也可以从合作方处获得制作视频需要的文字、图像和音视频素材，如产品详细介绍、产品图片、企业Logo等。图1-35所示为合作方提供的Logo素材。

图1-35

> **技巧**
>
> 完成素材的收集后，可以将这些素材保存到指定位置，并根据素材的不同类别进行分组管理，便于使用时容易查找，提高工作效率。如将收集好的素材分为图片素材、文字素材、音频素材、视频素材、特效素材等类别，然后在不同类别中进行更细致的划分。编辑人员在整理素材的过程中，也可以按照自己的习惯进行分类，建立自己的专属素材库。

1.5.3 素材后期处理

前期准备完成后，就可以使用视频编辑软件对素材进行后期处理了。

如根据前期创作的脚本对收集的视频素材进行剪辑，删除不需要的视频片段，或重新组合视频片段等，使其符合实际的设计需求；然后为视频添加过渡、特效、关键帧动画，并对视频进行调色等操作，提升画面的视觉美观度；再根据画面需求将收集的文字素材添加到视频中，丰富视频内容。

1.5.4 输出视频

完成策划、收集、处理素材的操作后，一个完整的视频基本上就制作完成了。此时，可输出视频，使视频能通过移动设备传播，并能通过视频播放器播放，以便其他用户能轻松观看视频。需要注意的是，在输出视频前需要先保存视频源文件，避免源文件丢失导致无法对视频效果进行调整或修改。

1.6 综合实训：赏析"泳往春天"短片

短片（short film）是北美电影工业在电影诞生的早期所设定的一个片种，其类型非常广泛，如实拍剧情短片、动画剧情短片、纪录短片、网络短片等，其时长一般短于电影，因此也被称为"微电影"。"泳往春天"短片是使用华为Mate30 Pro手机拍摄的电影，主要是为了体现华为Mate 30 Pro手机的特点，展现新兴影像技术在视频拍摄与制作方面的更多可能。

1.6.1 实训要求

"泳往春天"短片讲述了一位青春期女孩晓奇为了继续游泳，努力训练，最后获得妈妈支持的故事。本实训要求观看该短片，从用户需求、脚本、素材收集、镜头语言、拍摄手法的角度对该短片进行深度分析，进一步熟悉和巩固相关知识，并且能够举一反三自行拍摄和制作短片，参考效果如图1-36所示。

扫码看效果

图1-36

1.6.2 实训思路

（1）本短片的目的是展现华为Mate 30 Pro手机的特点，因此该短片使用华为Mate 30 Pro拍摄了大量水下特写镜头，不仅为用户展现了晓奇游泳时的姿态，提高了用户的视觉体验，也突出了华为Mate 30 Pro优秀的防水性能。

（2）本短片的故事情节流畅，引人入胜，能够引起用户的观看兴趣。本短片主要包括3部分分镜头脚本，第一部分讲述了晓奇妈妈希望晓奇放弃游泳的起因，介绍了晓奇和小伙伴在游泳馆内训练的日常，以及晓奇与妈妈之间的矛盾，并为第二部分故事的发展作铺垫；第二部分展示了晓奇想要继续游泳的决心，讲述了晓奇付出努力并获得了小伙伴及清洁阿姨的鼓励的故事，同时也聚焦了母女之间的矛盾，突出了短片的主题——学会沟通；第三部分展示了晓奇通过测试后的日常以及获得妈妈支持的场景。这个故事告诉观众努力会带来回报，而良好的沟通能取得对方的理解，由此升华了短片主题。

（3）本短片的素材收集均以实地拍摄为主，通过华为Mate 30 Pro的超强摄像头展现出高清画质，使人物呈现更为鲜活。

（4）本短片使用了大量全景、中景、近景、特写等景别，拍摄了晓奇、小伙伴、清洁阿姨等人物，展示了不同人物的性格，强化了故事内容。如在短片开篇就采用了中景景别、移镜头和主观镜头，引入了故事的主人公——晓奇，以及晓奇的困扰——妈妈不在乎晓奇的意见。在拍摄手法上，多采用固定镜头、运动镜头、主观镜头、俯视镜头和仰视镜头，加强了用户的代入感。如在拍摄游泳场景时，采用了运动镜头、俯视镜头，从不同方位拍摄了不同演员的游泳画面，展示了游泳的魅力，使用户更容易理解晓奇想要继续游泳的决心。

巩固练习

1. 赏析家居产品视频

图1-37所示为一款家居产品视频截图，要求从视频的镜头语言、拍摄手法等角度分析该视频。

图1-37

 素材文件\第1章\家居产品视频.mp4

2. 赏析"秘密"剧情短片

图1-38所示为一个剧情短片截图，要求结合短片中的文案内容、画面内容，分析短片的镜头语言、脚本和拍摄手法，熟悉视频的拍摄流程和方法，积累创作经验。

图1-38

 素材文件\第1章\"秘密"剧情短片.mp4

技能提升

如今观看视频已经成为人们日常生活中常见的休闲、娱乐方式，视频被广泛应用于商品宣传、品牌塑造等方面，视频编辑也因此受到了越来越多人的关注。视频编辑需要使用视频编辑软件进行剪辑、处理，本书主要讲解Premiere在视频编辑中的应用，但除了Premiere外，还有很多其他的视频编辑软件，这些软件根据操作端口的不同，可以分为移动端视频编辑软件和PC端视频编辑软件两种类型。

1. 移动端视频编辑软件

随着移动端App的发展，很多移动端视频编辑软件的功能已经足够完整且操作灵活，人们在手机上就可以完成一些比较复杂的短视频编辑操作。

（1）剪映

剪映是抖音短视频官方推出的一款移动端短视频编辑App，可以直接在手机上剪辑、制作和发布拍摄的短视频。剪映的剪辑功能全面，滤镜效果和曲库资源丰富，是一款常用的手机短视频编辑工具。图1-39所示为剪映的视频剪辑界面。除此之外，剪映还提供了大量

模板，新手可以直接套用模板，轻松完成视频的剪辑。图1-40所示为剪映的模板界面。

图1-39　　　　　　图1-40

（2）巧影

巧影是与PC端视频编辑软件较相似的一款专业级移动端短视频编辑App。巧影的剪辑、特效和背景抠像功能非常强大，而且操作简单，极易上手，比较适合需要制作较为专业的效果的短视频新手使用。

巧影同样支持使用手机的相机拍摄短视频，而且为了更好地进行视频剪辑操作，巧影的操作界面都设置成了横屏模式。巧影除了拥有短视频剪辑的基本功能外，还基本覆盖了短视频编辑的高级功能，如导出视频时无水印，所有的特效、贴纸、滤镜都可以免费使用等。图1-41所示为巧影的主界面和视频编辑界面。

图1-41

2. PC端视频编辑软件

移动端视频编辑软件操作较为简单，可以根据模板和特效直接生成短视频，而且移动设备方便携带，随时可进行短视频剪辑，非常适合短视频新手学习和使用。但是，这类软件可操控空间局限性较大，而且移动设备的存储空间远远不如计算机，保存视频素材和编辑较复杂的视频都比较麻烦。所以，如果想制作更加专业和个性化的视频作品，还需要学习和使用PC端视频编辑软件。

（1）会声会影

会声会影是Corel公司制作的一款功能强大的视频编辑软件，具有图像抓取和视频编辑功能，可以实时抓取画面文件，并提供超过100种的编辑功能与效果，可导出多种常见格式的视频。会声会影支持无缝转场和变形过渡，自带2000种以上的特效、转场、标题及样本，还具备一键调色和多机位编辑功能。会声会影将专业视频编辑软件中的许多复杂操作简化为几个功能模块，使整个软件界面清晰、简洁易懂，非常适合有一定视频制作基础的用户使

用。用户只需按照软件向导式的菜单顺序操作，便可轻松完成从导入视频素材、编辑视频直到输出视频的一系列复杂操作。图1-42所示为会声会影的视频编辑界面。

（2）爱剪辑

爱剪辑是一款免费的视频编辑软件，支持给视频添加字幕、调色、添加相框等编辑功能，并具有操作简单、运行速度快、特效和滤镜效果专业、视频切换效果炫目等特点，甚至可以制作有卡拉OK功能的短视频。爱剪辑功能丰富，界面布局紧凑，用户可以快速上手编辑视频，无须花费大量的时间学习。

（3）快剪辑

快剪辑的功能与爱剪辑类似。相较于其他视频编辑软件，在快剪辑中编辑视频更加快速高效，编辑完成就可以发布。快剪辑的操作界面简约大气、清晰易懂，而且每个按钮都有一目了然的功能标注。

快剪辑有专业模式和快速模式，专业模式适合精细剪辑，快速模式更便于快速完成任务。图1-43所示为专业模式界面。

图1-42

图1-43

15

第 2 章

Premiere 快速入门

本章导读

Premiere是视频编辑较为常用的软件，具有强大的视频和音频编辑功能。本章将具体介绍Premiere的作用、功能与应用领域，Premiere的安装和卸载，以及Premiere的工作界面。

知识目标

- 了解Premiere的作用与功能
- 了解Premiere的应用领域
- 认识Premiere的工作界面

能力目标

- 掌握Premiere的安装与卸载方法
- 能够修改工具键
- 能够自定义工作区

情感目标

- 激发对Premiere的学习热情
- 通过自定义工作区提高工作效率，培养精益求精的工匠精神

2.1 了解Premiere

Premiere是Adobe公司推出的一款优秀的非线性视频编辑软件，因其强大的视频编辑功能受到很多视频编辑爱好者和专业人士的青睐。对于初学者来说，Premiere有哪些作用与功能？被应用于哪些领域？怎么进行安装、卸载、启动、退出？这些问题都需要在进行视频编辑前有所了解。

2.1.1 Premiere的作用与功能

Premiere的功能非常强大，可以轻松实现视频、音频素材的编辑，特效合成和视频输出。

● 素材的捕捉及管理：Premiere可以直接从摄像设备中采集视频素材或从录音设备中采集音频素材，这些素材被采集后将导入Premiere的项目面板中，用户可以在Premiere中对素材进行复制、移动、重命名和群组等管理操作。图2-1所示为Premiere项目面板中采集的素材，可供用户进行各种管理操作。

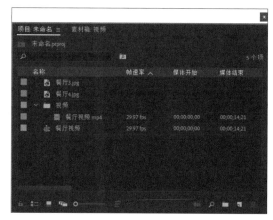

图2-1

● 素材剪辑处理：素材剪辑处理就是在Premiere中对大量素材进行分割、删除、组合和拼接等操作，最终形成一个连贯流畅、立意明确、主题鲜明并有艺术感染力的视频作品。通过剪辑操作，平淡无奇的素材将变成效果精美、视角专业且内容丰富的视频作品。

● 视频效果处理：Premiere提供了强大的视频处理效果，如变换、图像控制、实用程序、扭曲等。用户可以在视频剪辑过程中应用这些视频效果，制作出个性且效果丰富的视频作品。图2-2所示为运用调色效果前后的视频截图。

图2-2

● 视频过渡效果：有的视频从一个镜头切换到另一个镜头时，屏幕上会出现一瞬间的特殊效果（如交叉溶解、百叶窗等），即过渡效果。用户在Premiere中可以快速添加视频过渡，制作出各种特殊美观的视觉效果，如图2-3所示。

图2-3

● 创建字幕和图形：用户在Premiere中可以创建静态字幕、动态字幕，也可以创建各种图形，并设置字幕和图形的参数和格式，从而制作出更加美观、个性的视频作品，如图2-4所示。

图2-4

● 运动效果处理：用户在Premiere中可以通过关键帧对素材进行编辑，使之达到运动的效果，包括片段的移动、旋转、放大、延迟和变形等，如图2-5所示。

图2-5

● 音频编辑处理：用户在Premiere中可以对音频文件进行编辑，主要包括设置音频的声道、调节音量的大小、为音频文件添加特效、录制音频、剪切音频、调整音频的速度和持续时间等。

● 视频文件的输出格式：用户在Premiere中可以输出各种视频格式，如AVI、MPEG、WEB格式和静帧图像等，如图2-6所示。

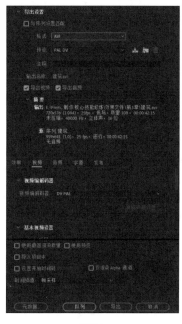

图2-6

总之，Premiere的功能十分强大，这里只介绍了Premiere最常用的功能，更多功能将在后面的章节中详细介绍。

2.1.2 Premiere 的应用领域

用户在Premiere中不仅可以对导入的单个图片素材和序列图片素材进行编辑，还可以通过各种工具对视频素材进行剪辑，然后通过添加视频过渡效果、视频特效、关键帧、文字、音频等方式，制作出片头动画、纪录片、电子相册等作品。因此Premiere的应用十分广泛，不仅能应用于视频、音频处理等领域，还能应用于影视、广告、教育、旅游、金融等各行各业，用于制作如电视节目包装、广告片、多媒体课件、电子相册、MV等作品。图2-7所示为使用Premiere制作的企业宣传片。

图2-7

2.1.3　安装与卸载Premiere

了解了Premiere的功能与作用、应用领域后，就可以开始学习Premiere的基础操作了。但在学习前，还需要了解Premiere的系统配置，以及安装与卸载的方法。（这里以Premiere Pro 2020为例）

1. Premiere Pro 2020的系统配置

随着Premiere软件版本的不断更新，其功能逐渐完善，需要的系统资源也在增加。为了使用户能更完美地体验Premiere Pro 2020的功能，安装该软件时还需要满足一定的配置要求。需注意的是，Premiere Pro 2020只能安装在64位的操作系统中，下面对其具体配置进行介绍。

● 操作系统：支持64位的Microsoft Windows 7 Enterprise、Microsoft Windows 7 Ultimate、Microsoft Windows 7 Professional、Microsoft Windows 7 Home Premium和Vsita操作系统。

● 浏览器：Internet Explorer 7.0或更高版本。

● 处理器：需要支持64位的Intel Core2 Duo或AMD Phenom II处理器。

● 内存：4GB RAM（推荐使用8GB）。

● 显示器分辨率：1280像素×900像素。

● 硬盘：7200 RPM 硬盘（建议使用多个快速磁盘驱动器，首选配置了RAID 0的硬盘）。

● 磁盘空间：用于安装的4 GB可用硬盘空间，预览文件和其他工作文件所需的其他磁盘空间（建议分配10 GB）。

● 声卡：符合ASIO协议或Microsoft Windows Driver Model的声卡。

● 驱动：与双层DVD兼容的DVD-ROM驱动器（用于刻录DVD的DVD±R刻录机和用于创建蓝光光盘媒体的蓝光刻录机）。

● 其他要求：QuickTime 7.6.6软件和Adobe认证的GPU卡。

2. 安装Premiere Pro 2020

只要用户的计算机满足基本配置要求，就可以安装Premiere Pro 2020。在安装之前，需要先准备好Premiere Pro 2020的软件安装包。安装Premiere Pro 2020的方法为：在软件安装包中双击Set-up.exe文件，运行安装程序，选择Premiere Pro 2020的语言和安装位置（一般不安装在系统盘），如图2-8所示，再按照提示进行操作。

3. 卸载Premiere Pro 2020

当用户的Premiere需要重新安装或用户不再需要Premiere时，可将其卸载。具体操作方法为：在操作系统的控制面板中单击"卸载程序"超链接，在打开的对话框的软件列表中双击"Premiere Pro 2020"选项，再按照提示进行操作，卸载完毕将显示"卸载完成"，如图2-9所示。

图2-8

图2-9

2.1.4 启动与退出Premiere

与其他应用程序一样，学会安装Premiere后，还要熟悉Premiere的启动和退出操作。

1. 启动Premiere Pro 2020

要使用Premiere Pro 2020，首先需要启动该软件，其方法有以下3种。

● 通过桌面快捷方式启动：当用户成功安装了Premiere Pro 2020后，双击桌面上的快捷图标即可启动Premiere Pro 2020。

● 通过"开始"菜单启动：在"开始"菜单中找到并选择"Premiere Pro 2020"命令。

● 通过打开Premiere文件启动：双击计算机中后缀名为".prproj"的文件启动Premiere Pro 2020。

2. 退出Premiere Pro 2020

为了避免占用系统资源，当用户不再需要使用Premiere后就可退出该软件。退出Premiere Pro 2020的方法主要有以下3种。

● 单击Premiere Pro 2020工作界面标题栏右侧的 × 按钮。

● 在Premiere Pro 2020中选择"文件/退出"命令。

● 按【Ctrl+Q】组合键或【Alt+F4】组合键。

2.2 认识Premiere工作界面

> 在学习使用Premiere 剪辑视频之前，首先应该了解其工作界面，以便在后期的学习中能更快地掌握和运用知识，制作出理想的视频作品。

2.2.1 认识不同模式下的Premiere工作界面

启动Premiere后，会自动出现欢迎界面，在其中单击 新建项目 按钮，打开"新建项目"对话框，设置项目名称和位置后，单击 确定 按钮，即可进入Premiere工作界面，如图2-10所示。它主要由标题栏、菜单栏和各种面板组成（面板的详细介绍可参考2.2.2小节的相关内容）。

● 标题栏：标题栏包括Premiere 的软件图标 、项目文件所在的位置以及窗口控制按钮组 – □ × 。单击 图标，可在弹出的快捷菜单中选择相应命令，对窗口进行移动、最小化、最大化和关闭等操作。

● 菜单栏：菜单栏包括Premiere中的所有菜单命令，选择需要的菜单项，可在弹出的子菜单中选择需要执行的命令。"文件"菜单命令主要用于进行文件的新建，项目的打开、关闭、保存、导入、导出等操作；"编辑"菜单命令主要用于进行一些基本的文件操作；"剪辑"菜单命令主要用于进行视频的剪辑等操作；"序列"菜单命令主要用于进行序列设置等操作；"标记"菜单命令主要用于进行标记入点、标记出点、标记剪辑等操作；"图形"菜单命令主要用于进行从Adobe Fonts添加字体、安装动态图形模板、新建图层等操作；"视图"菜单命令是Premiere Pro 2020新增的菜单命令，可用于显示标尺和参考线，锁定、添加和清除参考线等操作；"窗口"菜单命令主要用于显示和隐藏Premiere工作界面的各个面板；"帮助"菜单命令主要用于快速访问Premiere 帮助手册和相关教程，了解Premiere 的相关法律声明和系统信息。

在Premiere工作界面菜单栏下方的选项卡中，用户可根据自身需求选择不同模式的工作界面，默认包括学习、组

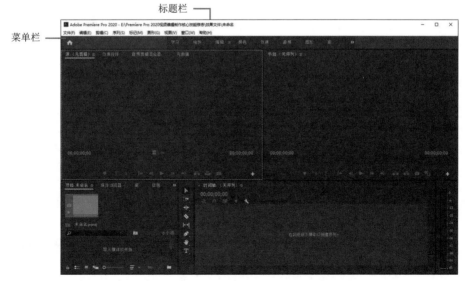

图2-10

件、编辑、颜色、效果、音频、图形、库8种工作界面模式。（这里只介绍5种常用模式下的工作界面）

1. 编辑模式下的工作界面

Premiere默认打开的是编辑界面（见图2-10），编辑界面是常用的工作界面，比较适合在剪辑视频时使用。

2. 颜色模式下的工作界面

颜色模式下的工作界面新增了Lumetri 颜色面板，便于随时观察和调整素材色彩，比较适合在调整素材色彩时使用。

3. 效果模式下的工作界面

效果模式下的工作界面便于在效果面板中为素材添加各种特效，并在效果控件面板中调整效果参数。

4. 音频模式下的工作界面

音频模式下的工作界面新增了音轨混合器面板，便于对音频文件进行编辑。

5. 图形模式下的工作界面

图形模式下的工作界面新增了基本图形面板，便于添加和编辑文字与动态图形。

选择【窗口】/【工作区】命令，可以在展开的子菜单中看到多种工作模式，如图2-11所示。

图2-11

2.2.2 熟悉Premiere的工作面板

Premiere是目前较为流行的视频编辑软件，从其首次发布以来，一直处于更新和完善中。通过工作面板，用户可了解Premiere的用途，能更便捷地使用软件，发挥软件的最大功能。下面主要对Premiere常用的工作面板进行介绍。

1. 项目面板

项目面板主要用于存放采集和导入的素材，并将其显示在面板中，以方便用户在时间轴面板中进行编辑，如图2-12所示。

项目面板中部分选项介绍如下。

● "列表视图" 按钮■：单击该按钮可以显示每个素材的额外信息。

图2-12

● "图标视图" 按钮■：单击该按钮或按【Ctrl+Page Down】组合键可以清楚地查看素材画面。

● 调整素材图标和缩略图的大小滑块■■■■：向左拖动滑块可缩小面板中素材图标和缩略图的显示效果；向右拖动滑块可放大面板中素材图标和缩略图的显示效果。

● "排序图标" 按钮■■：单击该按钮，将打开列表框，可选择不同的选项对项目图标进行排序。

● "自动匹配序列" 按钮■■：单击该按钮，可在打开的 "自动序列化" 对话框中自动将素材调整到时间轴面板中。

● "从查询创建新的搜索素材箱" 按钮■：单击该按钮，可在打开的对话框中通过素材名称、标签、标记或出入点等信息快速查找素材，如图2-13所示。

图2-13

● "新建素材箱" 按钮■：单击该按钮，可新建文件夹，以将素材添加到其中进行管理。

● "新建项" 按钮■：单击该按钮，可在弹出的快捷菜单中选择序列文件、脱机文件、调整图层等命令。

● "清除" 按钮■：选择不需要的素材文件并单击该按钮，可将其删除。

> **技巧**
>
> 在项目面板上方的 "搜索" 文本框中直接输入需要搜索的信息，然后按【Enter】键，即可查找相应的信息。

2. 时间轴面板

使用Premiere进行视频编辑时，大部分工作都是在时间轴面板中进行的。用户在该面板中可以轻松地实现对素材的剪辑、插入、复制、粘贴和修整等操作，也可以为素材添加各种特效，如图2-14所示。

图2-14

时间轴面板中部分选项介绍如下。

● 节目标签 ：用于显示当前正在编辑的节目，如果项目中有多个节目，则可单击标签进行切换。

● 时间显示 ：用于显示当前素材所在的帧。在时间显示上单击鼠标右键，在弹出的快捷菜单中可选择时间的显示方式。

● 视频轨道 ：用于进行视频编辑的轨道，默认有3个（V1、V2、V3），可添加轨道数量。

● 音频轨道 ：用于进行音频编辑的轨道，默认有3个（A1、A2、A3），可添加轨道数量。

● "将序列作为嵌套或个别剪辑插入并覆盖"按钮：默认状态下呈 显示，单击后变为 ，此时，轨道前方的轨道序列号将被隐藏。

● "对齐"按钮：该按钮默认为选中状态，此时将启动吸附功能，如果在时间轴面板中拖动素材，则素材会自动粘合到邻近的素材边缘。

● "添加标记"按钮：单击该按钮，将在当前帧处添加一个无编号的标记。

● 时间指示器：单击并拖动时间指示器可指定视频当前帧的位置。按住【Shift】键拖动时间指示器，将自动吸附邻近的素材边缘（需保证"对齐"按钮 为选中状态）。

● "时间轴显示设置"按钮：单击该按钮，在弹出的快捷菜单中可选择需要在时间轴中显示的内容。

● "切换轨道锁定"按钮：默认状态下呈 显示，单击后变为 ，此时轨道处于锁定状态，不能进行编辑。

● "切换轨道输出"按钮：在视频轨道中单击对应轨道前的该按钮，可设置是否在节目监视器面板中显示素材。

● "切换同步锁定"按钮：单击该按钮，可与"轨道锁定"操作进行同步。

● "静音轨道"按钮：单击该按钮，相应的音频轨道将会静音。

● "独奏轨道"按钮：单击该按钮，可以只独奏当前的音频轨道。

● "画外音"按钮：单击该按钮，可以录音。

在时间轴面板中双击某条轨道左边的指向区域将会显示关键帧的情况，如图2-15所示（需先单击"时间轴显示设置"按钮 ，然后在弹出的快捷菜单中选择"显示视频关键帧"

或"显示音频关键帧"命令）。

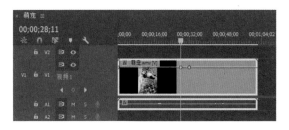

图2-15

● "添加-移除关键帧"按钮：在当前时间指示器所在位置的轨道中选择素材后，可单击该按钮在该位置添加或删除关键帧。

● "转到下一关键帧"按钮：单击该按钮，可跳转到轨道中的下一个关键帧位置。

● "转到上一关键帧"按钮：单击该按钮，可跳转到轨道中的上一个关键帧位置。

3. 监视器面板

监视器面板的作用是供创建作品时进行预览，主要分为源面板、节目面板和参考监视器面板。

（1）源面板

源面板主要用于预览还未添加到时间轴中的源素材。在项目面板中双击素材，即可在源面板中显示该素材效果，如图2-16所示。单击其中的"播放-停止切换"按钮 或按空格键可预览素材效果。

图2-16

源面板的工具栏中部分选项介绍如下。

● "添加标记"按钮：单击该按钮后，当前时间指示器所在位置将被添加一个没有编号的标记。

● "标记入点"按钮：单击该按钮后，当前时间指示器所在位置将被设置为入点。

● "标记出点"按钮：单击该按钮后，当前时间指示器所在位置将被设置为出点。

● "转到入点"按钮：单击该按钮后，时间指示器将快速跳转到入点位置。

● "转到出点"按钮：单击该按钮后，时间指示器将快速跳转到出点位置。

● "后退一帧" 按钮 ◄|：单击该按钮，时间轴跳转到上一帧位置。

● "前进一帧" 按钮 |►：单击该按钮，时间轴跳转到下一帧位置。

● "插入" 按钮 ：单击该按钮，正在编辑的素材将插入当前的时间指示器中。

● "覆盖边框" 按钮 ：单击该按钮，正在编辑的素材将覆盖到当前的时间指示器中。

● "导出帧" 按钮 ：单击该按钮，可导出当前编辑帧的画面内容。

在源面板的工具栏后面还有一个 "按钮编辑器" 按钮 ，单击该按钮，可打开按钮编辑器面板，如图2-17所示。在其中选择相应按钮并拖动到源面板下方的工具栏，单击 确定 按钮可将该按钮显示在工具栏中。

图2-17

按钮编辑器面板中部分选项介绍如下。

● "从入点到出点播放视频" 按钮 ：单击该按钮，可以播放入点到出点之间的素材内容。

● "循环播放" 按钮 ：单击该按钮，可使当前素材文件循环播放。

● "安全边框" 按钮 ：单击该按钮，可在画面中显示安全边框。

（2）节目面板

节目面板主要用于预览时间轴中当前时间指示器所处位置帧的序列效果。用户可以在节目面板中设置序列标记并指定序列的入点和出点，如图2-18所示。

图2-18

节目面板也有相应的工具栏和按钮编辑器面板，如图2-19所示。其内容和使用方法与源面板相同。

图2-19

（3）参考监视器面板

参考监视器面板一般处于关闭状态，它可以与节目面板绑定。因此，参考监视器面板常与节目面板搭配使用，调整视频色彩和音调，如图2-20所示。

4. 音轨混合器面板

音轨混合器面板主要用于对音频进行编辑和控制，混合不同的音频轨道、创建音频特效和录制音频素材等。选择【窗口】/【音轨混合器】命令，可打开音轨混合器面板，如图2-21所示。

图2-20

图2-21

音频混合器面板中部分选项介绍如下。

● "转到入点"按钮：单击该按钮，时间轴将跳转到音频的入点。

● "转到出点"按钮：单击该按钮，时间轴将跳转到音频的出点。

● "播放-停止切换"按钮：该按钮主要用于控制音频的播放和暂停。

● "从入点到出点播放视频"按钮：单击该按钮，可以播放音频的入点到出点部分。

● "循环"按钮：单击该按钮，可循环播放音频。

5. 效果面板

效果面板用于存放Premiere自带的各种视频、音频和预设的特效等。效果面板中包含了"预设""Lumetri预设""音频效果""音频过渡""视频效果""视频过渡"文件夹，如图2-22所示。单击类别左侧的三角形图标，可展开指定的效果文件夹，如图2-23所示。

图2-22　　　　　　图2-23

单击特效并将特效拖动到时间轴中的素材上，即可对素材应用特效。用户也可以单击 按钮，创建自己的文件夹并将特效移入其中（默认名称为"自定义素材箱01"）。效果面板中的特效繁多，则用户可以通过面板中的"搜索"文本框快速查找自己需要的特效。

效果面板中部分选项介绍如下。

● 预设：该文件夹中包含了预设的一些视频效果。

● Lumetri预设：该文件夹中包含了色彩的特殊效果，常用于调整素材色彩。

● 音频效果：该文件夹中包含了音频的效果。

● 音频过渡：该文件夹中包含了音频过渡的效果，如音频的淡入和淡出。

● 视频效果：该文件夹中包含了视频特效。

● 视频过渡：该文件夹中包含了视频过渡的效果。

6. 效果控件面板

效果控件面板主要用于控制对象的运动、不透明度和时间重映射。在效果面板中选择要设置的特效，将其拖动至时间轴面板中的素材上或效果控件面板中，即可为素材添加特效。为素材添加特效后，可在效果控件面板中设置该特效，单击左侧的三角形图标，可展开对应栏。图2-24为默认状态

和添加特效后状态的对比。

默认状态

添加特效后状态

图2-24

默认状态下效果控件面板中部分选项介绍如下。

● 运动：该选项用于定位、旋转和缩放剪辑的宽度，调整剪辑的防闪烁滤镜，或将这些剪辑与其他剪辑合成。

● 不透明度：该选项用于降低剪辑的不透明度，可设置混合模式，如叠加、淡化和溶解等特殊效果。

● 时间重映射：该选项可对剪辑的任何部分进行减速、加速、倒放或者将帧冻结等操作，从而使视频加速或减速。

● "显示/隐藏视频效果"按钮：默认状态下显示所有视频效果，单击该按钮将隐藏视频效果。

● 显示/隐藏时间轴视图按钮：单击该按钮，可显示或隐藏效果控件面板右侧的时间轴视图。图2-25为单击该按钮后时间轴视图全部隐藏的效果。

图2-25

● "切换效果开关" 按钮 fx：当该按钮显示为 fx 状态时，效果可用；当该按钮变为灰色时，效果不可用。

● "切换动画" 按钮 ⏱：单击该按钮，可快速添加关键帧；当按钮变为 ⏱ 状态时，添加关键帧成功；再次单击该按钮可删除所有关键帧。

● "重置" 按钮 ↺：单击该按钮，可取消重置对该栏进行的操作，使其恢复至初始状态。

● ▤ 按钮：单击该按钮，可打开面板菜单，在其中选择不同的命令进行相应的操作，如图2-26所示。

图2-26

7. 工具面板

为了便于编辑素材，Premiere提供了各种工具，并将其放置在工具面板中。这些工具主要用于编辑时间轴面板中的素材，在工具面板中单击需要的工具即可将其激活。在工具面板中，有的工具右下角有一个小三角图标，表示该工具位于工具组中，其中还隐藏有其他工具，在该工具组上按住鼠标左键不放，可显示该工具组中隐藏的工具，如图2-27所示。

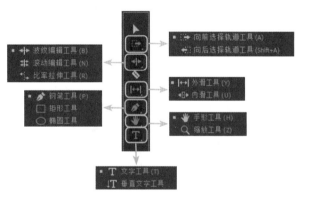

图2-27

工具面板中的工具介绍如下。

● 选择工具 ▶：使用该工具，可选择和移动素材、调节素材的关键帧、为素材设置入点和出点。

● 向前轨道选择工具 ➡：在该工具上按住鼠标左键不放，可显示出隐藏的向后轨道选择工具 ⬅。这两个轨道选择工具都可以选择轨道上箭头方向的所有素材，其具体使用方法将在第3章介绍。

● 波纹编辑工具 ⬌：在该工具上按住鼠标左键不放，可显示出隐藏的滚动编辑工具 ⬌ 和比率拉伸工具 ⬌，这两个工具都可用于视频剪辑。

● 剃刀工具 ◆：使用该工具可将素材分割为两段，产生新的入点和出点。

● 外滑工具 ⬌：在该工具上按住鼠标左键不放，可显示出隐藏的内滑工具 ⬌。这两个工具都可以通过改变素材的持续时间来改变素材的整个长度。

● 钢笔工具 ✎：在该工具上按住鼠标左键不放，可显示出隐藏的矩形工具 ▢ 和椭圆工具 ◯。这3个工具都可用于创建形状和路径，其中钢笔工具 ✎ 还可用于在素材文件上创建关键帧。

● 手形工具 ✋：在该工具上按住鼠标左键不放，可显示出隐藏的缩放工具 🔍。手形工具 ✋ 主要用于左右平移时间轴面板中的轨道。缩放工具 🔍 主要用于放大和缩小时间轴面板中显示的素材。按【Alt】键，可对放大和缩小进行切换。

● 文字工具 T：在该工具上按住鼠标左键不放，可显示出隐藏的垂直文字工具 ↓T。使用文字工具 T 可在素材中输入横排文字，使用垂直文字工具 ↓T 可在素材中输入直排文字。

8. 历史记录面板

历史记录面板主要用于记录用户在Premiere中进行的所有操作，当操作错误后，可在该面板中单击错误操作前的历史状态，或按【Ctrl+Z】组合键进行撤销操作，如图2-28所示。

图2-28

单击面板右侧的 ▤ 按钮，在弹出的下拉菜单中选择 "清除历史记录" 命令，可将历史记录面板中的所有历史清除，如图2-29所示。

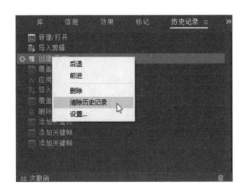

图2-29

若只需删除某一个历史状态，则可选中该历史状态，单击"删除可重做的操作"按钮📄，或者直接按【Delete】键。

9. 信息面板

信息面板主要用于显示当前选择的素材和序列中的各项信息，如素材的名称、类型、帧速率、入点、出点、持续时间、鼠标指针位置，以及序列中当前帧的位置、包含的视频轨道和音频轨道等，如图2-30所示。

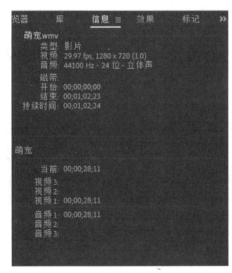

图2-30

10. 媒体浏览器面板

媒体浏览器面板用于快速浏览计算机中的其他素材，并对素材进行导入项目中、在源监视器中预览等操作，如图2-31所示。

图2-31

11. Lumetri范围面板

Lumetri范围面板中可显示素材的波形图，并可与节目面板结合使用，从而高效地辅助校色和调色工作，如图2-32所示。单击Lumetri范围面板下方的"设置"按钮🔧，可在弹出的快捷菜单中选择不同的波形图图示，如图2-33所示。

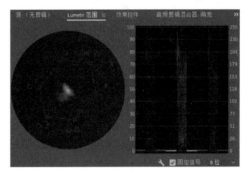

图2-32

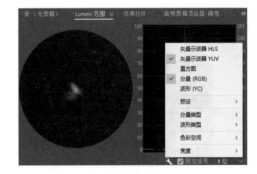

图2-33

12. Lumetri 颜色面板

Premiere提供了专业级别的颜色分级和颜色校正工具，它们集中在Lumetri颜色面板中，包括基本校正、创意、曲线、色轮和匹配、HSL辅助、晕影等功能模块，如图2-34所示。

13. 基本图形面板

在基本图形面板中可直接创建和编辑图形。单击"浏览"选项卡，在"我的模板"选项卡中选择模板，可快速实现各种图形效果，如图2-35所示。单击"编辑"选项卡，可对图形进行编辑操作。

图2-34　　　　　　　　　图2-35

技巧

在基本图形面板中单击"Adobe Stock"选项卡，可以从 Adobe Stock 中将动态图形模板导入 Premiere 中。

14. 标记面板

在标记面板中可查看打开的剪辑或序列中的所有标记，并显示与剪辑有关的详细信息，如图2-36所示。单击标记面板中的缩览图，可将播放指示器移动到对应标记的位置。

图2-36

15. 字幕面板

在字幕面板中可为视频添加字幕。选择【文件】/【新建】/【字幕】命令，可以新建字幕并打开字幕面板，如图2-37所示。

图2-37

2.3　自定义工作区

Premiere的工作界面中几乎包含视频编辑所需的所有面板，用户如果对工作界面中面板的分布不满意，则可对其进行自定义设置，使其符合自身的设计习惯和需求。

2.3.1　调整面板大小

Premiere中每个面板的大小并不是固定不变的，用户可根据需要自行调整。其方法也比较简单，具体操作为：单击选中面板，将鼠标指针放置于与其他面板相邻的分割线处，当鼠标指针变为 形状时，按住鼠标左键不放，拖动到合适位置后释放鼠标左键，如图2-38所示。

调整前　　　　　　　　　调整后

图2-38

2.3.2　创建浮动面板

为了更好地编辑素材，可以将Premiere中的面板设置为浮动状态，使其变为独立的窗口浮动在工作界面上方，并保持置顶效果。操作方法为：单击面板右上方的■按钮，在弹出的下拉菜单中选择"浮动面板"命令，如图2-39所示。该面板将自动浮动显示，如图2-40所示。

图2-39 图2-40

2.3.3 面板的组合与拆分

用户可根据自己的需要对面板进行组合与拆分。将两个以上个面板组合在一起就形成了面板组，将面板组中的某个面板拖动到其他面板组中即为拆分面板组。操作方法为：单击选中想要组合或拆分的面板，按住鼠标左键，将其拖动到目标面板的顶部、底部、左侧或右侧，在目标面板中出现暗色预览后释放鼠标左键，如图2-41所示。

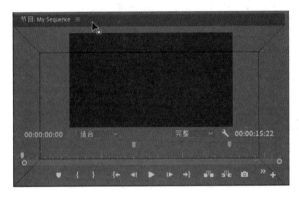

图2-41

若需要在同一面板组中移动面板，则可直接单击选中需要移动的面板，按住鼠标左键，将其拖动到目标位置，此时原位置的其他面板会向前或向后移动。

2.3.4 打开和关闭面板

Premiere默认的工作界面包含很多面板，如果用户不需要使用某个面板，则可将其关闭。操作方法为：单击面板右上方的 ≡ 按钮，在弹出的下拉菜单中选择"关闭面板"命令，如图2-42所示。如果要打开被关闭的面板，则可在菜单栏中选择"窗口"菜单命令，在弹出的子菜单中选择需要显示的面板，如图2-43所示。

关闭面板组的操作方法与关闭面板一样，单击面板右上方的 ≡ 按钮，在弹出的下拉菜单中选择【面板组设置】/【关闭面板组】命令，如图2-44所示。

图2-42 图2-43

图2-44

2.3.5 重置和保存工作区

在对面板和面板组进行调整后，或者不需要浮动面板时，都可将工作区恢复至原始状态。操作方法为：选择【窗口】/【工作区】/【重置为保存的布局】命令，可返回之前工作区的初始设置，如图2-45所示。

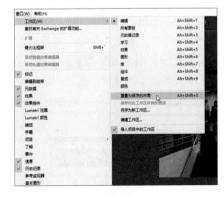

图2-45

调整好面板和面板组后，可以将其保存，以便日后随时使用。操作方法为：选择【窗口】/【工作区】/【另存为新工作区】命令，打开"新建工作区"对话框，输入工作区名

称并单击 **确定** 按钮进行保存，如图2-46所示。

图2-46

2.3.6　自定义快捷键

Premiere为菜单命令、面板等提供了预设的快捷键，用

户可以自行修改常用的快捷键，使重复性工作更加轻松，从而提高制作视频的速度。操作方法为：选择【编辑】/【快捷键】命令，打开"键盘快捷键"对话框，该对话框中包含了应用程序和面板两个部分的快捷键，如图2-47所示。

● 应用程序：该选项主要用于设置工具面板中各工具切换的快捷键。它包括Premiere中的文件、编辑、剪辑、序列、标记、字幕、窗口和帮助8个菜单命令，以及修剪、切换到摄像机、切换到音频和工作区等操作的快捷键设置。

● 面板：该选项包含了Premiere中所有可显示的面板操作的快捷键设置，如音频剪辑混合器面板、捕捉面板、效果

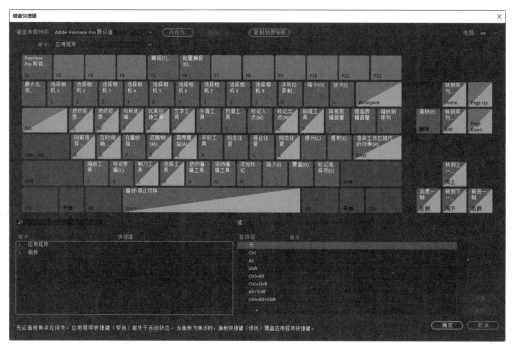

图2-47

控件面板、效果面板等。

1. 保存自定义快捷键

更改快捷键后，在"键盘快捷键"对话框的"键盘布局预设"下拉列表框框右侧单击 **另存为** 按钮，打开"键盘布局设置"对话框，如图2-48所示，在其中输入键盘布局预设名称后单击 **确定** 按钮即可保存自定义快捷键。

图2-48

2. 载入自定义快捷键

重新启动Premiere后，可在"键盘快捷键"对话框的"键盘布局预设"下拉列表框框中重新载入自定义的快捷键，如图2-49所示。

图2-49

3. 删除自定义快捷键

在"键盘快捷键"对话框的"键盘布局预设"下拉列表框中选择需要删除的自定义快捷键，单击右侧的 **删除** 按钮，在图2-50所示的提示框中单击 **确定** 按钮即可删除自定义快捷键。

图2-50

实战 修改工具快捷键

知识要点 自定义快捷键的设置和保存

配套资源 素材文件\第2章\快捷键.prproj

扫码看视频

操作步骤

1 打开"快捷键.prproj"素材文件，选择【编辑】/【快捷键】命令，打开"键盘快捷键"对话框，在"命令"栏的"应用程序"列表框中选择相应的选项，这里选择"选择工具"选项，此时该选项中会显示快捷键文本框，如图2-51所示。

图2-51

2 在快捷键文本框的后面单击，增加一个快捷键文本框，在该文本框中重新输入快捷键，如【Shift+P】组合键，如图2-52所示。

图2-52

3 单击该工具原来快捷键文本框右侧的删除图标×，删除原来的快捷键。

技巧

在新建或编辑快捷键时，若自定义的快捷键已经被软件的其他命令占用，则该快捷键不能自定义。

4 在"键盘布局预设"下拉列表框框右侧单击 另存为... 按钮，打开"键盘布局设置"对话框，在"键盘布局预设名称"文本框中输入文字，单击 确定 按钮，如图2-53所示。

5 返回"键盘快捷键"对话框，单击右下角的 确定 按钮，该快捷键将被保存到Premiere中。

图2-53

2.3.7 设置界面外观颜色

Premiere软件的界面默认以黑底白字显示，如果用户不喜欢该颜色，则可更改。操作方法为：选择【编辑】/【首选项】/【外观】命令，打开"首选项"对话框，在其中的"外观"选项卡中拖动不同的参数滑块，对界面或控件的亮度进行自定义调整，然后单击 确定 按钮，如图2-54所示。

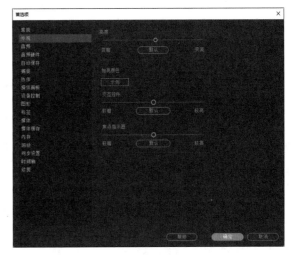

图2-54

2.4 综合实训：创建并保存合适的工作区

工作区是在Premiere中进行视频编辑操作的独立区域，创建并保存合适的工作区是为了减少混乱，保证工作的高效率。

2.4.1 实训要求

Premiere的默认工作界面中有的面板在编辑视频时并不常用，而有的面板比较常用但又处于关闭状态，此时可直接创建适合自己的工作区。本实训需运用本章所学知识，根据自己的工作习惯重新布置工作区，从而提高编辑视频的效率。

设计人员或编辑人员应该具备基本的职业素养和职业技能，培养良好的工作习惯，如整理并归类素材、保存好设计初稿和修改稿、及时归纳总结设计案例、创建合适的工作区等，从而提高自身的专业能力和工作效率。

设计素养

2.4.2 实训思路

在调整工作面板时可以根据工作面板的功能，以及是否常用进行合理划分，如时间轴面板是编辑视频的核心，项目面板在视频编辑中也非常常用，因此可以适当增加其显示面积。而媒体浏览器面板、信息面板、标记面板、历史记录面板、库面板等在编辑视频时不常用，可以关闭。本实训完成后的参考效果如图2-55所示。

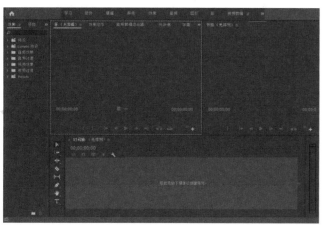

图2-55

2.4.3 制作要点

 知识要点 自定义工作区

 配套资源 素材文件\第2章\工作区.prproj

扫码看视频

本实训的主要操作步骤如下。

1 打开"工作区.prproj"素材文件，按住鼠标左键，将项目面板拖动到源面板左侧，当出现蓝色边框时释放鼠标左键，此时项目面板会变大。

2 将鼠标指针放置在项目面板右侧的分割线处，当鼠标指针变为 形状时，按住鼠标左键向左拖曳鼠标，适当缩小项目面板。

3 依次关闭不常用的媒体浏览器面板、信息面板、标记面板、历史记录面板、库面板。

4 单击并拖动效果面板到项目面板所在的面板组顶部，然后释放鼠标左键，使效果面板与项目面板并列显示，然后缩小时间轴面板右侧的音量显示器区域。

5 向下拖动时间轴面板到合适的位置。

6 添加字幕面板，并将其移动到元数据面板右侧。

7 在"首选项"对话框中设置界面的亮度为"变亮"；交互控件和焦点指示器均为"较亮"。

8 重新保存新工作区，名称为"视频剪辑"。

巩固练习

1. 重新设置工作界面的颜色

本练习需要修改Premiere工作界面的亮度，可以使工作界面的颜色变暗，其他颜色变亮，颜色对比更加明显，文字更加清晰，更便于观看。

2. 自定义面板快捷键

本练习需要将面板的快捷键重新设置为自己熟悉的快捷键，便于提高工作效率。设置时，主要在"键盘快捷键"对话框中进行自定义操作。

3. 调整工作界面

本练习要求将Premiere默认的工作界面调整为适合编辑音频的工作界面，可运用调整面板大小与位置、打开和关闭面板、重组和拆分面板等操作进行调整。调整后还需要将该工作界面保存，便于下次操作时直接使用。

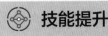
要想让视频效果引人注目、震撼人心，就需要将Premiere与其他软件结合使用，如Photoshop、After Effects、Audition等。

1. Premiere与Photoshop

Photoshop是Adobe公司推出的一款专业的图像处理软件，在视频的编辑和制作中非常实用，其功能包括封面和结尾制作、图片处理及海报制作等，用户可以使用各种编辑与绘图工具，对图像进行各种编辑操作。

素材文件只能是图片格式），然后单击鼠标右键，选择"在Adobe Photoshop中编辑"命令（或者直接选择【编辑】/【在Adobe Photoshop中编辑】命令），此时会自动在Photoshop中打开该素材。在Photoshop中对素材进行处理后，按【Ctrl+S】组合键保存文件，回到Premiere界面，可发现素材文件已经被同步修改。

2. Premiere与After Effects

After Effects是Adobe公司推出的一款视频处理软件，主要用于后期处理与合成视频，适合从事设计和视频特技的机构使用，如电影公司、电视台、动画制作公司等。After Effects可以高效且精确地创建无数种引人注目的动态图形和震撼人心的视觉效果，将其与Premiere搭配使用，可以制作出更具创意的视频。需要注意的是，After Effects与Premiere软件的版本必须相同。图2-57所示为After Effects的操作界面。

Premiere与After Effects搭配使用的方法主要有两种：第一种是直接将已经做好特效片段的AE文件（后缀名为".aep"）导入Premiere中，然后将其从项目面板中拖曳到时间轴面板中做进一步剪辑，最后组合成一个完整的视

利用Photoshop的图像处理及特效功能，可以将一些质量较差的图片处理成效果精美的图片，也可以将多张图片合成为一张图片，还可以调整图像颜色、制作特殊效果等。Photoshop与Premiere都是Adobe公司开发的软件，二者可以搭配使用。图2-56所示为Photoshop的操作界面。

Premiere与Photoshop搭配使用的方法为：在时间轴面板中选择需要在Photoshop中编辑的素材文件（注意

图2-56

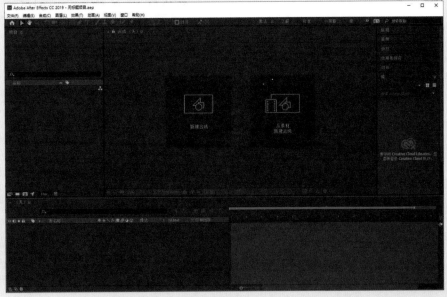

图2-57

频作品；第二种是在Premiere的时间轴面板中选择需要添加AE特效的素材文件，然后单击鼠标右键，选择"使用After Effects中合成替换"命令，此时可直接在After Effects软件中为该素材添加特效，完成后按【Ctrl+S】组合键保存文件，回到Premiere界面，可发现素材文件已经被同步添加了特效。

3. Premiere与Audition

虽然Premiere具备音频编辑功能，但当对音频内容有更加专业的需求时，可以使用Adobe公司的Audition软件。该软件是一种多音轨编辑工具，支持128条音轨、多种音频格式、多种音频特效，可方便用户对音频文件进行修改、合并，是非常高效的音频处理软件。图2-58所示为Audition工作界面。

Premiere与Audition搭配使用的方法主要有两种。第一种是在Premiere的时间轴面板中选择需要编辑的音频文件，然后单击鼠标右键，选择"在Adobe Audition编

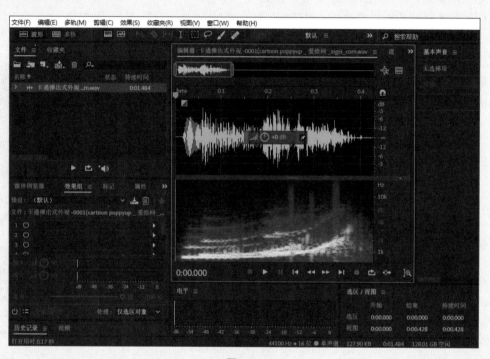

图2-58

辑剪辑"命令，此时Audition软件会自动打开，可以在Audition中对音频进行编辑，编辑完成后按【Ctrl+S】组合键保存文件，回到Premiere时可以看到该音频文件已经与Audition中的处理同步。第二种方法是使用动态链接将Premiere中的音频序列发送到Audition中完成专业的音频混合，操作方法为：在Premiere选中时间轴面板中的序列，选择【编辑】/【在Adobe Audition中编辑】/【序列】命令，打开"在Adobe Audition中编辑"对话框，在"视频"栏下拉列表框中选择"通过 Dynamic Link 发送"选项，勾选"在Adobe Audition中打开"复选框，如图2-59所示。单击 确定 按钮后将自动打开Audition软件，在Audition中可看到与Premiere对应的音频轨道，在其中可对音频进行编辑处理，完成后按【Ctrl+S】

组合键保存，在打开的对话框中单击 确定 按钮，在Audition软件中选择【多轨】/【导出到Adobe Premiere Pro】命令，在打开的对话框中单击 导出 按钮，在打开的提示框中设置该音频放置在Premiere的具体位置，单击 确定 按钮，此时Premiere中会多出一条已经处理过的音频。

图2-59

第 3 章

Premiere 视频编辑的基本操作

3.1 新建、打开、保存和关闭项目

Premiere中的项目主要用于存储与序列和资源有关的信息，并记录所有的编辑操作。在使用Premiere进行视频编辑时，必须先新建项目或打开事先保存的项目，待完成编辑操作后还应该保存项目。

3.1.1 新建项目

新建项目是使用Premiere进行视频编辑的第一步，也是最基本的操作之一。在Premiere中新建项目主要有以下两种方式。

1. 在欢迎界面中新建项目

启动Premiere，在欢迎界面中单击 新建项目... 按钮，打开"新建项目"对话框，设置项目参数后，单击 确定 按钮，即可新建项目，如图3-1所示。

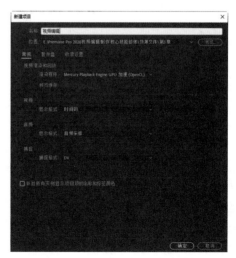

图3-1

在"新建项目"对话框中可以进行常规设置、暂存盘设置和收录设置，每一部分的设置重点都不同。因此需要先了解"新建项目"对话框中各种设置的含义，然后根据实际需要进行设置。

（1）常规设置

● 名称：用于对项目进行命名，应尽量不使用默认的名称，以便于管理项目。

● 位置：主要用于存储项目的路径，默认位置是C盘，一般需要更改到当前计算机中内存空间最大的磁盘，以免C盘文件过多造成计算机卡顿。单击 浏览 按钮，在打开的"请选择新项目的目标路径"对话框中指定文件的存储路径。

● 渲染程序：渲染程序默认选择"仅Mercury Playback Engine软件"选项，表示直接使用计算机的 CPU渲染处理。若当前计算机中有合适的显卡，则可在渲染程序中选择"Mercury Playback Engine GPU加速（CUDA）"或"Mercury Playback Engine GPU加速（OpenCL）"选项，以提高渲染速度。

● 预览缓存：预览缓存可使用GPU内存上的永久缓存来提高工作性能。

● 视频显示格式：用于设置播放视频时的视频显示格式，有"时间码""英尺+帧16毫米""英尺+帧35毫米"和"画框"4种格式。默认选择"时间码"格式，该格式可以对视频格式的时、分、秒、帧进行计数；"英尺+帧16毫米"格式和"英尺+帧35毫米"格式分别用于输出16毫米和35毫米胶片的视频。"画框"格式仅统计视频帧数，常在结合三维软件制作媒体时采用。

● 音频显示格式：用于更改时间轴面板和节目面板中音频的显示格式，有音频采样和毫秒两种格式。

● 捕捉格式：用于设置音频和视频采集时的捕捉方式，并设置为DV或HDV格式。DV是指数字视频格式，HDV是指高清视频格式，用户可根据需要选择捕捉格式。

（2）暂存盘设置

在"暂存盘"选项卡中可查看捕捉音频、捕捉视频、视频预览、音频预览和项目临时文件自动保存的路径，一般选择"与项目相同"选项。这里也可单击 浏览 按钮，重新选择保存路径，如图3-2所示。

（3）收录设置

若需要对项目中的每个视频剪辑做预处理或者计算机性能不高，无法顺畅地处理高清视频时，都可以在"收录设置"选项卡中进行操作，如图3-3所示。

图3-2

图3-3

勾选"收录"复选框，可启用收录功能（需要先安装Adobe Media Encoder软件），然后单击其后方的下拉列表框框，可以看到图3-4所示的4个选项。

图3-4

● 复制：复制可将文件复制到一个新位置，常用于将可移动媒体中的文件传输到本地硬盘驱动器上。在激活的"主要目标"下拉列表框框中可选择复制后文件的保存位置。完成复制后，在Premiere项目中的操作将作用在副本文件上。

● 转码：转码可以将文件转换为新格式，并保存在新位置，常用于将原始摄像机拍摄的视频文件格式转换为后期制作所需的特定格式。与复制一样，选择"转码"选项后也可以在"主要目标"下拉列表框框中选择转码后文件的保存位置。完成转码后，在Premiere项目中的操作将作用在转码文件上。

● 创建代理：创建代理可以创建代理并将代理链接到文件，常用于创建低分辨率剪辑，以便在剪辑期间提高性能。如果计算机性能不够好，处理高清素材容易卡顿，就可以使用创建代理功能，其原理是在导入素材的同时，将分辨率较高的原始文件转换为分辨率较低的代理文件进行剪辑，然后切换回原始的高分辨率文件进行最终输出，从而更快地完成工作。创建代理时，在激活的"代理目标"下拉列表框框中可选择代理文件的保存位置。

● 复制并创建代理：复制并创建代理可复制文件并为其创建代理。

2. 使用命令新建项目

若已经在Premiere中打开项目，可以选择【文件】/【新建】/【项目】命令或按【Ctrl + Alt + N】组合键新建项目，此时打开的项目将被关闭，如图3-5所示。

图3-5

创建项目后，项目设置将应用于整个项目，若需要更改项目，则选择【文件】/【项目设置】命令，在弹出的子菜单中可选择"常规""暂存盘"或"收录设置"命令，打开"项目设置"对话框，在其中更改部分项目的设置，更改完成后单击 确定 按钮，如图 3-6 所示。直接在媒体浏览器面板中单击"打开收录设置"按钮，也可以打开"项目设置"对话框。

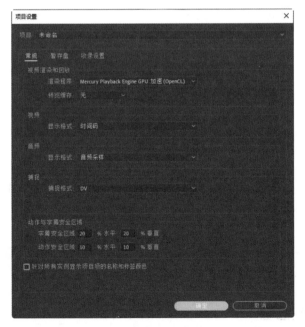

图3-6

3.1.2 打开项目

要修改和处理原有项目，应先打开项目。打开项目可以通过"打开项目"和"打开最近使用的内容"命令，以及欢迎界面中的 打开项目 按钮。

● 使用"打开项目"命令：选择【文件】/【打开项目】命令，打开"打开"对话框。选择项目所在路径，然后在文件列表中选择文件，单击 打开(O) 按钮，可打开所选项目，如图3-7所示。单击 取消 按钮，可取消打开项目的操作。

图3-7

● 使用"打开最近使用的内容"命令：要打开最近使用过的项目，可选择【文件】/【打开最近使用的内容】命令，在弹出的子菜单中可看到最近使用过的项目名，选择想要打开的项目名，可迅速打开对应的项目，如图3-8所示。

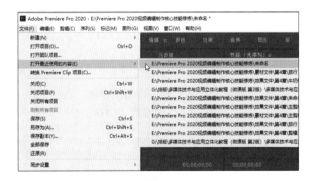

图3-8

● 单击 打开项目 按钮：启动Premiere，在欢迎界面中单击 打开项目 按钮，打开一个事先保存的项目。此外，欢迎界面中的"最近使用项"栏下方还可打开最近使用过的项目，如图3-9所示。若最近使用过的项目太多，则可在欢迎界面右侧"筛选"后的文本框中输入项目的关键字、关键词进行搜索。

图3-9

技巧

除了在 Premiere 中打开独立制作的项目外，还可以打开团队项目。团队项目是一项托管协作服务，可以供多个用户同时在一个团队项目中工作。其操作方法为：选择【打开】/【团队项目】命令，打开"管理团队项目"对话框，在其中可以打开、新建和存档团队项目。

3.1.3　保存项目

创建或编辑项目后，需要对该项目进行保存，便于以后再次操作。保存项目可通过"保存"命令、"另存为"命令和"保存副本"命令完成。

● 通过"保存"命令：选择【文件】/【保存】命令，或直接按【Ctrl+S】组合键，可直接保存当前项目。需要注意的是，若保存过该项目，则在使用该命令时会自动覆盖已经保存过的项目。

● 通过"另存为"命令：选择【文件】/【另存为】命令，或直接按【Ctrl+Shift+S】组合键，打开"保存项目"对话框，输入文件名，设置保存类型和位置，单击 保存(S) 按钮保存项目。

● 通过"保存副本"命令：选择【文件】/【保存副本】命令，在"保存项目"对话框中设置保存的位置和名称后，单击 保存(S) 按钮可将项目以副本形式保存，如图3-10所示。

图3-10

技巧

选择【编辑】/【首选项】/【自动保存】命令可以修改自动保存时间间隔，将项目的副本保存在 Premiere 的"自动保存"文件夹中。

3.1.4　关闭项目

若需要关闭项目，但又不关闭Premiere，则可直接选择【文件】/【关闭项目】命令，关闭当前项目；或选择【文件】/【关闭所有项目】命令，关闭所有项目。

3.2　新建与设置序列

序列相当于一个小项目，可用于存放视频、音频、图片等素材，也可在其中对这些素材进行编辑。一个项目可以由一个序列或多个序列组成。

3.2.1　新建序列

序列是视频编辑的基础，Premiere中的大部分编辑工作都在序列中完成。因此在编辑视频前，需要先新建序列。

1. 新建空白序列

空白序列即没有任何内容的序列。若需要自行添加序列内容，则可先新建一个空白序列。

● 通过按钮新建序列：在项目面板右下角单击"新建项"按钮 ，在弹出的快捷菜单中选择"序列"命令。

● 通过命令新建序列：选择【文件】/【新建】/【序列】命令。

● 通过项目面板新建序列：在项目面板空白处单击鼠标右键，在弹出的快捷菜单中选择【新建项目】/【序列】命令。

执行上述3项操作都能打开"新建序列"对话框，在"可用预设"栏中选择一种预设后，在右侧的"预设描述"栏中会显示该序列的编辑模式、时基、帧大小、帧速率和像素长宽比等，在"序列名称"文本框中输入序列的名称，单击 确定 按钮，即可新建这种预设的序列，如图3-11所示。新建的序列会自动添加到时间轴面板中，如图3-12所示。

"序列预设"选项卡中包含了Premiere预留的大量预设类

型，这些预设类型大多是根据摄像机的格式命名的。常用的序列预设主要有两种：一种是DV-NTSC北美标准，适用于大部分DV和摄像机；另一种是DV-PAL欧洲标准，是默认的预设类型。

> **技巧**
>
> 在编辑视频前，需先了解所要编辑的源素材的参数或摄像机类型，然后选择合适的序列预设，尽可能精确地匹配源素材，这样能够极大地优化 Premiere 软件的性能，减少渲染次数。

图3-11

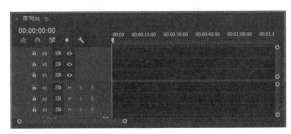

图3-12

2. 基于素材新建序列

除了新建空白序列外，也可以将项目面板中的素材直接拖曳到时间轴面板中，创建一个与素材名称相同的序列。或者在项目面板中选择素材，单击鼠标右键，在弹出的快捷菜单中选择"从剪辑新建序列"命令，创建一个与素材名称和大小相同的新序列。

需要注意的是，使用这种方式可能会造成素材与新建的序列不匹配，此时打开图3-13所示的"剪辑不匹配警告"

对话框。单击 [更改序列设置] 按钮，会把序列自动设置成素材大小；若不知道素材大小，则可以直接使用预设的序列参数。单击 [保持现有设置] 按钮，将会按照序列参数改变素材参数。

图3-13

3.2.2　设置序列

新建序列时可以在"新建序列"对话框中的"设置"选项卡中设置各种序列参数，如图3-14所示。这是新建序列必不可少的操作。

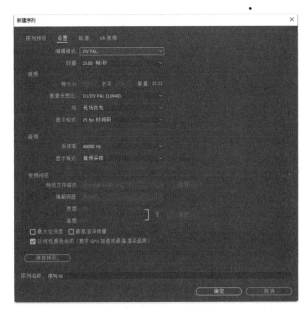

图3-14

● 编辑模式：用于设置预览文件和播放的视频格式，由"序列预设"选项卡中所选的预设决定。

● 时基：时基就是时间基准，主要决定Premiere的视频帧数，帧数越高，在Premiere中的渲染效果越好。在大多数项目中，时基应该匹配视频的帧速率。通常来说，24帧/秒用于编辑电影胶片，25帧/秒用于编辑PAL制式和SECAM制式视频，29.97帧/秒用于编辑NTSC制式视频；移动设备设置为15帧/秒。时基设置不仅决定了"显示格式"区域中哪个选项可用，也决定了时间轴面板中的标尺和标记的位置。

● 帧大小：项目的帧大小是指以像素为单位的宽度和高度。第一个文本框中的数值代表画面的宽度，第二个文本框中的数值代表画面的高度。帧大小可用于设置指定播放序列时帧的尺寸（以像素为单位）。大多数情况下，项目的帧大小与源文件的帧大小保持一致。

● 像素长宽比：用于设置像素长宽比和各个像素的长宽比。如果使用的像素长宽比不同于视频的像素长宽比，该视频的渲染就会发生扭曲。

● 场：用于设置指定帧的场序，在将工作项目导出到录像带中时都会用到场，每个视频帧都会分为两个场。如果使用的是逐行扫描视频，则选择"无场（逐行扫描）"选项。

● "视频"栏中的"显示格式"：用于设置多种时间码格式。对"显示格式"选项进行更改并不会改变剪辑或序列的帧速率，只会改变其时间码的显示方式。其下拉列表框中的各个选项与新建项目时"视频显示格式"栏中的选项基本相同。

● 采样率：用于设置重新采样或设置与源音频不同的速率，音频采样率决定了音频的品质，采样率越高其音频品质越高，但高品质的音频需要更多的磁盘空间。

● "音频"栏中的"显示格式"：用于设置显示格式是使用音频采样还是毫秒作为音频时间的显示单位。

● 预览文件格式：用于设置预览文件时文件的显示格式，可以在让渲染时间比较短和文件比较小的情况下提供最佳的预览效果。

● 编解码器：用于设置为序列创建预览文件的编解码器格式。

● "宽度"数值框：用于指定视频预览的帧宽度，受源媒体像素长宽比的限制。

● "高度"数值框：用于指定视频预览的帧高度，受源媒体像素长宽比的限制。

● "重置"数值框：用于清除现有预览尺寸并为所有后续预览指定全尺寸。

● "最大位深度"复选框：勾选该复选框，将使颜色位深度最大化，但不会保证颜色校正的素材不受损失。

● "最高渲染质量"复选框：勾选该复选框，将从大格式缩放到小格式，或从高清晰度缩放到标准清晰度格式，最高渲染质量保持锐化细节，从而使所渲染剪辑和序列中的运动质量达到最佳效果。勾选该复选框通常会使移动资源的渲染更加锐化，但它需要更多的内存，尤其是在渲染时，需要耗费更多时间导出文件。

● "以线性颜色合成（要求GPU加速或最高渲染品质）"复选框：勾选该复选框，在渲染时将使GPU加速，或以最高质量渲染视频。

● 保存预设 按钮：单击 保存预设 按钮，打开"保存序列预设"对话框，可以在其中命名、描述序列，并保存当前序列。

3.2.3　设置序列轨道

一个序列必须至少包含一条视频轨道和一条音频轨道，而且序列中的视频轨道和音频轨道可以共同并列于时间轴面板中。若视频编辑过于复杂，则可能需要运用多条视频轨道和音频轨道来进行叠加或混合剪辑。因此，在新建序列时还需要设置序列的轨道数量。在"新建序列"对话框中单击"轨道"选项卡，即可对序列轨道进行设置。

● "视频"栏：在"视频"栏的数值框中可重新设置序列的视频轨道数量。

● "音频"栏：在"音频"栏的"主"下拉列表框框中可选择主音频轨道的类型，若在其中选择"声道"选项，则可在后方的"声道数"下拉列表框框中选择声道的数量。单击 按钮可增加默认的音频轨道数量，勾选某轨道前的复选框，再单击 按钮可删除所选轨道。在"轨道名称"文本框中可对轨道进行命名；在"轨道类型"下拉列表框框中可以选择音频的类型；在"声像/平衡"栏中拖动滑块或直接在右侧的数值框中输入具体数值可设置音频，如图3-15所示。

图3-15

单击"轨道"选项卡中的 从序列加载... 按钮可加载当前项目中已经存在的序列； 保存预设... 按钮与"设置"选项卡中的 保存预设... 按钮的功能和使用方法相同，这里不做过多介绍。

若序列已经新建完成，需要直接在时间轴面板中新建序列轨道，则选择时间轴面板左侧的轨道部分，单击鼠标右键，在弹出的快捷菜单中选择"添加单个轨道"命令（在视频轨道处单击将直接添加视频轨道，在音频轨道处单击将直接添加音频轨道），如图3-16所示。若选择"添加轨道"命令，则打开"添加轨道"对话框，如图3-17所示。可在其中选择添加视频轨道、音频轨道或音频混合轨道，并设置轨道数量和轨道位置。

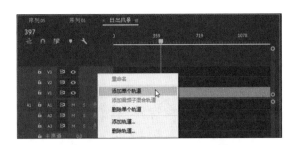

图3-16

图3-17

实战 新建、更改和保存序列

知识要点 新建、更改和保存序列

配套资源 效果文件\第3章\新建序列.prproj

扫码看视频

操作步骤

1 启动Premiere，在欢迎界面中单击 新建项目... 按钮。

2 打开"新建项目"对话框，设置项目名称为"新建序列"，显示格式为"时间码"，单击 浏览... 按钮，打开"请选择新项目的目标路径"对话框，设置项目保存路径后

单击 选择文件夹 按钮，如图3-18所示。

图3-18

3 返回"新建项目"对话框，单击 确定 按钮。进入Premiere工作界面，选择【文件】/【新建】/【序列】命令，如图3-19所示。

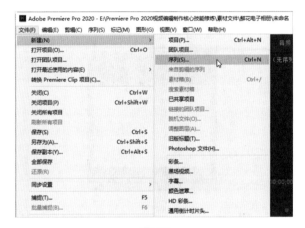

图3-19

4 打开"新建序列"对话框，单击"设置"选项卡，在其中设置"编辑模式""帧大小""像素长宽比"选项，如图3-20所示。

图3-20

5 单击"轨道"选项卡，单击"视频"栏中的数值框，在其中输入数字"1"，减少视频轨道的数量。在"音频"栏中连续单击两次 ⊕ 按钮，增加两条音频轨道，如图3-21所示。

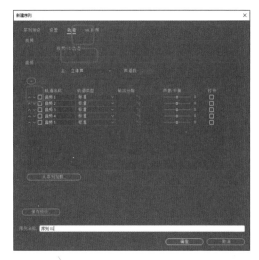

图3-21

6 单击 保存预设 按钮，打开"保存序列预设"对话框，在"名称"文本框中输入序列名为"短视频"，在"描述"文本框中输入对序列的基本描述，如图3-22所示。

图3-22

7 单击 确定 按钮保存该序列，同时该序列也会自动出现在"序列预设"选项卡的"可用预设"栏的"自定义"文件夹中，如图3-23所示。

图3-23

8 单击"新建序列"对话框中的 确定 按钮，将创建一个基于该预设的序列，并可在项目面板和时间轴面板中看到创建后的效果，如图3-24所示。

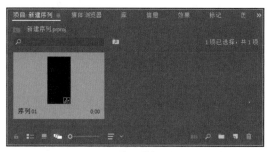

项目面板

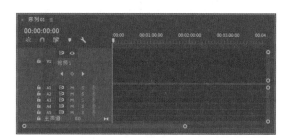

时间轴面板

图3-24

3.2.4 嵌套序列

编辑视频经常会遇到内容较多且项目包含较多素材的情况，此时可使用嵌套序列的方法，便于重复利用序列。

嵌套序列可将多个序列文件合并为一个序列，在时间轴轨道中仅占用一个轨道，这不仅可以节省视频编辑空间，还可以统一对嵌套序列中的素材进行裁剪、移动等修改，节省视频编辑时间。同时，双击打开嵌套序列，可对嵌套序列中的单个序列文件进行修改与调整。一般来说，完整的序列文件称为主序列，主序列包含的嵌套序列称为子序列，它们是包含与被包含的关系，如图3-25所示。

主序列　　　　　　　　　　子序列

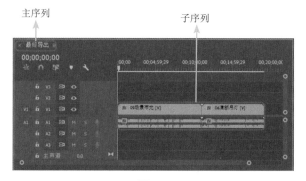

图3-25

图3-28

技巧

在进行嵌套序列的操作时，嵌套的序列必须包含内容，若
是新建的序列，则需要在序列中添加素材。

实战 序列的嵌套操作

 知识要点 序列的嵌套操作

 配套资源 素材文件\第3章\嵌套序列.prproj
效果文件\第3章\嵌套序列.prproj

扫码看视频

操作步骤

1 双击"嵌套序列.prproj"素材文件，启动Premiere，并
打开项目文件。在项目面板中同时选中"落日"素
材，单击鼠标右键，在弹出的快捷菜单中选择"从剪辑新建
序列"命令，新建一个名为"落日"的序列，使用相同的方
法新建"池水"序列。

2 依次单击时间轴面板中两个序列文件前面的 图
标将其关闭。在项目面板中同时选择"落日"和
"池水"的序列，并将其拖动到时间轴面板中，如图3-26
所示

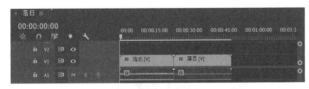

图3-26

3 在时间轴面板中选择所有序列，单击鼠标右键，在弹
出的快捷菜单中选择"嵌套"命令，在"嵌套序列名
称"对话框的"名称"文本框中对刚刚嵌套的序列进行命名
（这里保持默认设置），如图3-27所示。

图3-27

4 单击 确定 按钮，此时"落日"和"池水"被嵌套在
"嵌套序列01"序列中，在时间轴面板中可查看嵌套
后的效果，如图3-28所示。

技巧

在时间轴面板中选择需要嵌套的序列后，单击鼠标右键，
选择"制作子序列"命令，此时软件自动生成一个名为"xx_
Sub_01"的嵌套序列；或者在项目面板中选择一个序列
文件，单击鼠标右键，选择"从剪辑新建序列"命令，此
时时间轴面板中嵌套一个与该序列名称相同的系列。

5 双击"嵌套序列01"序列，该序列时间轴上的"落日"
和"池水"即为子序列。双击"落日"序列，选择该
序列时间轴上的"落日.mp4"素材，然后按【Delete】键删
除，效果如图3-29所示。

图3-29

6 返回"嵌套序列01"主序列，可看到时间轴上的"落
日"序列也被删除，在节目面板中显示为黑色，如
图3-30所示。完成后保存项目。

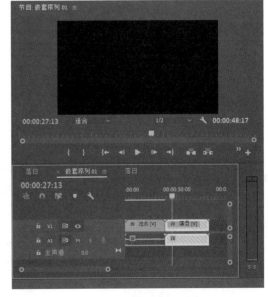

图3-30

3.3 素材的基本操作

在Premiere中进行视频编辑时，需要对素材进行各项操作，最终才能制作出完整的作品。在进行视频编辑前，需要先掌握素材的基本操作。

3.3.1 导入素材

在Premiere中编辑视频，首先需将准备好的素材导入Premiere中，然后才对素材进行编辑。因此，导入素材是Premiere视频编辑中重要且不可或缺的关键步骤。导入素材需先打开"导入"对话框，再进行素材导入操作。

1. 打开"导入"对话框

打开"导入"对话框的方法主要有以下3种。

● 通过项目面板导入素材：打开Premiere后，在项目面板空白处单击鼠标右键，在打开的快捷菜单中选择"导入"命令。

● 通过快捷键导入素材：打开Premiere后，按【Ctrl+I】组合键。

● 通过命令导入素材：打开Premiere后，选择【文件】/【导入】命令。

2. 导入素材

Premiere支持导入多种素材类型，各种素材的导入方法有所区别。

● 导入单个素材：在"导入"对话框中选择需导入的素材，单击 打开(O) 按钮可导入单个素材。

● 导入文件夹素材：在"导入"对话框中选择文件夹素材，单击 导入文件夹 按钮可导入文件夹素材。

● 导入图像序列素材：如果需要导入的图像素材很多，则可以使用图像序列的方式导入。图像序列素材由多幅以序列排列的图像组成，其中每幅图像在视频中代表一帧。但在导入图像时，必须保证图像的名称是连续的序列，且每个图像名称之间的数值差为1，如"1、2、3或01、02、03"等，并且需要在"导入"对话框中勾选"图像序列"复选框。

实战 导入 PSD 素材

 知识要点　PSD素材的导入操作

 配套资源　素材文件\第3章\商品陈列.psd

扫码看视频

操作步骤

1 新建名为"导入PSD素材"的项目文件。选择【文件】/【导入】命令，打开"导入"对话框，双击"商品陈列.psd"素材文件，如图3-31所示。

图3-31

技巧

在项目面板中的空白处双击鼠标左键，可快速打开"导入"对话框。

2 打开"导入分层文件：商品陈列"对话框，在"导入为"下拉列表框中设置导入PSD素材的方式，这里选择"合并所有图层"选项，如图3-32所示。

图3-32

3 单击 确定 按钮，可将PSD素材以合并图层后的状态导入项目面板中，如图3-33所示。

4 若只需要导入PSD素材中显示的图层，而不需要导入隐藏图层，则可以在"导入为"下拉列表框中设置导入PSD素材的方式为"合并的图层"，然后在图层列表中可以看到PSD素材中的显示图层（显示图层前的复选框已被勾选，隐藏图层则没有），然后单击 确定 按钮。

5 若需要展现PSD素材中各个图层的内容，则可以将导入PSD素材的方式设置为"各个图层"，然后在图层列表中取消勾选不需要导入的图层前的复选框，如图3-34所示。

图3-33　　　　　　　　　　　图3-34

6 单击 确定 按钮，可将PSD素材以各个图层的方式导入项目面板中的一个素材箱中，双击该素材箱可看到其中的单个素材，如图3-35所示。

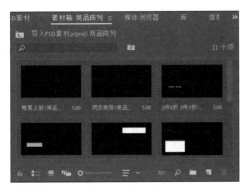

图3-35

7 若需要将PSD素材制作成图层的动画效果，则可以将导入PSD素材的方式设置为"序列"，然后在图层列表中取消勾选不需要导入的图层前的复选框，单击 确定 按钮，在项目面板中可以看到一个素材箱，双击该素材箱可看到PSD素材中的每个图层都以一个单独序列的形式存在，如图3-36所示。

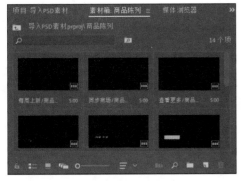

图3-36

3.3.2　查看素材

在Premiere中编辑视频时，可以通过项目面板、源面板、时间轴面板查看素材的主要内容、基本属性等。

1．在项目面板中查看素材

在项目面板中查看素材的方法主要有两种：一种是选择素材后单击鼠标右键，选择"属性"命令，在打开的"属性"对话框中将显示素材的基本属性，包括文件路径、类型、文件大小、图像大小和帧速率等信息，如图3-37所示。

另一种是单击项目面板底部的不同视图按钮，查看素材的基本信息。

2．在源面板中查看素材

在项目面板中双击素材，在源面板中可显示当前帧素材，单击"播放-停止切换"按钮 ▶，即可播放当前素材进行查看，如图3-38所示。

图3-37　　　　　　　　　　　图3-38

3．在时间轴面板中查看素材

在时间轴面板中可查看序列包含的所有素材，包括图片、视频、音频和字幕等，这些内容组合在一起就是一个完整的经过编辑的项目。但在时间轴面板中无法预览素材的效果，只有在播放素材时，才能在节目面板中预览素材效果，如图3-39所示。

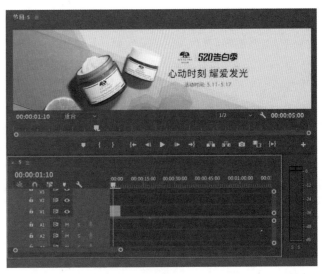

图3-39

3.3.3 替换素材

如果项目文件中已有的素材不符合制作需要，或丢失了素材，就可以进行素材替换操作。替换素材可在项目面板、源面板或节目面板中完成。

1. 通过项目面板替换素材

在Premiere中编辑完素材并将其拖动到时间轴面板中后，如果需要使用另一个素材来替换该素材，则可替换项目面板中的原始素材并让其自动编辑替换，以使项目的持续时间保持不变。其方法主要有以下3种。

● 拖动替换：选择用于替换的素材，按住【Alt】键，将该素材从项目面板中拖动到时间轴面板中需要替换的素材上。

● 在时间轴面板中选择命令替换：在项目面板中选择被替换的素材，在时间轴面板中选择需要替换的素材并单击鼠标右键，在弹出的快捷菜单中选择【使用剪辑替换】/【从素材箱】命令，可直接使用项目面板中的素材替换时间轴面板中的素材而不改变素材属性。

● 在项目面板中选择命令替换：在项目面板中选择需要替换的素材并单击鼠标右键，在弹出的快捷菜单中选择"替换素材"命令，或选择【剪辑】/【替换素材】命令，都可以完成替换素材操作。

2. 通过源面板替换素材

使用源面板替换时间轴面板中的素材，可使素材从源面板中选择的帧处被替换。其操作方法为：在源面板中将当前时间指示器移动到起始替换的帧上，然后在时间轴面板中选择需要替换的素材，再选择【剪辑】/【替换为剪辑】/【从源监视器，匹配帧】命令，若不需要从帧处进行替换，则直接选择【剪辑】/【替换为剪辑】/【从源监视器】命令。

3. 通过节目面板替换素材

若需要将时间轴面板中的某一段素材替换成另一段素材，则可通过节目面板快速完成。在项目面板中选择被替换的素材，然后在时间轴面板中选择需要替换的素材，直接将被替换的素材拖入节目面板中的"替换"模块。使用这种方式也可以快速实现插入、覆盖、叠加等功能，如图3-40所示。

图3-40

 范例 制作美食电子相册

 知识要点　素材的查看、替换操作

 配套资源　素材文件\第3章\"电子相册模板"文件夹、美食1.jpg~美食3.jpg
效果文件\第3章\美食电子相册.prproj

扫码看视频

范例说明

在Premiere中创作视频时，为了提高工作效率和作品质量，可以使用Premiere中的模板完成。本例提供了一个电子相册的模板和美食图片素材，为了省去重新添加效果的烦琐过程，可以对其中的素材和文字进行替换，要求不改变模板中的素材效果，并导出为MP4格式以便于查看。

扫码看效果

操作步骤

1 打开"电子相册模板"文件夹中的"动感图册.prproj"素材文件，在项目面板中单击"图标视图"按钮，将当前视图切换为图标视图，项目面板中的所有素材都将以图标格式显示，便于查看素材的具体内容，如图3-41所示。

2 在项目面板中选择"素材1.jpg"素材，单击鼠标右键，在弹出的快捷菜单中选择"替换素材"命令。

3 在打开的对话框中选择"美食1.jpg"素材，取消勾选"图像序列"复选框，以避免将素材文件夹中的所有素材图片生成为一个视频导入，单击 选择 按钮，在项目面板中可看到"1.jpg"已经被替换为"美食1.jpg"，如图3-42所示。

图3-41

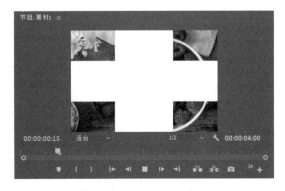

图3-42

图3-44

4 使用相同的方法将"素材2.jpg"替换为"美食2.jpg"，"素材3.jpg"替换为"美食3.jpg"，完成后的效果如图3-43所示。

图3-43

图3-45

5 在节目面板中单击"播放-停止切换"按钮▶，预览替换素材后的效果，如图3-44所示。

6 选择【文件】/【另存为】命令，打开"保存项目"对话框，设置文件名称为"美食电子相册"，按【Enter】键完成保存操作。

7 选择【文件】/【导出】/【媒体】命令，打开"导出设置"对话框，在"格式"下拉列表框中选择"H.264"选项，单击"输出名称："后面的超链接，打开"另存为"对话框，输入文件名"美食电子相册"，设置保存位置后单击 保存(S) 按钮，返回"导出设置"对话框，单击 导出 按钮，如图3-45所示。

3.3.4 链接脱机素材

若项目的存储位置发生了改变、源文件名称被修改或源文件被删除，就会导致Premiere素材丢失，同时出现脱机提示，如图3-46所示。

脱机素材在项目面板中显示的媒体类型信息为问号，如图3-47所示。脱机素材在节目面板中显示为脱机媒体文件，如图3-48所示。

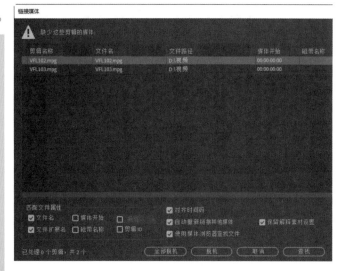

图3-46

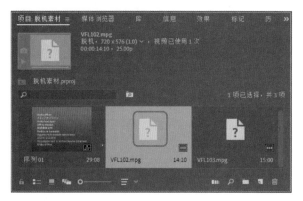

图3-47

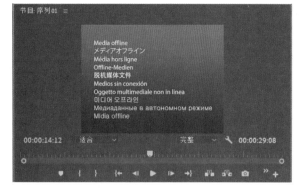

图3-48

技巧

脱机素材在项目中只起着占位符的作用，在最终输出作品时没有实际内容。若要将其输出，则必须将脱机素材重新链接或替换为有效素材。

 实战 链接文件中的脱机素材

 知识要点 链接脱机素材

 配套资源 素材文件\第3章\脱机素材.prproj、
海浪1.mp4、海浪2.mp4
效果文件\第3章\海浪视频.prproj

 扫码看视频

操作步骤

1 打开"脱机素材.prproj"素材文件，出现脱机提示框，单击该提示框右上角的⊠按钮关闭提示，进入Premiere工作界面。在项目面板中将当前视图切换到图标视图，可以看到有两个素材文件的图标显示为问号，表示这两个素材脱机，如图3-49所示。

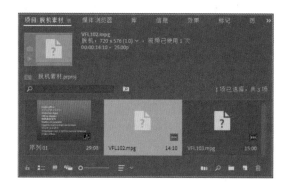

图3-49

2 在"VFL102.mpg"脱机素材上单击鼠标右键，选择"链接媒体"命令，打开"链接媒体"对话框，在其中单击 查找 按钮。

3 在打开的对话框中找到"海浪1.mp4"视频素材，单击 确定 按钮，如图3-50所示。

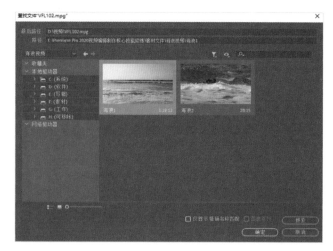

图3-50

4 使用同样的方法将另一个脱机素材重新链接到"海浪2.mp4"视频素材上，此时项目面板会显示链接后的效果，如图3-51所示。完成后保存文件。

图3-51

3.3.5 分离和链接素材

在Premiere中编辑视频时，时常会移动多个视频的位置，或对音、视频进行单独操作，此时可以利用Premiere的"链接"和"取消链接"命令。

● 链接素材：在时间轴面板中移动不同轨道上的多个素材，或为多个素材同时添加相同特效时，可以先链接这些素材，然后移动或添加特效，从而提高工作效率。其操作方法为：选择需要链接的素材后，单击鼠标右键，选择"链接"命令。

● 分离素材：在编辑视频时，音、视频应放置在不同的轨道中，若需更换某原声视频素材中的音频，就要先将视频素材的音、视频分离，然后单独进行操作。需要注意的是：要分离的素材不要求必须为一个完整的音、视频素材，只要是执行过"链接"命令的素材就可以。分离素材的操作方法为：在时间轴面板中选择链接的音、视频素材，单击鼠标右键，选择"取消链接"命令。该命令同样适用于取消链接的其他素材。

3.3.6 编组和解组素材

在Premiere中编辑视频时，如果需要对多个素材进行整体操作，则可将这些素材编组为一个整体，减少工作的重复

性。同时还可以选择该组的任意素材，按【Delete】键删除该组的所有素材。

● 编组素材：在"时间轴"面板中选择需要编组的多个素材，然后单击鼠标右键，在弹出的快捷菜单中选择"编组"命令，如图3-52所示。选择【剪辑】/【编组】命令也可对其进行编组操作。

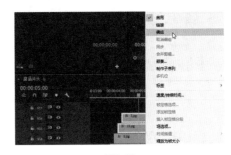

图3-52

● 取消编组素材：对编组的多个素材，也可取消编组。取消编组的方法很简单，在需要取消编组的对象上单击鼠标右键，在弹出的快捷菜单中选择"取消编组"命令，或选中需要取消编组的对象，选择【剪辑】/【取消编组】命令。

需要注意的是：链接素材只能链接不同轨道上的素材，不能链接相同轨道上的素材，并且还能够为链接的素材统一添加特效；而编组素材既能链接不同轨道上的素材，也能链接相同轨道上的素材，但是不能为编组的素材统一添加特效，需要先将其取消编组，然后为单独的素材添加特效。

3.3.7 嵌套素材

嵌套素材是在Premiere中编辑视频时的常用操作。对素材进行嵌套处理后，不仅能统一管理嵌套后的素材，还可以直接在嵌套中单独处理素材。需要注意的是：在编辑过程中尽量少做嵌套操作，因为渲染时会优先对嵌套层做预处理，这样容易降低整体渲染效率，造成设备卡顿。

嵌套素材的操作方法为：在时间轴面板中选择需要嵌套的素材后，单击鼠标右键，在弹出的快捷菜单中选择"嵌套"命令，打开"嵌套序列名称"对话框，在"名称"文本框中自定义序列名称，单击 **确定** 按钮，如图3-53所示。完成嵌套素材操作后，时间轴面板中的两个素材将转换为一个嵌套序列文件，如图3-54所示。

图3-53

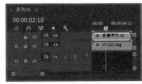

图3-54

若要对嵌套序列中的素材进行调整，则双击嵌套序列文件，这时时间轴面板中显现出嵌套序列内的素材，如图3-55所示。

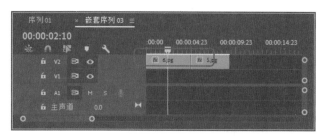

图3-55

3.3.8 选择和移动素材

在视频编辑过程中，可能需要移动单个素材、多个素材、素材中的视频或音频。要单独移动一个素材中的视频或音频，需要先分离该素材的音频和视频的链接。

1. 使用选择工具

对素材进行操作前，需要先选择该素材。

● 选择单个素材：选择选择工具 ▶（快捷键为【V】），并单击需要选择的素材。

● 选择多个素材：选择选择工具 ▶，按住【Shift】键单击需要选择的素材，或者按住鼠标左键并拖动鼠标创建一个包围所选素材的选取框，释放鼠标左键后，选取框中的素材将被选中（此方法可选择不同轨道上的素材），如图3-56所示。

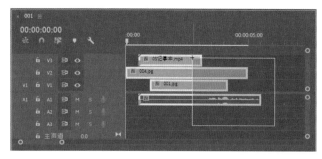

图3-56

● 反选择素材的视频部分或音频部分：若某素材的音、视频链接在一起，但只需要选择视频部分而不需要选择音频部分，或只需要选择音频部分而不需要选择视频部分，可按住【Alt】键并单击视频或音频所在的轨道。

选择素材后，可以通过单击和拖动来移动它们的位置。在移动素材时，需要按住【Ctrl】键，否则该素材会直接覆盖原来位置处的素材。

技巧

如果想让该素材吸附在另一个素材的边缘，则选择【序列】/【在时间轴中对齐】命令，或在时间轴面板中单击"在时间轴中对齐"按钮 ⬚。

2. 使用轨道选择工具

当时间轴面板中的素材较多，轨道层数较多且时间线较长时，使用选择工具 ▶ 选择和移动素材很容易出错。此时可使用轨道选择工具快速选择一个轨道上的素材并执行移动操作。

Premiere中的轨道选择工具可分为向前轨道选择工具 ⬚ 和向后轨道选择工具 ⬚。使用轨道选择工具不会选择轨道上的所有素材，只会选择单击之后的素材。如选择向后轨道选择工具 ⬚ 后，鼠标将变为双箭头状态，将鼠标指针移动到时间轴面板中，时间轴上方会出现一条细线，单击轨道上的素材后，将以细线为标准选择轨道上细线后的素材，如图3-57所示。

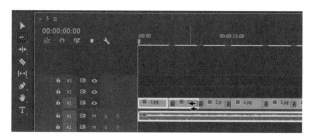

图3-57

向前轨道选择工具 ⬚ 与之相反，单击轨道上的素材后，将以细线为标准选择轨道上细线前的素材，如图3-58所示。

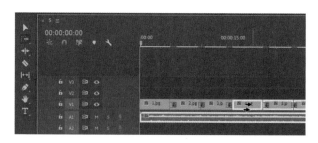

图3-58

选择轨道选择工具后，在按住【Shift】键的同时，鼠标指针将变为单箭头状态，这时可直接选择某一个轨道上的细线前或细线后的素材。

使用轨道选择工具选择素材后，按住鼠标左键不放左右拖动鼠标，可在同一轨道上改变素材位置；按住鼠标左键不放上下拖动鼠标，可改变素材的轨道。

3.3.9 复制、粘贴和重命名素材

在Premiere中编辑视频时，常常需要对素材进行循环利用，此时可对素材进行复制、粘贴操作。同时为了便于区分复制、粘贴后的素材，还需要对其进行重命名操作。

1. 复制和粘贴素材

在Premiere中，复制和粘贴素材是基本的操作，也是编辑素材常用的方法之一。

● 在项目面板中复制和粘贴素材：在项目面板中选择需要复制的素材，选择【编辑】/【重复】命令，素材的一个副本将出现在项目面板中，如图3-59所示。或者按【Ctrl+C】组合键复制素材，按【Ctrl+V】组合键粘贴素材，将生成与原始素材名称一致的复制文件，如图3-60所示。

图3-59

图3-60

● 在时间轴面板中复制和粘贴素材：在时间轴面板中选择需要复制的素材，选择需要粘贴的轨道，再选择【编辑】/【复制】命令（或按【Ctrl+C】组合键），然后将时间指示器移动到需要粘贴素材的位置，选择【编辑】/【粘贴】命令（或按【Ctrl+V】组合键）。

技巧

选择需要复制的素材，在按住【Alt】键的同时，按住鼠标左键拖曳鼠标，也可复制和粘贴素材。

在Premiere中不仅能够同时复制和粘贴多个素材，还能够复制和粘贴素材中的某个属性，从而减少为素材重复添加相同属性的工作量，提高工作效率。其操作方法为：在时间轴面板中复制素材后，选择需要粘贴该素材属性的素材，单击鼠标右键，在弹出的快捷菜单中选择"粘贴属性"命令（或按【Ctrl+Alt+V】组合键），打开"粘贴属性"对话框，如图3-61所示。在其中勾选需要粘贴的属性对应的复选框，然后单击 确定 按钮，该属性将被粘贴到选择的素材中。

图3-61

2. 重命名素材

将素材导入项目面板中后，为了便于区分，可根据需要重命名素材。其方法很简单，在项目面板中将视图切换到列表视图，在需重命名的素材上单击鼠标右键，在弹出的快捷菜单中选择"重命名"命令，素材名称将呈可编辑状态，输入新名称后，按【Enter】键确认。或者在项目面板中选择需要重命名的素材，再单击素材的名称，在名称文本框中输入新名称，如图3-62所示。

图3-62

3.3.10 修改素材的速度和持续时间

素材的速度和持续时间决定了影片播放的快慢和显示的时间长短，选择【剪辑】/【速度/持续时间】命令，或在时间轴面板中选择需要的素材，然后单击鼠标右键，选择"速度/持续时间"命令，打开"剪辑速度/持续时间"对话框，在其中重新输入素材显示的时间后，单击 **确定** 按钮即可改变素材的显示时间，如图3-63所示。

图3-63

● "速度"数值框：用于设置影片播放速度的百分比。

● "持续时间"数值框：用于设置素材显示时间的长短，该值越大，播放速度越慢；该值越小，播放速度越快。

● "倒放速度"复选框：勾选该复选框，可反向播放影片。

● "保持音频音调"复选框：当影片中包含音频时，可勾选该复选框，使音频播放速度保持不变。

● "波纹编辑，移动尾部剪辑"复选框：勾选该复选框，可以对素材进行波纹编辑，封闭素材间隙。

3.3.11 分类管理素材

项目面板中的素材过多可能会影响用户的视线，此时需要对素材进行分类管理。其操作方法为：单击项目面板中的"新建素材箱"按钮，修改素材箱名称后，将需要分类的

素材拖动到素材箱中，如图3-64所示。

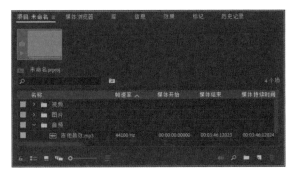

图3-64

技巧

在新建素材箱时，若先选中一个素材箱，然后新建一个素材箱，则新建的素材箱将以子素材箱的形式放置在选中的素材箱中。

3.3.12 删除素材

要在项目面板或时间轴面板中删除素材，可使用以下方法。

● 键删除：选择需要删除的素材，按【Delete】键。

● 命令删除：选择需要删除的素材，选择【编辑】/【清除】命令，或单击鼠标右键，在弹出的快捷菜单中选择"清除"命令。

3.3.13 禁用和激活素材

在监视器面板中播放剪辑时，对于不需要查看的素材，可将其禁用而无须删除，以避免将其导出。一般来说，素材导入时都是启用状态，若需要将其禁用，则首先在时间轴面板中选择素材，选择【剪辑】/【启用】命令，或者单击鼠标右键，在弹出的快捷菜单中选择"启用"命令，"启用"命令上的复选框标记将被移除，此时素材被设置为禁用状态，而禁用的素材将显示为深色，如图3-65所示。该素材在节目面板中不能显示。

图3-65

再次选择【剪辑】/【启用】命令，"启用"命令上的复选框标记将重新添加，此时素材被重新激活，并在节目面板中显示。

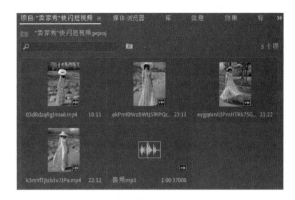

图3-66

范例 制作"卖家秀"快闪短视频

 知识要点 分类管理素材、查看素材、重命名与删除素材、分离素材、修改素材速度和持续时间

 配套资源 素材文件\第3章\"卖家秀素材"文件夹
效果文件\第3章\"卖家秀"快闪短视频.mp4、"卖家秀"快闪短视频.prproj

扫码看视频

2 为了便于后续操作，可先将素材分类管理。单击项目面板中的"新建素材箱"按钮 📁，修改素材箱名称为"视频"，将导入的视频素材拖曳到视频素材箱中，完成后的效果如图3-67所示。

3 由于本例预想的短视频尺寸为"1080像素×1920像素"，因此在制作前可以查看一个源素材的尺寸。任意选择一个素材，进入信息面板，如图3-68所示，可以看到卖家提供的素材尺寸为"2160像素×4096像素"。

范例说明

随着短视频的不断发展与成熟，各大短视频平台开发出广告植入、内容付费、电商导流、渠道分成和直播带货等多种盈利方式，因此很多商家通过在短视频平台上分享与自家产品相关的短视频，以获得经济收益，提高品牌知名度。本例将制作一个"卖家秀"快闪短视频，其中的素材采用卖家提供的短视频，由于抖音、快手等短视频平台中的视频多采用竖版格式，因此可考虑将短视频的大小设置为"1080像素×1920像素"，宽高比为"9:16"，同时为了便于将短视频发布到短视频平台上，可以将其导出为MP4格式。

扫码看效果

图3-67

图3-68

4 在创建序列编辑前，可先重命名素材，以防素材名称太复杂而导致后续操作混乱。双击素材箱查看素材，双击"03dRdzq Rglmix.mp4"素材，在激活的文本框中输入名称"卖家秀视频1.mp4"，使用相同方法重命名其他3个素材，完成后的效果如图3-69所示。

图3-69

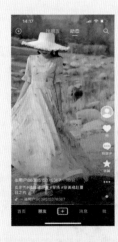

5 使用选择工具 ▶ 将项目面板中的"卖家秀视频1.mp4"素材拖曳到时间轴面板中，创建一个与素材尺寸相同的序列。由于该序列的尺寸与预想的尺寸不符，因此要修改序列大小，选择【序列】/【序列设置】命令，打开"序列设置"对话框，在其中的"视频"栏中设置"帧大小"为

操作步骤

1 新建名为'卖家秀'快闪短视频的项目文件，将"卖家秀素材"文件夹中的视频素材全部导入项目面板中，如图3-66所示。

"1080×1920"，单击 确定 按钮，如图3-70所示。

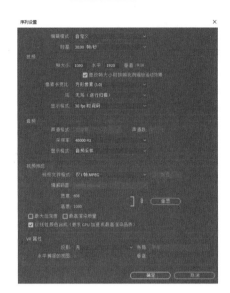

图3-70

<div class="技巧">

技巧

当然也可以直接新建一个"1080 像素 ×1920 像素"的序列，然后将素材拖曳到新建的序列中，这样后续就无须更改序列尺寸。

</div>

6 由于重新设置的序列尺寸与素材尺寸不符，因此会打开"删除此序列所有的预览"提示框，单击 确定 按钮。

7 在节目面板中可看到素材已经明显超出了序列边框，需要对素材尺寸进行调整。在节目面板中双击素材，按住素材右下角边框向内拖曳鼠标，等比例缩小素材（需要确保效果控件面板"运动"栏中的"等比缩放"复选框呈勾选状态，或者直接按住【Shift】键），在节目面板中可看到视频已经能够正常显示，效果如图3-71所示。

图3-71

8 再次选择选择工具，按住【Shift】键，在项目面板中依次选择其他3个视频素材，并拖曳到时间轴面板中"卖家秀视频1.mp4"素材的后面，如图3-72所示。同时用步骤7中的方法调整3个视频的显示尺寸。

图3-72

9 为了让快闪短视频更具吸引力，可考虑添加一些动感音频，但在时间轴面板中看到所有的视频素材都自带音频，因此需要先取消素材的链接，再添加新音频。全选所有视频素材，单击鼠标右键，在弹出的快捷菜单中选择"取消链接"命令，选择分离后的音频素材并删除，然后将项目面板中的"音频.mp3"素材拖曳到时间轴面板中的A1音频轨道上，效果如图3-73所示。

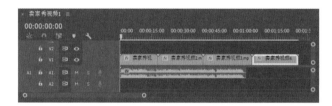

图3-73

10 短视频的时间一般比较短，所以还需要调整视频的持续时间和速度。选择"卖家秀视频1.mp4"素材，单击鼠标右键，选择"速度/持续时间"命令，打开"剪辑速度/持续时间"对话框，在其中单击"速度"数值框，输入数值为"300"，勾选"波纹编辑，移动尾部剪辑"复选框，单击 确定 按钮，如图3-74所示。

图3-74

11 使用相同的方法将其他3个视频素材的速度分别设置为"250、200、300"，将音频素材的出点移动到视频出点，效果如图3-75所示。

图3-75

12 此时快闪短视频已完成，按空格键在节目面板中预览最终效果，如图3-76所示。

图3-76

13 确认效果无误后按【Ctrl+S】组合键保存文件，按【Ctrl+M】组合键打开"导出设置"对话框，选择格式为"H.264"，输出名称为"'卖字秀'快闪短视频"，单击 导出 按钮，待提示框的进度完成后，可将导出的.mp4文件发布到抖音等短视频平台上，效果如图3-77所示。

图3-77

3.4 创建新元素

在Premiere中不仅可以使用采集和导入的方法为项目添加新元素，还可以采用创建新元素的方法来创建素材，以满足用户的特殊需求。

3.4.1 彩条

彩条通常用于两个素材中间或视频开头，自带特殊音效，可以增强过渡转场效果，也有校准色彩的作用。创建彩条的方法为：选择【文件】/【新建】/【彩条】命令，或在项目面板中单击"新建项"按钮 ，在打开的下拉列表框中选择"彩条"选项，打开"新建彩条"对话框，在其中设置视频的宽度、高度、时基、像素长宽比和音频采样率后，单击 确定 按钮，即可在项目面板中创建彩条，将彩条拖动至时间轴面板中，可查看彩条，如图3-78所示。

图3-78

3.4.2 黑场视频

除了彩条可以作为视频的片头，还可设置一段黑场视频来作为视频的片头，制造一种过渡和循序渐进的效果。

在"项目"面板中单击"新建项"按钮 ，在弹出的快捷菜单中选择"黑场"命令，或选择【文件】/【新建】/【黑场视频】命令，打开"新建黑场视频"对话框，在其中设置视频的宽度、高度、时基、像素长宽比后，单击 确定 按钮，如图3-79所示。

图3-79

3.4.3 颜色遮罩

Premiere还提供了颜色遮罩，它是一个覆盖整个视频的纯色遮罩，可以作为视频的背景使用。新建颜色遮罩的方法比较简单，单击"新建项"按钮 ，在弹出的快捷菜单中选择"颜色遮罩"命令，或选择【文件】/【新建】/【颜色遮罩】命令，打开"新建颜色遮罩"对话框，在其中进行设置即可，如图3-80所示。

图3-80

实战 为视频添加颜色遮罩

知识
要点 颜色遮罩的运用

配套
资源 素材文件\第3章\美食.mp4
效果文件\第3章\颜色遮罩.prproj

扫码看视频

操作步骤

1 新建名为"颜色遮罩"的项目文件，将"美食.mp4"素材文件导入项目面板中，如图3-81所示。

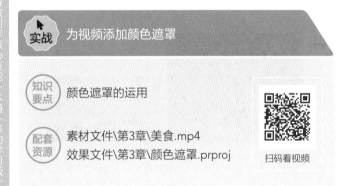

图3-81

2 将项目面板中的素材拖曳到时间轴面板中，选择【文件】/【新建】/【颜色遮罩】命令，打开"新建颜色遮罩"对话框，单击 确定 按钮。

3 在打开的"拾色器"对话框中设置遮罩颜色为"#000000"，如图3-82所示。

4 单击 确定 按钮，在打开的"选择名称"对话框中输入颜色遮罩的名称后再次单击 确定 按钮。

5 此时颜色遮罩出现在项目面板中，如图3-83所示。

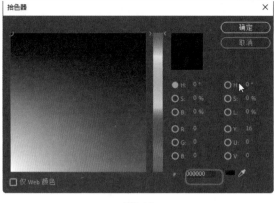

图3-82

图3-83

6 将颜色遮罩拖曳到时间轴面板中的V2轨道上，如图3-84所示。

图3-84

7 切换到效果控件面板，在"运动"下拉列表框中设置颜色遮罩的缩放参数与位置参数分别为"461.0、280.0"和"50.0"。在"不透明度"下拉列表框中设置混合模式为"饱和度"，如图3-85所示。

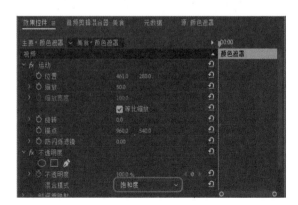

图3-85

8 切换到时间轴面板，按【Ctrl+C】组合键复制颜色遮罩，按【Ctrl+V】组合键粘贴颜色遮罩，如图3-86所示。

图3-86

9 选择第2个颜色遮罩，在效果控件面板中设置位置为"1412.0、774.0"，如图3-87所示。

图3-87

10 使用同样的方法再复制2个颜色遮罩，设置第3个颜色遮罩的位置为"461.0、774.0"，第4个颜色遮罩的位置为"1412.0、280.0"。

11 修改"美食.mp4"素材的持续时间为"85%"，在节目面板中可显示当前帧素材，单击"播放-停止切换"按钮▶预览效果，如图3-88所示。完成后保存文件。

图3-88

3.4.4 通用倒计时片头

很多视频片头都有倒计时效果，在Premiere中可以通过"通用倒计时片头"命令快速创建标准的倒计时片头。其操作方法为：选择【文件】/【新建】/【通用倒计时片头】命令，打开"通用倒计时设置"对话框，如图3-90所示。

在该对话框中设置参数，使效果更加美观。

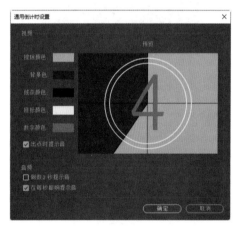

图3-90

"通用倒计时设置"对话框中的各参数介绍如下。

● 擦除颜色：用于设置播放倒计时影片时指示线扫过区域的颜色。

● 背景色：用于设置指示线转动方向之前的颜色。

● 线条颜色：用于设置固定的十字和转动的指示线的颜色。

● 目标颜色：用于设置倒计时影片中圆圈的颜色。

● 数字颜色：用于设置倒计时影片中数字的颜色。

● "倒数2秒提示音"复选框：勾选该复选框表示当倒计时中的数字显示到"2"时发出提示音。

● "在每秒都响提示音"复选框：勾选该复选框表示在

Premiere Pro CC 视频编辑与特效制作核心技能（本通（移动学习版）

倒计时中的每秒都会发出提示音。

新建完成后，该倒计时片头将出现在项目面板中，将其从项目面板中拖曳到时间轴面板中，在节目面板中可预览效果。若需要再次修改，则在项目面板中双击倒计时片头，再次打开"通用倒计时设置"对话框，在其中重新设置即可。

3.4.5 透明视频

在Premiere中运用特效时，可以先创建透明视频，然后将其拖曳到时间轴面板中，再将特效应用到透明视频轨道中，特效会自动应用在下面的轨道素材中。由于透明视频具有透明的特性，因此只能应用那些Alpha通道的效果，如闪电、时间码、网格等，而运用调色等特效将不会有任何变化。

创建透明视频的方法与创建彩条和黑场视频的方法相似，在项目面板中单击"新建项"按钮 ，在弹出的快捷菜单中选择"透明视频"命令，然后按提示操作即可，如图3-91所示。

图3-91

3.4.6 调整图层

在为视频添加各种特效时，除了使用透明视频外，还可以使用调整图层。使用调整图层是指通过一个新的图层来对视频进行调整，而不影响视频本身，在视频调色时使用较多，可以统一画面色彩，确定画面风格。另外，调整图层还可通过图层的持续时间、蒙版来确定下方轨道上某一部分采用调整后的效果。

创建调整图层的方法为：在项目面板中单击"新建项"按钮 ，在弹出的快捷菜单中选择"调整图层"命令，然后按提示操作，如图3-92所示。

图3-92

3.5 综合实训：制作"美食"短视频

短视频通常是指借助传统互联网以及移动互联网进行传播的音视频内容，其时长一般不超过5分钟，既可单独成片，也可制作成系列作品，多在专业的短视频平台或者社交媒体平台上发布，供用户利用碎片化时间观看。

3.5.1 实训要求

我国的饮食文化源远流长，承载了国人丰富的情感。美食短视频不仅能传递饮食文化，还能使人身心愉悦，因此获得大量用户的青睐。某餐饮企业为了吸引用户的注意力，达到盈利的目的，需要制作一个美食短视频，要求在短视频中体现美食的制作过程并添加音乐，营造出轻松愉快的氛围。

> 随着移动通信技术的飞速发展，以及智能手机的普及，短视频已经成为人们消磨时间、记录生活的一种方式。短视频的蓬勃发展也带动了短视频平台的创建和壮大，短视频平台拥有众多年轻用户，因此制作短视频时要考虑这些年轻的受众群体，帮助他们树立正确的价值观，肩负起宣传社会正能量、引导良好网络风气和社会风气的责任。
>
> **设计素养**

3.5.2 实训思路

（1）对提供的素材和资料进行分析，发现素材中的视频片段并不连贯，因此需要将这些视频片段重新编辑为一个完整的短视频，即在Premiere中导入全部的视频素材，然后对视频素材进行编辑。

（2）短视频的节奏快，能满足人们碎片化的信息需求，这就要求短视频有一个明确的主题，能在极短的时间内让用户了解到短视频的主要内容。因此，本实训还需要制作一个简单的短视频片头，并且添加短视频标题，注意标题要简明易懂，体现出短视频的主题内容，如"一分钟学会制作家常菜"。

（3）色彩的运用在短视频中也非常重要，不同的色彩可以使短视频的画面呈现出不同的色调或风格，如清新、唯美、复古等，带给用户不同的视觉体验。本实训需要制作一个美食类短视频，且视频片段素材整体色彩的饱和度较低，为了更贴合原始素材，可以为视频背景添加几种不同低饱和度的色彩。

本实训完成后的参考效果如图3-93所示。

扫码看效果

图3-93

3.5.3 制作要点

知识要点 新建项目、分类管理素材、修改素材名称和速度、复制和粘贴素材、黑场视频和颜色遮罩的使用

配套资源 素材文件\第3章\"美食短视频"文件夹
效果文件\第3章\美食短视频.prproj

扫码看视频

本实训的主要操作步骤如下。

1 新建名为"美食短视频"的项目文件，将"美食短视频"文件夹中的素材文件导入项目面板中。

2 新建2个素材箱，名称分别为"视频""图片"，然后将素材分组。

3 修改"制作.mp4"文件名称为"开始制作.mp4"，"完成.mp4"文件名称为"完成制作.mp4"，"摆盘.mp4"文件名称为"盛出装盘.mp4"。

4 在"剪辑速度/持续时间"对话框中修改"准备食材.mp4"素材的速度。新建一个黑场视频，将其拖曳到V2轨道上，并设置黑场视频的持续时间。

5 在第0秒位置输入短视频标题，适当调整位置。将文字的速度调整为和黑场视频的速度相同。

6 新建颜色遮罩和视频轨道，将颜色遮罩拖曳到新建的轨道上，并将"准备食材.mp4"素材的持续时间与颜色遮罩调整成一致，然后调整该素材的大小和位置。

7 再次新建视频轨道，将"1.jpg"素材拖曳到新建的轨道上，在节目面板中调整视频大小和位置。

8 将"准备配料.mp4"素材移动到"准备食材.mp4"素材末尾，并调整视频速度。再次添加一个颜色遮罩，并调整其持续时间。

9 将"准备食材.mp4"素材中的属性粘贴到"准备配料.mp4"素材上。

10 将"2.jpg"素材拖动到时间轴面板中"1.jpg"素材所在轨道上。调整"2.jpg"素材的大小和位置与"1.jpg"素材相同；持续时间与"准备配料.mp4"视频相同。

11 使用相同的方法制作其余3个视频，注意调整各视频的持续时间，以及颜色遮罩的不同颜色。

12 将项目面板中的"美食.mp3"素材拖曳到时间轴面板中，调整素材的持续时间，并将整个项目导出为MP4格式。

 巩固练习

1. 新建项目并导入静帧序列素材

本练习将在Premiere中新建项目，并导入静帧序列素材，该组素材按照名称编号排序，导入后的图片素材将以动态形式呈现，要求操作熟练、准确无误。导入后可在源面板中预览素材效果，如图3-94所示。

配套资源 素材文件\第3章\"动图"文件夹
效果文件\第3章\导入静帧序列素材.prproj

2. 编组、解组、删除和替换素材

本练习将先解组视频素材中的音、视频链接，并删除音频素材，然后替换视频素材，最后调整视频素材的持续时间。

配套资源 素材文件\第3章\练习2素材.prproj、替换视频.mp4
效果文件\第3章\练习2.prproj

3. 在视频中创建新元素

本练习将利用彩色遮罩为视频添加背景、在视频开头添加黑场视频作为片头，可以适当添加一些文字内容，然

后在视频中添加故障彩条，参考效果如图3-95所示。

配套
资源

素材文件\第3章\"练习3素材"文件夹

效果文件\第3章\练习3.prproj

图3-94

图3-95

技能提升

在Premiere中调整视频大小时，如果需要调整的素材很多，则手动调整会非常耽误时间，此时可以使用Premiere Pro 2020新增的"自动重构"功能自动调整视频大小。"自动重构"功能可智能识别视频中的动作，并针对不同的长宽比重构剪辑。

1. 将"自动重新构图"效果添加到剪辑中

在效果面板中依次展开"视频效果""变换"文件夹，将其中的"自动重新构图"视频效果拖动到时间轴面板中需要调整的视频素材上，在效果控件面板中选择合适的动画预设，微调自动重构效果。

2. 自动重构整个序列

在时间轴面板中选择需要调整的视频素材，选择【序列】/【自动重构序列】命令，打开"自动重构序列"对话框，如图3-96所示。

在"长宽比"下拉列表框中选择指定的长宽比（也可以自定义），然后单击 按钮，Premiere将在时间轴面板中生成一个新长宽比的复制序列，如图3-97所示。

图3-96

图3-97

第 4 章

视频剪辑

本章导读

拍摄的原始视频画面都未经过任何处理，可能会出现曝光不足、过曝，或视频时间过长等问题，因此需要对视频素材进行后期剪辑，使其达到预期效果。

知识目标

< 了解视频剪辑的常用手法
< 了解视频剪辑的思路和原则
< 熟悉视频剪辑的一般流程
< 熟悉视频剪辑的常用工具

能力目标

< 能够通过入点和出点剪辑视频
< 能够使用视频编辑工具制作广告视频
< 能够使用多种视频剪辑方式混剪视频
< 能够创建和编辑子剪辑
< 能够运用三点编辑和四点编辑

情感目标

< 培养视频剪辑时对画面和音乐节奏的控制和运用能力
< 培养组接视频镜头时的逻辑思维能力
< 积极探索广告视频与个人价值观塑造的联系

4.1 了解视频剪辑

视频剪辑是将拍摄的大量视频素材，经过分割、删除、组合和拼接等操作，最终制作成一个连贯流畅、立意明确、主题鲜明并有艺术感染力的新视频。

4.1.1 视频剪辑常用手法

在视频剪辑过程中通常需要合理利用视频剪辑手法来改变视频画面的视角，推动视频内容朝着创作者的目标方向发展，使视频更加精彩。

1. 标准剪辑

标准剪辑是视频剪辑中常用的剪辑手法，是指按照时间顺序对视频素材进行拼接组合，制作成最终的视频。对于大部分没有剧情，只是简单地按照时间顺序拍摄的视频，大多采用标准剪辑手法进行剪辑。

2. 匹配剪辑

匹配剪辑是指利用镜头中的影调色彩、景别、角度、动作、运动方向的匹配进行场景转换的剪辑手法。匹配剪辑常用于连接两个视频画面动作一致，或者视频画面构图一致场景，形成视觉连续感。匹配剪辑也经常用作转场，使影像有跳跃动感，从一个场景跳到另一个场景，在视觉上形成酷炫转场的特效。

3. 跳跃剪辑

跳跃剪辑对同一镜头进行剪接，即两个视频画面中的场景不变，但其他事物发生了变化，其剪辑方式与匹配剪辑相反。跳跃剪辑通常用来表现时间的流逝，也可以用于关键剧情和视频画面中，通过剪掉中间镜头来省略时间并突出速度感，以增加画面的急迫感和节奏感，如常见的卡点换装类短视频。

4. J Cut

J Cut是一种声音先入的剪辑手法，是指下一视频画面中的音效在画面出现前响起，正所谓未见其人先闻其声，很适用于给视频画面引入新的元素。在视频制作过程中，J Cut剪辑手法通常不容易被用户发现，但经常使用。例如，制作风景类视频，在视频画面出现之前，先响起山中小溪的潺潺流水声，以吸引用户的注意力，使用户先在脑海中想象出一幅美丽的画面。

5. L Cut

L Cut是指上一视频画面的音效一直延续到下一视频画面中的剪辑手法。这种剪辑手法在视频制作中很常用，甚至一些角色间的简单对话也会用到。

J Cut和L Cut两种剪辑手法都是为了保证两个视频画面之间的节奏不被打断，营造出完美的过渡效果，起到承上启下的作用，让音效去引导用户关注视频的内容。

6. 动作剪辑

动作剪辑是指把一个动作用两个画面来连接的剪辑手法。动作剪辑让视频画面在人物角色或拍摄主体仍运动时进行切换，剪辑点（是指视频中由一个镜头切换到下一个镜头的组接点）可以根据动作施展方向或者在人物转身或拍摄主体发生明显变化的简单镜头设置中进行切换。

动作剪辑多用于动作类视频或影视剧中，能够较自然地展示人物的动作交集画面，也可以增强视频内容的故事性和吸引力。

7. 交叉剪辑

交叉剪辑是指视频画面在两个不同的场景间来回切换的剪辑手法。通过频繁地来回切换来建立角色之间的交互关系，如影视剧中大多数打电话的镜头通常都会使用交叉剪辑。

在视频剪辑中，使用交叉剪辑能够提升内容的节奏感，增加内容的张力并制造悬念，从而引导用户的情绪，使其更加关注视频的内容。

8. 蒙太奇剪辑

蒙太奇（Montage，法语，是音译的外来语）原本是建筑学术语言，意为构成、装配，后来被广泛用于电影行业，引申为"剪辑"。蒙太奇包括画面剪辑和画面合成两方面，当不同的镜头组接在一起时，往往会产生各个镜头单独存在时所不具备的含义。

蒙太奇剪辑是指当视频描述一个主题时，可以将一连串相关或不相关的视频画面组合起来，共同衬托和表述这个主题，起到暗喻的作用。

技巧

在剪辑视频时，可以根据视频内容的发展以及主题，组合使用多种剪辑手法，如动作剪辑与 L Cut 组合、交叉剪辑与匹配剪辑组合等。这样可以强化视频画面的张力，使视频画面更丰富，从而更好地突出视频的内容和主题。

4.1.2　视频剪辑思路

视频剪辑通常会按照时间为素材排序，但需要剪辑人员从众多的视频素材中选择并明确剪辑目标，即确定剪辑思路。确定剪辑思路是影响视频质量的重要因素，也是视频剪辑中必不可少的环节之一。由于视频类型、主题的不同，剪辑思路也会存在差别。下面讲解一些常用的剪辑思路。

1. 排比

排比的剪辑思路是指在剪辑视频素材时，利用匹配剪辑的手法，将多组不同场景、相同角度、相同行为的镜头组合起来，并按照一定的顺序排列在视频轨道的时间轴中，剪辑出具有跳跃动感的视频，如图4-1所示。

图4-1

2. 逻辑

逻辑的剪辑思路是指利用两个事物之间的动作衔接匹配，将两个视频素材组合在一起。例如，某一个人打开家门，走出去到了一个景点；或者前一个镜头中主角跳起来，下一个镜头就转换到了游泳池或大海中等。

3. 相似

相似的剪辑思路是指利用不同场景、不同物体的相似形状或相似颜色，将多组不同的视频素材组合起来，如可将天上的飞机和鸟、摩天轮和转经筒、瀑布和传水车等相似的画面剪辑在一起。

4. 戏剧

戏剧的剪辑思路是指在剪辑视频过程中，运用调整重点或关键性镜头出现的时机和顺序的方式，选择最佳剪辑点，使每一个镜头都在剧情展开的最恰当时间出现，让剧情更具逻辑性和戏剧性，从而提高整支视频的观赏性，直接给予观众剧情反转的冲击。

5. 表现

表现的剪辑思路是指在保证剧情叙事连贯流畅的同时，进行大胆简化或跳跃性的剪辑，将一些对比和类似的镜头并列，突出某种情绪或意念，产生揭示内在含义、渲染气氛的效果，从而让剧情一步到位，直击观众内心，使视频更具震撼性。例如，在很多影视剧中，为了表现某种意外情况的震撼性，通常会剪辑出现场不同人物的表情，以此渲染剧情氛围，调动观众的情绪。

6. 节奏

节奏的剪辑思路是指利用长短镜头交替和画面转换快慢结合，在剪辑上控制画面的时间，掌握转换节奏，控制观众的情绪起伏，从而达到预期的艺术效果。

4.1.3　视频剪辑原则

视频剪辑的原则主要是"动接动"和"静接静"，其目的是保证镜头转换的流畅性。

● "动接动"原则："动接动"原则是指在镜头或人物的运动中切换镜头。例如，一个拉镜头的下一个视频画面通常接另一个拉镜头，一个人讲话的视频画面通常接另一个人倾听或对话的画面等。

● "静接静"原则："静接静"原则是指从一个动作结束后（或静止场面）接另一个动作开始前（或静止场面）切换镜头。

4.1.4　视频剪辑流程

视频剪辑除了技术因素，还强调创作者的创作意识。在剪辑时要注意保持画面的整体风格一致，声音与画面配合，特别是剪辑点的选择尤其重要。最终通过这些剪辑步骤让视频形成一个完整的故事。

● 整理视频素材：了解和熟悉各种镜头和需要的画面效果，将拍摄阶段拍摄的所有视频素材加以整理和编辑，最好按照时间顺序或者是脚本中设置的剧情顺序进行排序，甚至可以将所有视频素材编号归类，然后按照整理好的视频素材，设计剪辑工作的流程，并注明工作重点。

● 导入素材：将整理好的素材导入视频剪辑软件中，为后面的操作做好准备。

● 切割视频：切割视频分为粗剪和精剪两个步骤。粗剪是指观看所有归类和编号的视频素材，从中挑选出符合脚本需求，画质清晰且精美的视频画面。然后按照脚本中视频的结构顺序重新组合成一个视频素材序列，构成视频内容的第一稿影片。精剪是指在第一稿影片的基础上，进一步分析和比较，将多余的视频画面删除，并为视频画面设置调色、添加滤镜、制作特效和转场等，目的是增强视频画面的吸引力，进一步突出内容主题，将其制作成画面精美且内容丰富的影片（本章主要学习粗剪，转场和视频特效将在后面的章节中讲解）。

● 成片：成片是指对影片进行一些细小的调整和优化，然后导出视频，完成整个作品的制作，形成一支完整的视频。

4.2　剪辑视频文件

了解视频剪辑的基础知识后，就可以在Premiere中运用多种方式进行视频剪辑，并调整各视频片段的顺序，合成最终的视频效果。

4.2.1　设置入点和出点

在Premiere中可以通过设置入点（视频的起点）和出点（视频的终点）来精确地剪辑视频素材。

1. 为素材添加入点和出点

为素材添加入点和出点是快速剪辑和提取视频最有效的方法之一。

● 通过菜单命令添加：选中源面板，通过选择【标记】/【标记入点】命令和【标记】/【标记出点】命令可为源素材添加入点和出点；选中节目面板进行相应操作，可为序列添加入点和出点。

● 通过快捷菜单添加：在源面板或节目面板中单击鼠标右键，在弹出的快捷菜单中选择"标记入点""标记出点"命令，为源素材或序列添加入点和出点。

● 通过按钮添加：在源面板的时间轴上将时间指示器移动到添加入点的位置，在下面的工具栏中单击"标记入点"按钮█（快捷键为【I】），然后将时间指示器移动到添加出点的位置，在下面的工具栏中单击"标记出点"按钮█（快捷键为【O】），即可完成入点和出点的添加操作，如图4-2所示。在节目面板中也可通过相同的操作添加入点和出点，并且在节目面板中添加入点和出点后，可在时间轴面板中查看入点和出点的效果，如图4-3所示。

使用上述3种方式都可以为源素材和序列添加入点和出点。需要注意的是：为源素材添加入点和出点主要在源面板中操作，可在预览素材的同时对素材片段进行内容筛选，以节省在时间轴面板中编辑素材的时间；为序列添加入点和出点主要

图4-2

在节目面板中操作，在输出视频时可以只输出入点与出点范围内的部分，将其余部分裁剪掉，以精确控制视频的输入内容。

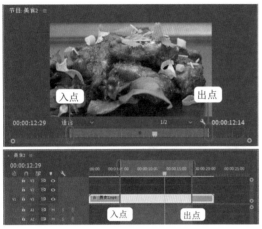

图4-3

技巧

在源面板或节目面板中设置好入点和出点后，单击面板下方的"按钮编辑器"按钮，在打开的按钮编辑器面板中将"从入点到出点播放"按钮拖曳到源面板下方的工具栏中，然后单击"从入点到出点播放"按钮，预览入点到出点之间的视频，可测试入点和出点的标记是否准确。

2. 清除入点和出点

添加入点和出点后，可通过以下命令将其清除。

● 清除入点：若只清除源素材或序列的入点，则先选中源面板或节目面板，然后选择【标记】/【清除入点】命令。

● 清除出点：若只清除源素材或序列的出点，则先选中源面板或节目面板，然后选择【标记】/【清除出点】命令。

● 清除入点和出点：若要同时清除源素材或序列入点和出点，则在选中源面板或节目面板后，选择【标记】/【清除入点和出点】命令。

另外，也可以在添加入点和出点后，在源面板或节目面板中单击鼠标右键，在弹出的快捷菜单中选择"清除入点""清除出点""清除入点和出点"命令清除。

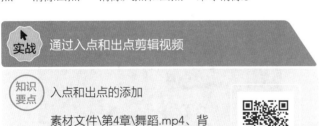

实战 通过入点和出点剪辑视频

 知识要点 入点和出点的添加

 配套资源 素材文件\第4章\舞蹈.mp4、背景音乐.mp3

效果文件\第4章\舞蹈视频剪辑.prproj、舞蹈视频剪辑.mp4

扫码看视频

操作步骤

1 新建名为"舞蹈视频剪辑"的项目文件，并将"舞蹈.mp4"素材导入新建项目面板中。

2 在项目面板中双击"舞蹈.mp4"素材，在源面板中打开该素材，此时可以看到素材片段的总时长为"00:00:06:06"，如图4-4所示。

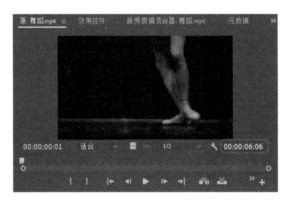

图4-4

3 在源面板中将播放指示器移动到"00:00:00:20"的位置，单击"标记入点"按钮，将当前时间点标记为入点，如图4-5所示。

4 将播放指示器移动到"00:00:01:14"的位置，单击"标记出点"按钮，将当前时间点标记为出点，如图4-6所示。

图4-5

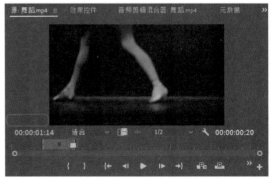

图4-6

5 设置完成后，将素材从项目面板（或源面板）中拖入时间轴面板中，此时时间轴面板中的视频片段就是设置入点和出点后的效果，如图4-7所示。

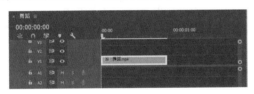

图4-7

在监视器面板中设置入点和出点时，可以将鼠标指针移动到入点位置，当鼠标指针变为 形状后拖动剪辑的左边缘，或者移动到出点位置，当鼠标指针变为 形状后拖动剪辑的右边缘，快速调整入点和出点之间的范围。

6 用同样的方法在源面板中设置"舞蹈.mp4"素材的入点和出点分别为"00:00:02:12"和"00:00:03:07"，然后将设置了入点和出点的视频素材从项目面板（或源面板）中拖动到时间轴面板中前一个视频素材的后面，如图4-8所示。

7 用同样的方法在源面板中设置"舞蹈.mp4"素材的入点和出点分别为"00:00:04:03"和"00:00:05:01"，然后按住【Ctrl】键，将设置了入点和出点的视频素材从项目面板（或源面板）中拖动到时间轴面板中"00:00:00:00"的位置，如图4-9所示。

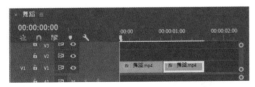

图4-8

图4-9

8 将"背景音乐.mp3"素材导入项目面板中，然后将其拖动到时间轴面板中的A1轨道上。由于该音乐时长较长，在播放视频时会出现一段没有画面但有背景音乐的黑屏视频，为了避免这种情况出现，同时不影响时间轴面板中的音频素材，可以在导出视频时明确导出文件的入点和出点。

9 将时间指示器移动到"00:00:00:00"的位置，按【I】键快速标记入点，将时间指示器移动到"00:00:02:14"的位置（画面的结束位置），在节目面板中按【O】键快速标记出点，如图4-10所示。

图4-10

10 选择【文件】/【导出】/【媒体】命令，在"导出设置"对话框的左下方设置源范围为"序列切入/序列切出"，这样可以保证导出的视频内容为入点和出点之间的内容。在右侧设置格式为"H.264"，输出名称为"舞蹈视频剪辑"，如图4-11所示。单击 导出 按钮，完成视频的导出操作。

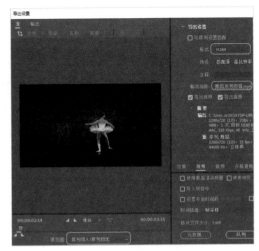

图4-11

4.2.2 认识和使用视频编辑工具

合理使用视频编辑工具，可以快速编辑视频的入点和出点。

1. 选择工具

选择工具 可用于选择、移动素材，或者选择并调整素材的关键帧，也可以在时间轴面板中通过拖动素材的入点和出点编辑视频。其操作方法为：在时间轴面板中选中要编辑的入点，在出现"修剪入点"图标 之后拖动剪辑的左边缘；选中要编辑的出点，在出现"修剪出点"图标 之后拖动剪辑的右边缘，如图4-12所示。修剪时，注意不能超出源素材的原始入点和出点。

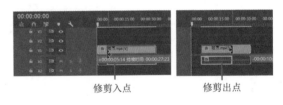

修剪入点　　　　　修剪出点

图4-12

2. 编辑工具组

编辑工具组主要包括波纹编辑工具 、滚动编辑工具 和比率拉伸工具 3种工具。

（1）波纹编辑工具

波纹编辑工具 可以封闭由修剪导致的间隙，让相邻的素材一直吸附在旁边，常用于剪辑视频片段较多的情况。通过拖动视频的入点和出点改变选中视频的持续时间，而不影响相邻的视频片段。

其操作方法为：选择波纹编辑工具 ，将鼠标指针移动到需要编辑视频的入点处，这时出现"波纹入点"图标 ，然后向右拖动鼠标，如图4-13所示。

此时，相邻素材自动向左移动，与前面的素材连接在一起，后一个素材的持续时间保持不变，整个序列持续时间发生相应变化，如图4-14所示。

图4-13　　　　　　　　　　图4-14

（2）滚动编辑工具

滚动编辑工具 的使用方法与选择工具 和波纹编辑工具 相似，都是将鼠标指针放在两个相邻素材的边缘，当鼠标指针变为 形状时，拖动鼠标即可进行设置。不同的是，在使用滚动编辑工具 编辑素材的入点和出点时，不会改变整个素材的持续时间。当设置一个素材的入点和出点后，下一个素材的持续时间会根据前一个素材的变动自动调整，如前一个素材减少了5帧，后一个素材就会增加5帧，如图4-15所示。

（3）比率拉伸工具

使用比率拉伸工具 可改变素材的速度，从而影响整个素材的持续时间，其操作方法与前两个编辑工具的操作方法一致。

图4-15

3. 剃刀工具

在剪辑视频时，经常需要对视频素材进行剪切，此时可以使用剃刀工具 。其操作方法为：使用剃刀工具 在需要修剪的位置单击，使用选择工具 选择修剪后多余的素材，按【Delete】键删除，如图4-16所示。

4. 滑动工具组

滑动工具组主要包括外滑工具 和内滑工具 2种工具。

图4-16

技巧

使用剃刀工具 剪切视频时，默认只剪切一个轨道上的视频，若想在多个轨道的相同位置剪切视频，则按住【Shift】键，在其中任意一个轨道上单击即可。

（1）外滑工具

外滑工具 可以在不改变素材持续时间的同时，找到素材的入点画面和出点画面。其操作方法为：选择外滑工具 ，在需要编辑的素材上拖动鼠标，然后在节目面板中预览素材的入点画面和出点画面。

（2）内滑工具

内滑工具 与外滑工具 的使用方法和作用类似，都可用于编辑两个素材之间的其他素材。不同的是，内滑工具 会保持选中素材的持续时间不变，而改变相邻素材的持续时间。

范例　使用视频编辑工具制作产品广告

知识要点　选择工具、剃刀工具、波纹编辑工具的使用

配套资源　素材文件\第4章\奶牛.mp4、牛奶.mp4、日出.mp4
效果文件\第4章\牛奶视频广告.prproj

扫码看视频

范例说明

本例提供了3个视频片段，需要将其组合制作成一个产品广告。由于产品广告是一个完整的视频，因此在制作过程中可使用视频编辑工具将这些视频素材加以剪切并重新拼合，最后添加一些文字内容，展现广告的具体信息。

扫码看效果

健康生活，从佳源牛奶开始！　　　生活好品质，牛奶选佳源

1 新建名为"牛奶视频广告"的项目文件，将"奶牛.mp4""牛奶.mp4""日出.mp4"素材导入项目面板中。

2 按【Ctrl+N】组合键新建序列，在"新建序列"对话框中设置序列名称为"牛奶视频广告"，其他保持默认设置，单击 确定 按钮。

3 将项目面板中的"日出.mp4"视频素材拖动至时间轴面板中的"牛奶视频广告"序列中的V1轨道上，在提示框中单击 更改序列设置 按钮，如图4-17所示。

图4-17

4 选择剃刀工具 ，在时间轴面板中将时间指示器移动到"00:00:03:00"的位置，然后单击鼠标左键进行修剪，如图4-18所示。

> **技巧**
>
> 将时间指示器移动到需要剪辑的位置后，直接按【Ctrl+K】组合键可以快速剪辑视频。

图4-18

5 使用选择工具 单击V1轨道上修剪后的前半部分素材，单击鼠标右键，在弹出的快捷菜单中选择"波纹删除"命令，如图4-19所示。这样可以在删除素材的同时，使后半部分素材自动前移，填补删除素材后留下的空隙。

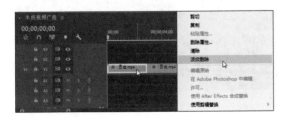

图4-19

6 使用同样的方法在"00:00:07:04"位置剪切视频，并删除后半部分素材。

7 选择V1轨道上的素材，按【Ctrl+R】组合键打开"剪辑速度/持续时间"对话框，在速度数值框中输入"150"，单击 确定 按钮，如图4-20所示。

> **技巧**
>
> 剪切素材时，还可以使用波纹剪辑快速剪辑视频。其操作方法为：在时间轴面板中将时间指示器移动到需要剪辑的位置，按【Q】键将自动剪辑时间指示器前面部分，按【W】键将自动剪辑时间指示器后面部分。但需注意使用这种方式修剪视频时，其他轨道上的素材也会被修剪，因此需要先锁定其他轨道上的素材。

图4-20

8 将"奶牛.mp4"素材拖动至时间轴面板中的V2轨道上前一段视频后面，如图4-21所示。

图4-21

9 将时间指示器移动到"00:00:15:08"位置，选择波纹编辑工具 ，在时间轴面板中选择V2轨道上素材的入点，在出现"波纹入点"图标 之后拖动剪辑的左边缘至时间指示器位置，如图4-22所示。

图4-22

10 将"牛奶.mp4"素材拖动至时间轴面板中的V2轨道上"奶牛.mp4"素材后面，如图4-23所示。

图4-23

11 将时间指示器移动到"00:00:24:28"位置，选择波纹编辑工具■，在时间轴面板中选择V2轨道上素材的出点，在出现"波纹出点"图标■之后拖动剪辑的右边缘至时间指示器位置，如图4-24所示。

图4-24

12 使用与步骤7相同的方法将"牛奶.mp4"素材的速度调整为"150%"。

13 将时间指示器移动到"00:00:00:00"位置，选择文字工具■，在节目面板中单击定位文本插入点，输入"健康生活，从佳源牛奶开始!"文字，使用选择工具■移动文字到合适位置，如图4-25所示。

图4-25

14 在时间轴面板中选择字幕文件，按住【Alt】键向右移动，再复制一个相同属性的字幕文件。修改复制后的字幕为"自家农场的奶，看得见的新鲜"，选择文字工具■，将鼠标指针放置到该字幕的出点位置，在出现"修剪出点"图标■之后拖动剪辑的右边缘，使字幕的持续时间与"奶牛.mp4"素材相同，如图4-26所示。

图4-26

15 使用相同的方法制作第3个字幕文件，字幕内容如图4-27所示，并在节目面板中将字幕居中显示。完成后按【Ctrl+S】组合键保存文件。

图4-27

本例提供了一个"瓜子"产品视频素材，要求将其展现在短视频平台中。由于该视频时长过长，不利于在短视频平台中展现，所以需考虑对视频素材进行剪辑，调整部分视频片段的速度，添加文字，最后将其导出为MP4格式，其参考效果如图4-28所示。

图4-28

4.2.3 设置素材标记

在Premiere中可以为素材添加标记，以标识重要的内容，便于快速查找和定位时间轴上某一画面的具体位置。

1. 添加标记

在时间轴面板中将当前时间指示器移动到需要标记的位置，然后单击节目面板左侧的"添加标记"按钮■，此时时间指示器所在处添加了标记，如图4-29所示。

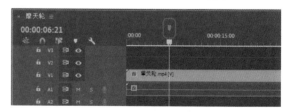

图4-29

2. 注释标记

双击时间轴面板中添加的标记，可在打开的"标记"对话框中的"名称"文本框中输入标记名称，在"持续时间"

数值框中输入标记的持续时间，在"注释"文本框中输入需要注释的内容，在"选项"栏中设置标记颜色，然后单击 确定 按钮，如图4-30所示。

图4-30

3. 查找标记

当时间轴面板中存在多个标记时，用户可查找需要的标记。

● 快捷菜单查找：在标记上单击鼠标右键，在弹出的快捷菜单中选择"转到上一个标记"命令将自动跳转到上一个标记；选择"转到下一个标记"命令将自动跳转到下一个标记。

● 菜单命令查找：在菜单栏中选择【标记】/【转到上一标记】命令将自动跳转到上一个标记；选择【标记】/【转到下一标记】命令将自动跳转到下一个标记。

4. 删除标记

如果不需要素材中的标记，可将其删除。

● 删除当前标记：在时间轴面板中的标尺上单击鼠标右键，在弹出的快捷菜单中选择"清除所选的标记"命令。

● 删除全部标记：在时间轴面板中的标尺上单击鼠标右键，在弹出的快捷菜单中选择"清除所有标记"命令。

4.2.4 插入和覆盖编辑

用户在Premiere中可以通过插入和覆盖编辑将素材插入时间轴面板中，同时不改变其他轨道上素材的位置。

1. 插入编辑

插入编辑通常有两种情况：一种是将当前时间指示器移动到两素材之间，插入素材后，时间指示器之后的素材都将向后推移；另一种是将当前时间指示器放置在素材之上，插入的新素材会将原素材分为两段，新素材直接插入其中，原素材的后半部分将会向后移动，接在新素材之后，如图4-31所示。

图4-31

插入编辑的操作方法主要有两种：一种是在时间轴面板中将时间指示器移动到需要插入素材的时间点，在源面板中选中要插入时间轴面板中的素材，再单击源面板下方的"插入"按钮 🔳，或者在源面板中单击鼠标右键，在弹出的快捷菜单中选择"插入"命令，将选择的素材插入时间轴面板中；另一种是在时间轴面板中选择要插入的位置后，在项目面板中选中要插入时间轴面板中的素材，然后单击鼠标右键，选择"插入"命令。

2. 覆盖编辑

覆盖编辑与第3章讲解的替换素材都是将添加到时间轴面板中的素材替换为其他素材。不同的是，覆盖素材时，时间指示器后方素材重叠的部分会被覆盖，且不会向后移动，如图4-32所示。

图4-32

覆盖编辑的操作方法与插入编辑的操作方法大致相同，都需要在时间轴面板中选择要插入的位置，然后通过源面板下方的"覆盖"按钮 🔳，或者在源面板中单击鼠标右键，选择"覆盖"命令进行覆盖编辑操作。

4.2.5 提升和提取编辑

在剪辑视频时也可以使用提升编辑和提取编辑操作，这两种操作较为简单快捷，但会在时间轴面板中移除素材片段。

1. 提升编辑

在进行提升编辑时，Premiere将从时间轴中提升出一个片段，然后在已删除素材的位置留出一个空白区域。

其操作方法为：在节目面板中为需要删除的区域设置入点和出点。选择【序列】/【提升】命令，或在节目面板中单击"提升"按钮 ，即可完成提升编辑操作。此时Premiere将移除由入点标记和出点标记划分出的区域，并在时间轴上留下一个空白区域，如图4-33所示。

图4-33

2. 提取编辑

在进行提取编辑时，Premiere将移除素材的一部分，剩余部分的素材片段会自动前移补上删除部分的空缺，因此不会有空白区域。

其操作方法为：在节目面板中为需要删除的区域设置入点和出点。选择【序列】/【提取】命令，或在节目面板中单击"提取"按钮 ，即可完成提取编辑操作。此时Premiere将移除由入点标记和出点标记划分出的区域，并将已编辑的部分连接在一起，如图4-34所示。

图4-34

 范例　制作风景混剪视频

 知识要点　选择工具、剃刀工具、波纹编辑工具的使用

 配套资源　素材文件\第4章\"风景混剪"文件夹
效果文件\第4章\风景混剪视频.prproj

扫码看视频

 范例说明

本例需要制作一个创意混剪视频，制作时需充分考虑到画面镜头的节奏感，根据对节奏点的控制，有逻辑、有构思地组接画面镜头，使整个视频更加流畅、舒适，具有艺术感。由于本例需要剪辑的视频素材较多，因此在制作时可采用多种视频剪辑方式。

扫码看效果

 操作步骤

1　新建名为"风景混剪视频"的项目文件。按【Ctrl+N】组合键新建序列，在"新建序列"对话框中设置序列名称为"风景混剪视频"，单击"设置"选项卡，设置编辑模式为"自定义"，设置帧大小为"1920×1080"、像素长宽比为"16:9"，单击 确定 按钮，如图4-35所示。

2　将"风景混剪"文件夹中的所有素材全部导入项目面板中。

3　将"日出风景.mp4"素材拖曳到时间轴面板"风景混剪视频"序列中的V1轨道上，弹出"剪辑不匹配警告"提示框，单击 保持现有设置 按钮，如图4-36所示。

图4-35

图4-36

4　在时间轴面板中将时间指示器移动到需要插入素材的"00:00:07:00"位置。在项目面板中双击"日出.mp4"素材，使素材在源面板中显示。单击源面板下方的"覆盖"按钮 ，将选择的素材覆盖到时间轴面板中，同时"日出风景.mp4"素材被分割成两个部分，效果如图4-37所示。

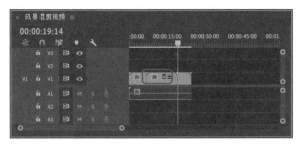

图4-37

5 在时间轴面板中选择"日出风景.mp4"素材被分割后的前半部分，然后将其波纹删除。将项目面板中的"阳光.mp4"素材拖曳到时间轴面板中V1轨道上"日出风景.mp4"素材后面。

6 在节目面板中将时间指示器移动到"00:00:18:00"位置，按【I】键标记入点，继续移动时间指示器到"00:00:28:00"位置，按【O】键标记出点，如图4-38所示。

图4-38

7 在节目面板中单击"提取"按钮，此时"阳光.mp4"素材中被标记的入点和出点部分被提取出来。在时间轴面板中可以看到"阳光.mp4"素材有自带的音频文件，由于后面需要统一添加音频，所以这里需要将音频删除。选择"阳光.mp4"素材，单击鼠标右键，选择"取消链接"命令，将音、视频分离，选择分离后的音频文件，按【Delete】键删除，如图4-39所示。

图4-39

8 在节目面板中预览当前的视频效果，发现"日出.mp4"素材时间太长，影响观感，因此需要再次剪切和调整速度。在时间轴面板中将时间指示器移动到"00:00:03:00"位置，按【Q】键波纹删除"日出.mp4"素材中时间指示器前面的部分。

9 选择剩下的"日出.mp4"素材，按【Ctrl+R】组合键打开"剪辑速度/持续时间"对话框，在其中设置速度为"200%"。为了防止持续时间变短后，视频之间出现间隙，这里还需要勾选"波纹编辑，移动尾部剪辑"复选框，然后单击 确定 按钮，如图4-40所示。使用同样的方法调整第2段视频的速度为"200%"，第3段视频的速度为"300%"。

图4-40

10 将项目面板中的"雪山2.mp4"素材拖曳到时间轴面板中V1轨道上"阳光.mp4"素材后面。将时间指示器移动到"00:00:14:00"位置，选择选择工具，将鼠标指针移动到"雪山2.mp4"素材的入点位置，出现"修剪入点"图标后，向右拖动素材左边缘到时间指示器位置后释放鼠标左键，如图4-41所示。

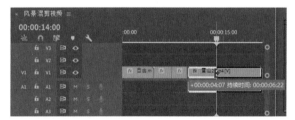

图4-41

11 此时"阳光.mp4"素材和"雪山2.mp4"素材之间出现了间隙，选中该间隙，单击鼠标右键，选择"波纹删除"命令。

12 将时间指示器移动到"00:00:15:02"位置，在项目面板中双击"雪山.mp4"素材，使素材在源面板中显示。单击源面板下方的"插入"按钮，将选择的素材插入时间轴面板中，同时"雪山2.mp4"素材被分割成两个部分，删除后半部分素材，效果如图4-42所示。

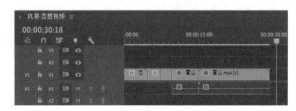

图4-42

第4章

视频剪辑

69

13 在时间轴面板中将时间指示器移动到"00:00:27:00"位置，按【W】键波纹删除"雪山.mp4"素材中时间指示器后面的部分。

14 将项目面板中的"风景.mp4"素材拖曳到时间轴面板中V1上轨道"雪山.mp4"素材后面。

15 在节目面板中拖曳时间指示器到00:00:27:00位置，按【I】键标记入点，继续拖曳时间指示器到"00:00:30:00"位置，按【O】键标记入点，在节目面板中单击"提升"按钮。

16 按住【Ctrl+Alt】组合键，在项目面板中选择"湖.mp4"素材，按住鼠标左键将其拖曳到时间轴面板中"风景.mp4"素材前面，如图4-43所示。

17 在时间轴面板中将时间指示器移动到00:00:37:14位置，按【Q】键波纹删除"湖.mp4"素材中时间指示器前面部分。

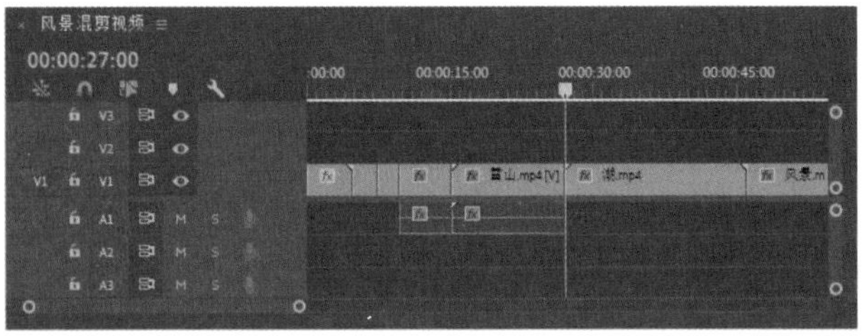

图4-43

18 在时间轴面板中可以看到"雪山.mp4"素材和"雪山2.mp4"素材都自带原始音频，因此需要先将原始音频删除。为了让整个视频的节奏更加统一，还需要调整部分视频的速度。将"雪山.mp4""雪山2.mp4""湖.mp4""风景.mp4"视频素材的速度都调整为"200%"。

19 在节目面板中单击"转到出点"按钮，将项目面板中的"背景音乐.mp3"素材拖曳到时间轴面板中的A1轨道上。选择剃刀工具，在时间轴面板中的时间指示器位置处的A1轨道上单击鼠标左键进行修剪，然后删除剪切后的后半段音频，效果如图4-44所示。

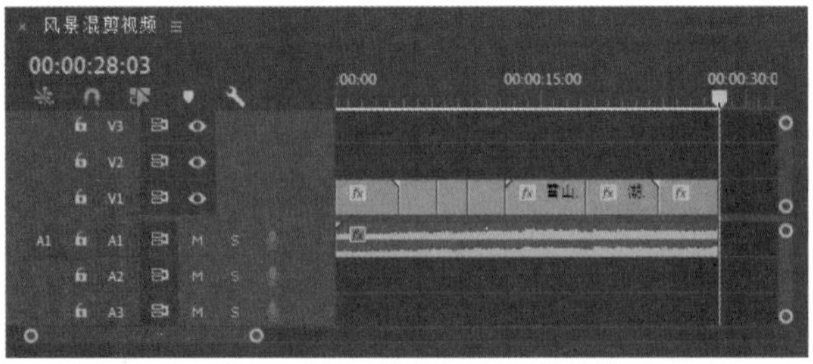

图4-44

20 在节目面板中单击"转到入点"按钮，按空格键预览效果，如图4-45所示。完成后保存文件。

图4-45

4.3 主剪辑和子剪辑

主剪辑也称源剪辑，源剪辑又可看作父剪辑，从源剪辑生成的所有序列剪辑则可看作子剪辑。通过主剪辑，我们可以创建多个子剪辑，从而对整个素材进行细致划分。因此，主剪辑和子剪辑常用于剪辑持续时间较长、内容较复杂的视频素材。

4.3.1 认识主剪辑和子剪辑

素材中选取的入点、出点部分是子剪辑，原来的素材则是主剪辑。

1. 主剪辑

当将素材首次导入项目面板中时，该素材即为项目面板中的主剪辑。

2. 子剪辑

子剪辑独立于主剪辑，是一个比主剪辑更短的、经过编辑的版本。进行视频编辑时，在时间轴处理更短的素材比处理更长的素材的工作效率更高，因此子剪辑在进行视频编辑时较为常用。

3. 主剪辑与子剪辑的关系

主剪辑和子剪辑可以同时运用于一个项目，它们是父子级别的关系，子剪辑隶属于父级主剪辑，因此还需要了解它们与原始素材的关系。

● 一个主剪辑脱机：若将一个主剪辑脱机，或者将其从项目面板中删除，则磁盘中并未将素材删除，主剪辑和子剪辑仍处于联机状态。

● 一个素材脱机：若将一个素材脱机，并从磁盘中将素材删除，则子剪辑及其主剪辑会脱机。

● 从项目面板中删除子剪辑：若将子剪辑从项目面板中删除，则主剪辑不会受到影响。

● 重新采集子剪辑：若重新采集一个子剪辑，则该子剪辑将会变为主剪辑。

4.3.2 使用主剪辑和子剪辑

认识主剪辑和子剪辑后，可在项目面板中进行主剪辑和子剪辑的操作。在Premiere中，选择【剪辑】/【制作子剪辑】命令可创建子剪辑，选择【剪辑】/【编辑子剪辑】命令可编辑子剪辑。

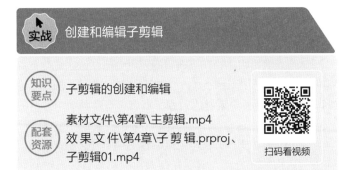

实战 创建和编辑子剪辑

知识要点 子剪辑的创建和编辑

配套资源
素材文件\第4章\主剪辑.mp4
效果文件\第4章\子剪辑.prproj、子剪辑01.mp4

扫码看视频

操作步骤

1 新建名为"子剪辑"的项目文件。将"主剪辑.mp4"素材导入项目面板中，在项目面板中双击"主剪辑.mp4"素材（主剪辑），或将素材拖动至源面板中打开，此时可看到素材片段的总时长为 00:00:12:06，如图4-46所示。

图4-46

2 在源面板中将时间指示器移动到00:00:02:12位置，按【I】键快速标记入点，将时间指示器移动到00:00:08:17位置，按【O】键快速标记出点，如图4-47所示。

3 选择【剪辑】/【制作子剪辑】命令，或者在项目面板或源面板中单击鼠标右键，在弹出的快捷菜单中选择"制作子剪辑"命令，打开"制作子剪辑"对话框，在"名称"文本框中输入子剪辑名称"子剪辑01"，取消勾选"将修剪限制为子剪辑边界"复选框，如图4-48所示。若勾选该复选框，就不能随时调整子剪辑的入点和出点，整个子剪辑的持续时间将会固定。

图4-47

图4-48

技巧

在源面板中添加入点和出点后，按住【Ctrl】键不放，同时选择源面板中的素材并往项目面板中拖动，也能打开"制作子剪辑"对话框。

4 单击 确定 按钮，即可在项目面板中创建一个新的子剪辑，如图4-49所示。

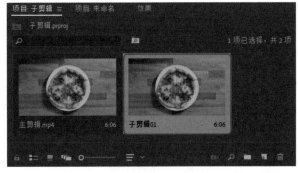

图4-49

5 在项目面板中选择子剪辑，选择【剪辑】/【编辑子剪辑】命令，打开"编辑子剪辑"对话框，在"子剪辑"栏的"开始"和"结束"文本框中分别输入"00:00:01:10""00:00:05:10"，单击 **确定** 按钮，如图4-50所示。

6 子剪辑制作完成后，将子剪辑拖动到时间轴面板中，如图4-51所示。然后将其导出为.MP4格式，完成后保存文件。

图4-50

图4-51

4.4 三点编辑和四点编辑

三点编辑和四点编辑是视频编辑过程中比较常用和实用的方式，尤其是视频素材过多时，依次处理可能会耽误很多时间，此时就可以运用三点编辑和四点编辑，在现有剪辑上插入另一段剪辑。

4.4.1 三点编辑

三点编辑可使用源面板中的素材将部分节目面板中的素材覆盖或替换掉。进行三点编辑时，需要在源面板和节目面板中共同指定3个点，以确定素材长度和在时间轴面板中的插入位置。这3个点可以是源面板中素材的入点和出点、节目面板中素材的入点和出点中的任意3个点。

三点编辑的操作方法为：在源面板中选择素材的入点和出点，在节目面板中选择素材的入点或出点，然后单击源面板下方的"插入"按钮 🔒 或"覆盖"按钮 🔒，将素材添加到时间轴面板中选定的位置上。

4.4.2 四点编辑

与三点编辑相比，四点编辑的应用更加复杂。进行三点编辑时，只需要指定3个点，而进行四点编辑时，需要指定4个点，即源面板中素材的入点、出点和节目面板中素材的入点、出点。

四点编辑的操作方法与三点编辑的操作方法基本相同，在进行四点编辑之前，需要先在源面板和节目面板中共同指定4个点（两个入点和两个出点）。与三点编辑不同的是，进行四点编辑时，若源面板中素材的入点和出点的持续时间与节目面板中素材的入点和出点之间的持续时间不匹配，就会打开"适合剪辑"对话框，在"选项"栏中可选择以不同的方式插入素材，如图4-52所示。

图4-52

● 更改剪辑速度（适合填充）：单击选中此单选项，将改变素材的速度，以时间轴上指定的长度为基准压缩素材，以适合时间轴长度的方式插入。

● 忽略源入点：单击选中此单选项，素材将以出点为基准与时间指示器上的出点对齐，对超出时间轴长度的入点部分进行修剪。

● 忽略源出点：单击选中此单选项，素材将以入点为基准与时间指示器上的入点对齐，对超出时间轴长度的出点部分进行修剪。

● 忽略序列入点：单击选中此单选项，素材将以出点为基准，忽略入点，在出点位置将素材入点和出点之间的片段全部插入时间轴。

● 忽略序列出点：单击选中此单选项，素材将以入点为基准，忽略出点，在入点位置将素材入点和出点之间的片段全部插入时间轴。

4.5 综合实训：制作产品详情页视频

详情页视频主要通过视频的方式为用户直观地展示产品的卖点、材质、产地、优势和使用场景等内容，以加深用户对产品的了解，提升用户的购买欲望。为了更好地展示产品，提高产品转化率，很多商家都会在店铺中添加产品的详情页视频来吸引用户。

4.5.1 实训要求

某品牌需要在不锈钢锅产品页面的图文详情处添加一个视频，以对产品功能进行详细介绍，现提供了多个视频素材，主要展现产品的使用方法与功能。本实训要求将提供的视频素材运用在产品详情页视频中，重点体现出店铺所售卖的产品，并简单、明了地展现出该产品的卖点，使用户更全面、清晰地了解该产品，同时产品详情页视频的屏幕长宽比建议为4:3，时长在30~160秒，这样既能让用户充分了解产品信息，也能避免信息量拥挤造成用户难以接受。产品详情页视频制作完成后，还需要导出为大多数平台都支持的.MP4格式。

4.5.2 实训思路

（1）通过对提供的素材和资料进行分析，可以发现素材中的视频是由多个产品视频片段组合而成的，但这些视频片段的顺序颠倒错乱，因此需要对其先切割然后重新排序，并删除多余的部分，保留其介绍不锈钢锅的重点部分。制作时，可以借助本章所学的视频编辑工具、出点和入点、三点编辑和四点编辑等相关知识来切割和调整视频。此外，视频素材中每个片段速度的不同，造成整个视频节奏不一致，因此还需要重新调整部分素材的播放速度。

（2）本实训要求制作一个详情页视频，视频重点是展示产品，文案在视频中只是起补充说明的作用，因此不宜过多，力求简明易懂，只在必要的画面中出现。

（3）本实训中的产品是不锈钢锅，属于常用的生活用品，用户大多会理性购买，主要关注产品的功能和实用性，因此剪辑视频时，需

扫码看效果

要在视频中重点展示产品的规格、主要细节、重要功能、卖点以及产品品质等。

本实训完成后的参考效果如图4-53所示。

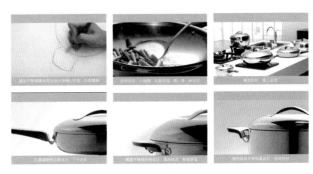

随着国民经济的发展和社会信息化的不断进步，我国的数字经济实力稳步提升，电子商务也已经发展到相对成熟的阶段，为世界经济可持续发展做出了重大贡献。在这样的电商大环境下，不可避免地出现了一些问题，如宣传虚假广告、侵犯知识产权、侵犯隐私权及传播不当言论等，这就要求我们在制作详情页视频这类产品营销广告时，要具有法律意识、诚信意识和道德意识，不能出现《广告法》中禁止使用的内容。

设计素养

图4-53

4.5.3 制作要点

知识要点　视频编辑工具的使用

配套资源　素材文件\第4章\不锈钢锅原始视频.mp4、背景音乐01.mp3
效果文件\第4章\详情页视频.prproj、不锈钢锅详情页视频.mp4

扫码看视频

本实训的主要操作步骤如下。

1 新建名为"详情页视频"的项目文件，将"不锈钢锅原始视频.mp4"和"背景音乐01.mp3"素材导入项目面板中。

2 新建名为"不锈钢锅详情页视频"的序列，设置序列预设为"DV-PAL""标准48kHz"。

3 在00:00:01:13位置添加出点，然后将其制作成名为"炒菜"的子剪辑，并将其拖曳到V1轨道上。

4 清除"不锈钢锅原始视频.mp4"素材中的出点。在00:00:02:00位置添加入点，在00:00:07:10位置添加出点，将这段视频制作成名为"展示1"的子剪辑，并将其拖

曳到时间轴面板中第1段视频素材后面。

5 再次清除源面板中视频素材的入点和出点，在00:00:08:12位置添加入点，在00:00:11:05位置添加出点，将这段视频制作成名为"煮汤"的子剪辑，并将其拖曳到时间轴面板中。

6 重复前面的操作，再制作7个子剪辑，并依次拖曳到时间轴面板中，然后调整视频片段的顺序。

7 将"炒菜"子剪辑波纹删除；将"设计"子剪辑拖曳到"炒菜"子剪辑前面；将"煮汤"和"煎炒"子剪辑拖曳到"设计"子剪辑后面。

技巧

在时间轴面板中调整素材顺序时，若按住【Ctrl+Shift】组合键拖曳，后面的素材就会自动向前移动，素材之间不会出现间隙。

8 将时间指示器移动到00:00:11:07位置，按【W】键波纹删除时间指示器后面部分；将时间指示器移动到"00:00:21:09"位置，按【Q】键波纹删除时间指示器前面部分。

9 分别在"00:00:26:10"位置和"00:00:27:23"位置切割视频，然后波纹删除切割后中间的视频片段。在00:00:28:24位置切割视频，选择切割后的第2段视频片段，将其拖曳到"细节"子剪辑后面。

10 在"00:00:27:15"位置切割视频，波纹删除切割后的前一段视频片段。在"00:00:43:21"位置切割"细节"子剪辑，选择切割后的第2段视频片段，将其拖曳到整个视频的最后面。

11 在"00:00:03:05"位置输入文字，设置文字字体为"HYZhongDengXianJ"，在节目面板中调整文字的大小和位置，完成后的效果如图4-54所示。

12 在时间轴面板中将V2轨道上文字素材的出点调整至与整个视频素材的出点相同。使用剃刀工具 📷 依次在"00:00:11:06""00:00:19:23""00:00:38:24""00:00:42:17""00:00:46:10"位置将文字素材分割为6份。依次修改文字内容，根据视频画面添加多方面的产品介绍。

13 将时间轴面板中所有视频素材的原始音频删除。将"背景音乐01.mp3"素材拖曳到A1轨道上，在"00:00:48:21"位置分割音频素材，删除分割后的第2段音频。

14 保存文件，并将其导出为.MP4格式。

图4-54

🖊 巩固练习

1. 剪辑"童装"宣传视频

本练习将剪辑"童装"视频素材，要求将素材中有拍摄人员以及重复多余的画面删除，尽可能全面展现童装的样式、材质等。剪辑完成后，可以添加一些说明性文字，参考效果如图4-55所示。

配套资源

素材文件\第4章\"童装视频"文件夹
效果文件\第4章\童装宣传视频.mp4、童装宣传视频.prproj

图4-55

2. 剪辑"一个人的旅行"文艺短片

本练习将剪辑一个文艺风格的短片，要求将剪辑后的视频画面根据"近景—中景—远景"的景别顺序重新排列。在制作时，也可以添加与视频风格相搭配的文案和背景音乐，参考效果如图4-56所示。

配套资源

素材文件\第4章\旅行.avi
效果文件\第4章\"一个人的旅行"短片.mp4、"一个人的旅行"短片.prproj

图4-56

3. 剪辑"美食制作"Vlog

本练习需利用提供的素材剪辑"美食制作"Vlog。由于该素材已经确定了视频片段的播放顺序，因此在剪辑时每个视频片段的顺序不变，只需将各个视频中多余的画面删除，然后再添加美食制作的步骤文字和背景音乐，参考效果如图4-57所示。

配套资源

素材文件\第4章\"美食制作"文件夹
效果文件\第4章\"美食制作"Vlog.mp4、"美食制作"Vlog.prproj

加入盐、料酒和胡椒粉　　　加入适量清水，刚好没过所有食材

图4-57

⬡ 技能提升

1. 什么是多机位剪辑

多机位是指两台或两台以上的摄影机在同一时段以不同的角度和景别拍摄同一个物体或场景。多机位拍摄在人物访谈中非常常见，可以全方位地记录事情。在Premiere中，可以使用多机位剪辑对多机位素材进行剪辑和拼接，最终制作出一部完整的影片。图4-58所示为3个机位拍摄的视频。

1号机拍摄的采访者　　2号机拍摄的受访者　　3号机拍摄的两个人物全景

图4-58

2. 创建多机位源序列

在对多机位素材进行多机位剪辑前，首先需要创建多机位源序列。其操作方法为：将多机位素材导入项目面板中，在项目面板中单击鼠标右键，在弹出的快捷菜单中选择"创建多机位源序列"命令，或者选择【剪辑】/【创建多机位源序列】命令，打开"创建多机位源序列"对话框，如图4-59所示。在"创建多机位源序列"对话框中可以通过入点、出点或时间码同步剪辑，也可以使用基于音频的同步来准确地对齐剪辑，完成后单击 确定 按钮。

3. 编辑多机位序列

将创建好的源序列拖曳到时间轴面板中，就可以对多机位序列进行编辑。在编辑时，可进入多机位模式同时查看所有摄像机拍摄的素材。单击节目面板右侧的"设置"按钮🔧，在弹出的快捷菜单中选择"多机位"命令，将节目面板切换到多机位模式。

在多机位模式中，节目面板中的画面被分为两个部分，左边显示多机位画面，右边显示最终预览画面，如图4-60所示。

编辑多机位序列时，可在摄像机之间切换以选择最终序列的素材。切换方法为：在节目面板或时间轴面板中按空格键或单击"播放/停止切换"按钮▶进行播放。当序列正在播放时，可按主键盘上的数字键切入该数字所指代的摄像机。

图4-59　　　　　　图4-60

第 5 章

制作视频过渡效果

本章导读

在Premiere中编辑视频时，可发现很多视频作品都是由一个个单独的视频片段组合而成的，视频与视频之间的转换也非常巧妙和自然，大大提升了视频的创意性和美观性。因此，视频过渡效果是视频编辑中非常重要的内容。

知识目标

- 了解视频过渡的基础知识
- 熟悉视频过渡的手法
- 了解不同类型的视频过渡效果
- 掌握视频过渡效果的运用

能力目标

- 能够为视频添加过渡效果
- 能够设置默认视频过渡效果
- 能够制作电子相册和宣传视频

情感目标

- 培养独立策划与制作视频作品的能力
- 培养理解并分析视频制作意义的能力

5.1 认识视频过渡

视频由若干个镜头序列组合而成，每个镜头序列都具有相对独立和完整的内容。为了保证视频节奏和叙事的流畅性，可以在不同的镜头序列和场景之间添加视频过渡效果。

5.1.1 什么是视频过渡

视频过渡是指两个视频片段之间的衔接方式。在视频中添加视频过渡效果不仅可以丰富画面、提升视频的整体水平，还可以利用场景与场景之间的衔接来增加视频的故事感。图5-1为应用不同视频过渡效果后的视频画面。

"推"过渡效果

"中心拆分"过渡效果

"风车"过渡效果

"交叉溶解"过渡效果

图5-1

5.1.2 视频过渡的手法

视频过渡有很多不同的手法，这里主要讲解技巧过渡和无技巧过渡两种。

1. 技巧过渡

技巧过渡是指用一些光学技巧来达成时间的流逝或地点的变换。随着计算机和影像技术的高速发展，技巧过渡的手法理论上可以有无数种，在视频编辑中比较常用的主要有淡入、淡出、划像、旋转、缩放、翻页和擦除等类型。这些类型还可以进一步细分，如擦除过渡可细分为带状擦除、棋盘擦除、百叶窗和油漆飞溅等类型，划像过渡可细分为圆划像、盒形划像、交叉划像和菱形划像等类型。

2. 无技巧过渡

技巧过渡通常带有比较强的主观色彩，容易停顿和割裂视频的内容和情节。所以，大多数影视剧和短视频编辑中更多使用无技巧过渡。无技巧过渡通常以前后视频画面在内容或意义上的相似性来转换时空和场景，主要有以下7种类型。

● 利用动作的相似性进行过渡：利用动作的相似性进行过渡是指以人物或物体相同或相似的运动为基础进行画面转换，进而达到视觉连续、转场顺畅的效果。例如，编辑表现人物坚持锻炼的视频时，就可以在室内健身和公园跑步的镜头之间添加过渡，利用动作的相似性连接被打散的不同时空的情节。

● 利用声音的相似性进行过渡：是指借助前后镜头中对白、音响、音乐等声音元素的相同或相似性来进行连接。例如，镜头中一群学生正在操场上打篮球，画面外响起上课铃声，下一个镜头这群学生已经坐在教室上课，这种过渡方式通过声音的延伸将观众的情绪连贯地延伸到下一个情节中。

● 利用具体内容的相似性进行过渡：是指以镜头中的形象或物件的相似性为基础进行前后镜头的连接。例如，镜头中，女主角拿出手机查看男友照片，然后下一个镜头与照片中衣着打扮完全相同的男友就出现在女主角面前。

● 利用心理内容的相似性进行过渡：是指前后镜头连接的依据并不是画面、声音和内容的相似性，而是由观众的联想而产生的相似性。例如，镜头中女主角非常思念自己的父母，自言自语："他们现在正在干什么呢？"然后下一个镜头就切换到父母正拿着手机给女儿发信息的视频画面。

● 空镜头过渡：是指下一个镜头转换到没有上一个镜头中拍摄对象的场景。例如，影视剧中英雄人物壮烈牺牲后，下一个画面常为高山大海的空镜头，其目的是让观众在情绪发展到高潮之后能够回味之前视频画面的情节和意境。

● 特写过渡：是指前一个镜头为特写，下一个镜头使用摇、移、推和拉等拍摄手段转到拍摄对象的中近景，或者其他对象上。特写过渡主要用于强调场面的转换，常常会带来自然、过渡、镜头不跳跃的视觉效果。

● 遮挡镜头过渡：是指在上一个镜头接近结束时，摄像设备接近拍摄对象，以致整个视频画面黑屏，下一个镜头拍摄对象又移出视频画面，实现场景的转换。这种过渡方式中的上、下两个镜头的拍摄主体可以相同，也可以不同。这种过渡方式既能带给观众视觉上的强大冲击，又可以带来内容上的悬念。

技巧

在实际的视频编辑过程中，场景的转换可能包含多种过渡方式。例如，在视频节奏比较舒缓的段落，可以结合运用无技巧过渡与技巧过渡，发挥其各自的长处，这样既可以使过渡顺畅自然，也能给用户带来视觉上的短暂休息。

5.2 添加和编辑视频过渡效果

在Premiere中，不仅可以为视频添加多种视频过渡效果，还能对效果进行管理、复制和粘贴等多种操作，让视频过渡效果符合要求。

5.2.1 认识"视频过渡"文件夹

Premiere的视频过渡效果都存放在效果面板中的"视频过渡"文件夹中，单击该文件夹前面的三角形图标，可看到其中共有8个过渡效果分组。任意单击其中一组过渡效果文件夹前面的三角形图标，可看到该组过渡效果包含的具体内容，如图5-2所示。

图5-2

5.2.2 管理视频过渡效果

效果面板提供了很多过渡效果，用户可以有序地对这些过渡效果进行管理。

● 查找视频过渡效果：用户若需要查找某个过渡效果，则在效果面板的"搜索"文本框中输入过渡效果的名称，如图5-3所示。

图5-3

● 管理视频过渡素材箱：用户可根据需要创建自定义素材箱，将常用的过渡效果保存到该素材箱中，以便于工作时直接使用。操作方法为：单击"创建新自定义素材箱"按钮，或单击效果面板右上角的按钮，在弹出的下拉菜单中选择"新建自定义素材箱"命令即可创建。双击该素材箱，当其变为可编辑状态时，输入名称"素材箱"进行重命名操作，如图5-4所示。若需要将新建的素材箱删除，则选中需要删除的素材箱，单击"删除自定义项目"按钮，或单击该面板右上角的按钮，在弹出的下拉菜单中选择"删除自定义项目"命令，如图5-5所示。在打开的提示框中单击按钮，即可删除选中的素材箱。

图5-4　　　　图5-5

技巧

在效果面板中不仅能对视频过渡效果进行管理，还可以对音频效果、音频过渡、视频效果等其他效果进行管理，其管理方法与对视频过渡效果的管理方法相同。

5.2.3 添加视频过渡效果

将需要应用的过渡效果拖曳至时间轴面板中前一个素材的出点处或后一个素材的入点处（也可以是两个相邻素材之间），即可为素材添加视频过渡效果，实现场景的转换。

5.2.4 复制和粘贴视频过渡效果

在添加视频过渡效果时，也可以对过渡效果进行复制、粘贴操作。操作方法为：在时间轴面板中选择需要复制的视频过渡效果，按【Ctrl+C】组合键复制，将时间指示器移动到想要添加视频过渡效果的位置，按【Ctrl+V】组合键粘贴。

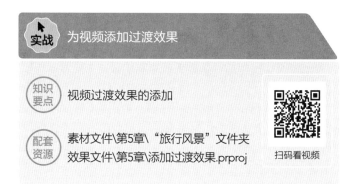

实战 为视频添加过渡效果

知识要点 视频过渡效果的添加

配套资源 素材文件\第5章\"旅行风景"文件夹
效果文件\第5章\添加过渡效果.prproj

扫码看视频

操作步骤

1 新建名为"添加过渡效果"的项目文件，将素材文件夹"旅行风景"中的素材导入项目面板中，并新建"城市风景"序列，如图5-6所示。

图5-6

2 依次将项目面板中的素材拖曳到"城市风景"序列的 V1轨道上，在弹出的提示框中单击 更改序列设置 按钮，使序列中的各项参数与素材相符，如图5-7所示。

图5-7

3 打开效果面板，展开"视频过渡"文件夹，再展开"擦除"文件夹，选择其中的"棋盘"效果。

4 将"棋盘"效果拖至时间轴面板中的两段素材中间，如图5-8所示。释放鼠标左键即可添加效果。

图5-8

5 在效果面板中的"搜索"文本框中输入"溶解"文字，在搜索出的结果中选择"白场过渡"效果，将其添加至第1个素材的入点处，如图5-9所示。

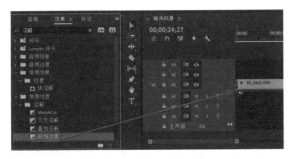

图5-9

6 继续在搜索出的结果中选择"黑场过渡"效果，将其添加至第2个素材的出点处，如图5-10所示。

图5-10

7 完成上述操作后，可在节目面板中预览当前视频，效果如图5-11所示。最后保存文件。

图5-11

5.2.5 应用默认视频过渡效果

如果在制作视频的过程中包含大量的素材片段，并且需要为素材添加相同过渡效果，则可以设置默认过渡效果。设置完成之后，就可以在时间轴面板中快速为素材应用过渡效果，以提高工作效率。

实战	设置默认视频过渡效果

知识要点	默认视频过渡效果的添加
配套资源	素材文件\第5章\"女装"文件夹 效果文件\第5章\默认视频过渡效果.prproj

扫码看视频

操作步骤

1 新建名为"默认视频过渡效果"的项目文件，将"女装"素材文件夹中的所有素材全部导入项目面板中。全选素材将其拖曳到时间轴面板中，如图5-12所示。

图5-12

2 在效果面板中展开"视频过渡"文件夹，然后展开其中的"页面剥落"文件夹，选择"翻页"效果，在其上单击鼠标右键，在弹出的快捷菜单中选择"将所选过渡设置为默认过渡"命令，如图5-13所示。

图5-13

3 选择时间轴面板中的所有素材，选择【序列】/【应用默认过渡效果到选择项】命令，或按【Ctrl+D】组合键为所有素材应用默认过渡效果，如图5-14所示。

图5-14

4 完成上述操作后，可在节目面板中预览当前视频，效果如图5-15所示。最后保存文件。

图5-15

5.2.6　自定义视频过渡效果

为素材添加视频过渡效果后，根据用户的不同需求，还可以对添加的视频过渡效果进行自定义调整。调整之前，需要先在时间轴面板中选中该效果。

1.　调整过渡效果的持续时间

根据实际需要，可增加或缩短视频过渡效果的持续时间。

● 在时间轴面板中调整：在时间轴面板中选择需要调整的过渡效果，将鼠标指针放在过渡效果的左侧，当鼠标指针变为 形状时，向左拖曳可增加过渡时间，向右拖曳可缩短过渡时间。将鼠标指针放在过渡效果的右侧，当鼠标指针变为 形状时，向左拖曳可缩短过渡时间，向右拖曳可增加过渡时间，如图5-16所示。

图5-16

● 在效果控件面板中调整：在时间轴面板中选择需要调整的过渡效果，在打开的效果控件面板中的"持续时间"数值框中输入过渡效果的时间段，按【Enter】键即可，如图5-17所示。

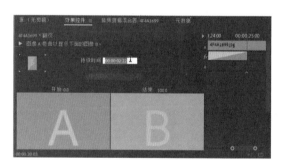

图5-17

> **技巧**
>
> 双击过渡效果，或选中效果后单击鼠标右键，在弹出的快捷菜单中选择"设置过渡持续时间"命令。打开"设置过渡持续时间"对话框，在对话框的"持续时间"文本框中输入具体时间也可以调整过渡持续时间。

2.　调整过渡效果的对齐方式

默认情况下，Premiere过渡效果是以居中素材切点（两个素材的分割点）的方式对齐的，此时过渡效果在前一个素材中显示的时间与在后一个素材中显示的时间相同。如果需要调整过渡效果在前、后素材中显示的时间，则可以通过设置其对齐方式来完成。其操作方法为：选择需要调整的过渡效果，在效果控件面板的"对齐"下拉列表框中选择"起点切入"选项，过渡效果将位于第2个素材的开头；若选择"结束切入"选项，则过渡效果将在第1个素材的末尾处结束。如果在时间轴面板中手动调整其持续时间，则该选项将自动变为"自定义起点"，如图5-18所示。

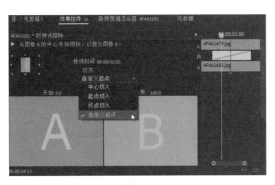

图5-18

用户还可以在时间轴面板中通过拖曳的方式对过渡效果的对齐方式进行调整。其操作方法为：选中过渡效果后，向左拖曳鼠标，可将过渡效果与编辑点的结束位置对齐；向右拖曳鼠标，可将过渡效果与编辑点的开始位置对齐。如果用户想将过渡效果居中对齐，则将过渡效果拖曳至编辑范围的中心位置，如图5-19所示。

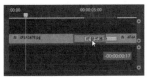 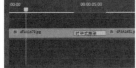

图5-19

技巧

将鼠标指针移动到效果控件面板右上角的过渡效果上，当鼠标指针变为 ↔ 形状时，向左或向右拖曳鼠标，可移动过渡效果，如图5-20所示。

图5-20

3. 调整过渡效果的设置

应用过渡效果后，还可在效果控件面板中对过渡效果进行更多设置。

（1）反向设置过渡效果

默认情况下，过渡效果是从A过渡到B，即从第1个场景过渡到第2个场景。若需要从第2个场景过渡到第1个场景，则可在效果控件面板下方勾选"反向"复选框，对过渡效果进行反向设置。

（2）预览过渡效果

若需要预览过渡效果，则拖动"开始"或"结束"滑块 ○，如图5-21所示。若想预览显示真实视频画面的过渡效果，则勾选"显示实际源"复选框。

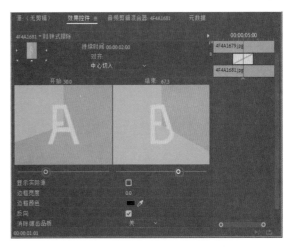

图5-21

（3）设置过渡效果的边框颜色

位于效果控件面板"边框颜色"右侧的色块或滴管工具 ▨ 可为过渡效果添加边框颜色，在"边框宽度"文本框中可设置边框的宽度。

（4）调整过渡效果的边缘

应用过渡效果除了可使视频更加流畅外，还可以达到柔化边缘的效果。可在效果控件面板的"消除锯齿品质"下拉列表框中选择锯齿的品质，可达到柔化边缘的效果，如图5-22所示。

图5-22

5.2.7 替换和删除视频过渡效果

在添加视频过渡效果后，如果发现添加的过渡效果并没有达到预期效果，则可对其进行替换和删除操作。

● 替换过渡效果：在效果面板的"视频过渡"文件夹

中选择需要替换的过渡效果，将其拖动到时间轴面板中需要替换的效果上，可使用新的效果替换原来的效果。

● 删除过渡效果：选中需要删除的过渡效果，按【Delete】键或单击鼠标右键，在弹出的快捷菜单中选择"清除"命令。

图5-25　　　　　　　　　图5-26

5.3 视频过渡效果详解

Premiere提供了多种典型且实用的视频过渡效果，并对这些视频过渡效果进行了分组，每个过渡效果组又包含各种不同的视频过渡效果。了解这些视频过渡效果的展现形式与设置方法，有助于在视频编辑过程中选择更合适的视频过渡效果。

5.3.1　3D运动过渡效果组

3D运动过渡效果组可以通过模拟三维空间来体现出场景的层次感，从而实现3D效果。该效果组包括两种类型，如图5-23所示。

图5-23

● 立方体旋转：该效果使用旋转的立方体使场景A过渡到场景B，效果如图5-24所示。

图5-24

● 翻转：该效果将沿垂直轴翻转场景A，逐渐显示场景B，效果如图5-25所示。应用该效果时，在效果控件面板中单击 自定义 按钮，可在打开的对话框中设置带（翻转数量）和填充颜色，如图5-26所示。

5.3.2　内滑过渡效果组

内滑过渡效果组主要以滑动的形式来切换场景。该效果组包括5种类型，如图5-27所示。

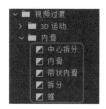

图5-27

● 中心拆分：该效果将场景A分为4个部分，并使每个部分滑动到角落以显示场景B，效果如图5-28所示。

图5-28

● 内滑：该效果使场景B滑动到场景A的上面，效果如图5-29所示。

图5-29

● 带状内滑：该效果使场景B在水平、垂直、对角线方向上以条形滑入，逐渐覆盖场景A，效果如图5-30所示。应用该效果时，在效果控件面板中单击 自定义 按钮，可在打开的对话框中设置带数量，如图5-31所示。

图5-30　　　　　　　　图5-31

● 拆分：该效果使场景A拆分并滑动到两边，以显示出场景B，效果如图5-32所示。

图5-32

● 推：该效果使场景B将场景A从画面的左侧推到另一侧。

范例　制作商品展示电子相册

知识要点　3D运动过渡效果组和内滑过渡效果组的运用

配套资源　素材文件\第5章\"牙刷"文件夹
效果文件\第5章\商品展示电子相册.prproj

扫码看视频

范例说明

　　本例为了让商品更有吸引力，准备制作一个展示商品的电子相册，以图、文、声、像并茂的方式对商品进行更直观的展现。在制作时，添加不同的视频过渡效果，让电子相册中的商品更加美观，从而吸引更多人购买。

扫码看效果

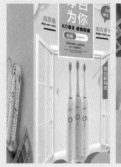

1 新建名为"商品展示电子相册"的项目文件，将"牙刷"素材文件夹中的所有素材导入项目面板中，如图5-33所示。切换到信息面板，查看这5个素材的尺寸大小，发现"电动牙刷海报.jpg"素材的尺寸与其他4个素材的尺寸不一致。由于整个电子相册的尺寸应该是相同的，所以为了便于后期调整，这里需要新建与其他4个素材尺寸相同的序列。

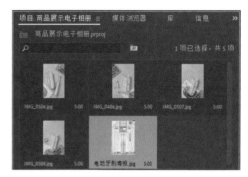

图5-33

2 按【Ctrl+N】组合键新建序列，打开"新建序列"对话框，设置序列名称为"商品展示电子相册"，单击"设置"选项卡，设置"编辑模式"为"自定义"，"帧大小"为"3648×5472"，像素长宽比为"方形像素（1.0）"，单击 确定 按钮，如图5-34所示。

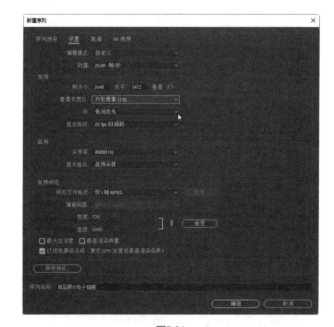

图5-34

3 在项目面板中选择所有素材并将其拖曳到时间轴面板中的V1轨道上，如图5-35所示。

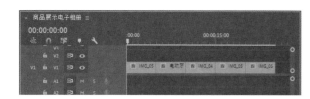

图5-35

4 选择选择工具 ，在时间轴面板中选择第2个素材，按住【Ctrl】键，当鼠标指针变成 形状时，按住鼠标左键向左拖曳素材，将第2个素材移动到第1个素材所在的位置，如图5-36所示。

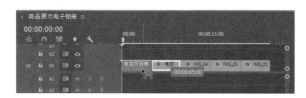

图5-36

5 在节目面板中可看到该素材的尺寸较小，不能很好地展现画面效果，因此需要调整画面尺寸。切换到效果控件面板，将鼠标指针放到"缩放"选项后的数值框上，当鼠标指针变成 形状时，按住鼠标左键向右拖曳放大素材。当素材在节目面板中显示出合适大小时释放鼠标左键，如图5-37所示。

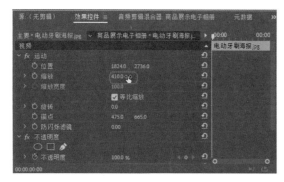

图5-37

6 选择效果面板，展开"视频过渡"文件夹，单击"3D运动"文件夹前面的三角形形状将其展开，选择"立方体旋转"效果，将其拖曳到时间轴面板中V1轨道上的第1个素材和第2个素材之间，如图5-38所示。

图5-38

7 在时间轴面板中选中添加的过渡效果，然后打开效果控件面板，在"持续时间"数值框中输入过渡效果的时间为"00:00:02:00"，设置"对齐"为"起点切入"，如图5-39所示。

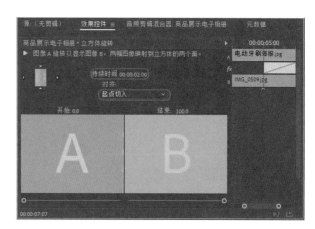

图5-39

8 在效果面板中单击"内滑"文件夹前面的三角形形状将其展开，选择"中心拆分"效果并将其拖曳到时间轴面板中V1轨道上的第2个素材和第3个素材之间；选择"带状内滑"效果并将其拖曳到时间轴面板中V1轨道中的第3个素材和第4个素材之间；选择"拆分"效果并将其拖曳到时间轴面板中V1轨道上的第4个素材和第5个素材之间，如图5-40所示。

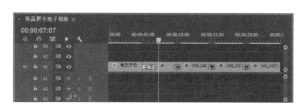

图5-40

9 在时间轴面板中选中"带状内滑"效果，然后在打开的效果控件面板中单击 自定义 按钮，如图5-41所示。打开"带状内滑设置"对话框，设置"带数量"为"3"，单击 确定 按钮，如图5-42所示。

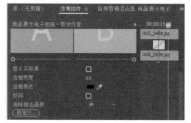

图5-41　　　　　　　图5-42

10 完成上述操作后，在节目面板中可预览添加过渡效果后的视频，效果如图5-43所示。最后保存文件。

图5-43

5.3.3　划像过渡效果组

　　划像过渡效果组可对场景A进行伸展，并逐渐过渡到场景B，该效果组包括4种类型，如图5-44所示。

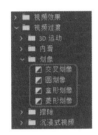

图5-44

　　● 交叉划像：该效果使场景A以十字形的方式从场景B的中心消退，直到完全显示场景B。
　　● 圆划像：该效果使场景B以圆形的方式在场景A中展开，效果如图5-45所示。

图5-45

　　● 盒形划像：该效果使场景B以矩形的方式在场景A中展开，效果如图5-46所示。

图5-46

　　● 菱形划像：该效果使场景B以菱形的方式在场景A中展开，效果如图5-47所示。

图5-47

5.3.4　擦除过渡效果组

　　擦除过渡效果组可使两个场景呈现擦拭过渡出现的画面效果，该效果组包括17种类型，如图5-48所示。
　　● 划出：该效果能使场景B从左侧开始擦过场景A。
　　● 双侧平推门：该效果能使场景A以展开和关门的方式过渡到场景B。

图5-48

　　● 带状擦除：该效果能使场景B以条状的方式从水平方向进入并覆盖场景A，效果如图5-49所示。应用该效果时，在效果控件面板中单击 自定义 按钮，可在打开的对话框中设置擦除带数量，如图5-50所示。

图5-49　　　　　　　图5-50

　　● 径向擦除：该效果能使场景B从场景右上角开始顺时针擦过画面，覆盖场景A，效果如图5-51所示。

图5-51

● 插入：该效果能使场景B以矩形方框的方式进入并覆盖场景A，效果如图5-52所示。

图5-52

● 时钟式擦除：该效果能使场景B沿圆周的顺时针方向擦入场景A，效果如图5-53所示。

图5-53

● 棋盘：该效果能使场景A以棋盘的方式消失，逐渐显示出场景B，效果如图5-54所示。

图5-54

● 棋盘擦除：该效果能使场景B以切片的棋盘方块的方式从左侧逐渐延伸到右侧，覆盖场景A，效果如图5-55所示。应用该效果时，在效果控件面板中单击 自定义 按钮，可在打开的对话框中设置水平切片和垂直切片方向的数量，如图5-56所示。

图5-55　　　　　　　　图5-56

● 楔形擦除：该效果能使场景B以楔形的方式从场景中往下过渡，逐渐覆盖场景A，效果如图5-57所示。

图5-57

● 水波块：该效果能使场景B沿"Z"字形交错扫过场景A，效果如图5-58所示。应用该效果时，在效果控件面板中单击 自定义 按钮，可在打开的对话框中设置水波块水平和垂直方向的数量，如图5-59所示。

图5-58　　　　　　　　图5-59

● 油漆飞溅：该效果能使场景B以墨点的方式逐渐覆盖场景A，效果如图5-60所示。

图5-60

● 渐变擦除：该效果能使用一张灰度图像来制作渐变切换，使场景A填满灰度图像的黑色区域，然后场景B逐渐擦过屏幕。应用该效果时，在效果控制面板中单击 自定义 按钮，可在打开的对话框中单击 选择图像... 按钮，然后在打开的对话框中选择作为灰度图像的图像，接着在"柔和度"文本框中输入需要过渡边缘的柔和度，如图5-61所示。完成后单击 确定 按钮，即可看到该效果的变化，如图5-62所示。

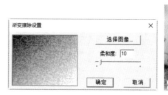

图5-61　　　　　　　　图5-62

● 百叶窗：该效果能使场景B以逐渐加粗的色条显示，效果如图5-63所示。应用该效果时，在效果控件面板中单击 自定义 按钮，可在打开的对话框中设置带数量，如图5-64所示。

图5-63　　　　　　　图5-64

● 螺旋框：该效果能使场景B以矩形方框的方式围绕画面移动，就像一个螺旋的条纹，效果如图5-65所示。应用该效果时，在效果控件面板中单击 自定义 按钮，可在打开的对话框中设置矩形方框在水平和垂直方向上的数量，如图5-66所示。

图5-65　　　　　　　图5-66

● 随机块：该效果能使场景B以矩形方块的方式逐渐遍布在整个屏幕上，效果如图5-67所示。应用该效果时，在效果控件面板中单击 自定义 按钮，可在打开的对话框中设置矩形方块的宽和高，如图5-68所示。

图5-67　　　　　　　图5-68

● 随机擦除：该效果能使场景B从屏幕上方以逐渐增多的小方块的方式覆盖场景A，效果如图5-69所示。

图5-69

● 风车：该效果能使场景B以旋转变大的风车形状出现，并覆盖场景A，效果如图5-70所示。应用该效果时，在效果控件面板中单击 自定义 按钮，可在打开的对话框中设置楔形数量，如图5-71所示。

图5-70　　　　　　　图5-71

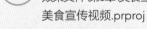

★ 范例　制作美食宣传视频

知识要点　划像过渡效果组和擦除过渡效果组的运用

配套资源　素材文件\第5章\美食封面.psd、美食视频.mp4
效果文件\第5章\美食宣传视频.mp4、美食宣传视频.prproj

扫码看视频

📷 范例说明

　　为了以更加直观的方式引流，增加收益，进而提高产品的下单转化率和下单量，很多商家在进行产品宣传时都会采用视频形式来吸引用户。本例提供了一个美食制作实拍视频素材，要求制作出能完整展现美食制作过程的美食宣传视频，并且各个制作步骤的视频片段之间过渡自然流畅，也可以在视频中加入一些文字，以提升该视频的丰富度。

扫码看效果

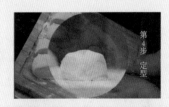

1 新建名为"美食宣传视频"的项目文件，按【Ctrl+I】组合键打开"导入"对话框，选中"美食封面.psd"素材并双击，打开"导入分层文件：美食封面"对话框，在"导入为"下拉列表框中选择"序列"选项，单击 确定 按钮，如图5-72所示。

2 在项目面板中展开"美食封面"素材箱，双击其中的"美食封面"序列，此时该序列在时间轴面板中打开，如图5-73所示。

图5-72

图5-73

3 在时间轴面板中拖动这3个轨道上的素材，使素材呈阶梯状摆放，3个轨道上的素材入点位置分别为"00:00:00:00""00:00:00:21""00:00:01:18"，如图5-74所示。

图5-74

4 选择剃刀工具，在时间轴面板中将时间指示器移动到"00:00:04:24"位置，然后按住【Shift】键，单击鼠标左键沿时间指示器位置进行分割操作，如图5-75所示。

图5-75

5 选择选择工具，选中剪切后素材的后半段并将其删除，使"美食封面"序列中所有素材的出点一致。选中该序列上的所有素材，按住鼠标左键向左拖曳，调整素材的持续时间为2秒。

6 将"美食视频.mp4"素材导入项目面板中，并拖曳到"美食封面"序列中的V1轨道上"背景/美食封面.psd"素材后面。

7 由于本例提供的素材是一个完整的视频，而我们需要在各个制作步骤的视频片段中添加过渡效果，所以还应对视频进行剪切。选择剃刀工具，在时间轴面板中将时间指示器移动到"00:00:13:04"位置，沿时间指示器位置进行分割操作。

8 用同样的方法继续在"00:00:22:03""00:00:29:14""00:00:43:23""00:00:54:04"位置将视频素材分割为5个视频片段，并使这些片段呈阶梯状摆放（轨道数量不够时可新建轨道）。入点位置分别为"00:00:11:15""00:00:18:23""00:00:25:04""00:00:38:14""00:00:47:20"，如图5-76所示。

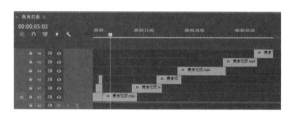

图5-76

9 打开效果面板，展开"视频过渡"文件夹，单击"擦除"文件夹前面的三角形形状将其展开，选择"油漆飞溅"效果，将其拖曳到V2轨道上素材的入点位置，使用相同的方法在V3轨道上素材的入点位置添加相同的过渡效果，如图5-77所示。

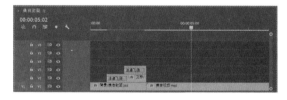

图5-77

10 在节目面板中预览视频，效果如图5-78所示。

图5-78

11 在效果面板中将"擦除"文件夹中的"划出"效果拖曳到时间轴面板中V1轨道上第2个素材的入点位置；将"双侧平推门"效果拖曳到时间轴面板中V2轨道上的第2个素材入点位置，如图5-79所示。

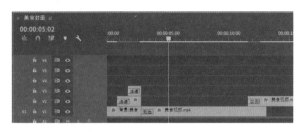

图5-79

12 在效果面板中将"划像"文件夹中的"交叉划像"效果拖曳到时间轴面板中V3轨道上的第2个素材入点位置；将"圆划像"效果拖曳到时间轴面板中V4轨道上素材入点位置；在效果面板中将"擦除"文件夹中的"随机块"效果拖曳到时间轴面板中V5轨道上素材入点位置；将"风车"效果拖曳到时间轴面板中V6轨道上素材入点位置，拖动时间指示器预览效果，如图5-80所示。

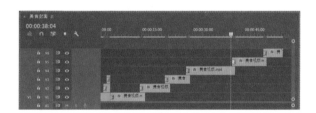

图5-80

13 在时间轴面板中选中"随机块"效果，在效果控件面板中勾选"反向"复选框。单击 自定义 按钮，在打开的"随机块设置"对话框中设置高为"10"，宽为"10"，单击 确定 按钮，如图5-81所示。

图5-81

14 在时间轴面板中选中"风车"效果，在效果控件面板中单击 自定义 按钮，在打开的"风车设置"对话框中设置楔形数量为"5"，单击 确定 按钮。勾选"显示实际源"复选框，以显示实际的素材，拖动"开始"和"结束"滑块 ⊙ 预览过渡效果，如图5-82所示。

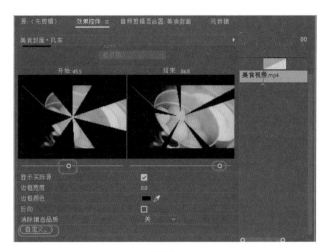

图5-82

15 为了让视频内容更加丰富，可以添加一些文字。在时间轴面板中将时间指示器移动到00:00:04:00位置，选择垂直文字工具 ，在节目面板中素材右侧单击鼠标左键定位文字插入点，输入"第1步 揉面"文字，如图5-83所示。

图5-83

16 使用相同的方法在00:00:13:00位置插入文字"第2步 搓条"；在00:00:18:22位置插入文字"第3步 切块"；在00:00:25:03位置插入文字"第4步 定型"；在00:00:38:11位置插入文字"第5步 蒸熟"。

17 此时视频已编辑完成，按空格键在节目面板中预览最终效果，如图5-84所示。

图5-84

18 为了便于商家分享视频，可以将视频导出为MP4格式，按【Ctrl+M】组合键打开"导出设置"对话框，设置格式为"H.264"，输出名称为"创意美食宣传视频"，单击 导出 按钮，待提示框的进度完成后，即可将导出的.mp4文件分享到其他平台。

5.3.5 沉浸式视频过渡效果组

沉浸式视频过渡效果组主要用于VR（Virtual Reality，虚拟现实）视频。VR视频是指用专业的VR摄影功能将现场环境真实地记录下来，再通过计算机进行后期处理，所形成的可以实现三维空间展示功能的视频。普通素材应用沉浸式视频过渡效果组，可以带来意想不到的视觉效果。该效果组包括8种类型，如图5-85所示。

图5-85

● VR光圈擦除：该效果能使场景A以光圈擦除的方式显示出场景B，效果如图5-86所示。应用该效果时，在效果控件面板中可以设置目标点（光圈位置）、羽化等参数，如图5-87所示。

图5-86　　　　　　　图5-87

● VR光线：该效果能使场景A逐渐变为强光线，淡化显示出场景B，效果如图5-88所示。应用该效果时，在效果控件面板中可以设置光线的各项参数，如图5-89所示。

图5-88　　　　　　　图5-89

● VR渐变擦除：该效果能使场景A以渐变擦除的方式显示出场景B，效果如图5-90所示。应用该效果时，在效果控件面板中可以设置渐变的各项参数，如图5-91所示。

● VR漏光：该效果能使场景A以漏光的方式逐渐显示出场景B，效果如图5-92所示。应用该效果时，在效果控件面板中可以设置漏光的各项参数，如图5-93所示。

图5-90　　　　　　　图5-91

图5-92　　　　　　　图5-93

● VR球形模糊：该效果能使场景A以球形模糊的方式逐渐淡化显示出场景B，效果如图5-94所示。应用该效果时，在效果控件面板中可以设置球形模糊的各项参数，如图5-95所示。

图5-94　　　　　　　图5-95

● VR色度泄漏：该效果能使场景A以色度泄漏的方式显示出场景B，效果如图5-96所示。应用该效果时，在效果控件面板中可以设置渐变的各项参数，如图5-97所示。

图5-96　　　　　　　图5-97

● VR随机块：该效果能使场景A以随机方块的方式显

示出场景B，效果如图5-98所示。应用该效果时，在效果控件面板中可以设置随机块的各项参数，如图5-99所示。

图5-98　　　　　　　　图5-99

● VR默比乌斯缩放：该效果能使场景A以默比乌斯缩放的方式显示出场景B，效果如图5-100所示。应用该效果时，在效果控件面板中可以设置缩放的各项参数，如图5-101所示。

图5-100　　　　　　　　图5-101

5.3.6　溶解过渡效果组

溶解过渡效果组可以使一个场景逐渐淡入，从而显现另一个场景，可以很好地表现事物之间的缓慢过渡及变化。该效果组包括7种类型，如图5-102所示。

图5-102

● MorphCut：该效果可以对A、B场景进行画面分析，在过渡过程中产生无缝衔接的效果，而不产生视觉上连续性的任何跳跃，一般只用于特定的场景，如单背景的人物采访等，而对于快速运动、复杂变化的影像效果有限。

● 交叉溶解：该效果能使场景A淡化为场景B，效果如图5-103所示。

图5-103

● 叠加溶解：该效果能使场景A以加亮模式渐隐，从而显示出场景B，效果如图5-104所示。

图5-104

● 白场过渡：该效果能使场景A以变亮的方式淡化为场景B，即将场景A淡化为白色，然后逐渐淡入场景B，效果如图5-105所示。

图5-105

● 胶片溶解：该效果能使场景A以类似于胶片的方式渐隐，从而显示出场景B，效果如图5-106所示。

图5-106

● 非叠加溶解：该效果能使场景B与场景A的亮度叠加溶解，场景B将逐渐出现在场景A的彩色区域内。

● 黑场过渡：该效果能使场景A以变暗的方式淡化为场景B，即将场景A淡化为黑色，然后逐渐淡入场景B，效果如图5-107所示。

图5-107

5.3.7 缩放过渡效果组

缩放过渡效果组只有"交叉缩放"效果，如图5-108所示。该效果先将场景A放至最大，切换到场景B的最大化，然后缩放场景B至合适的大小，效果如图5-109所示。

图5-108

图5-109

5.3.8 页面剥落过渡效果组

页面剥落过渡效果组是模仿翻转显示下一页的书页效果，将场景A页面翻转至场景B页面。该效果组包括2种类型，如图5-110所示。

图5-110

● 翻页：该效果能使场景A从左上角向右下角卷动，显示出场景B，效果如图5-111所示。

图5-111

● 页面剥落：该效果能使场景A像纸一样翻面卷起来，显示出场景B，效果如图5-112所示。

图5-112

范例　制作"童年时光"电子纪念册

知识要点　多种视频过渡效果的综合运用

配套资源　素材文件\第5章\"童年时光"文件夹
效果文件\第5章\电子纪念册.prproj

扫码看视频

范例说明

电子纪念册与电子相册一样，都是通过图、文、声、像并茂的方式展现的，并且能够恒久保存。本例提供了大量的儿童图片，要求制作电子纪念册。在制作时，要考虑各图片间衔接的流畅性和美观度。

扫码看效果

操作步骤

1　新建名为"电子纪念册"的项目文件，将"童年时光"素材文件夹中的素材全部导入项目面板中。

2　在项目面板中选择所有素材，然后按住鼠标左键全部拖曳到时间轴面板中。此时项目面板中出现一个序列文件，修改序列文件的名称为"童年时光纪念册"，时间轴面板中的对应名称也被自动修改，如图5-113所示。

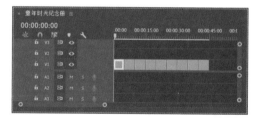

图5-113

3　在时间轴面板中选择所有素材，按【Ctrl+R】组合键打开"剪辑速度/持续时间"对话框，设置持续时间为"00:00:03:00"，勾选"波纹编辑，移动尾部剪辑"复选框，自动清除调整素材速度后留下的空隙，单击 确定 按钮，如图5-114所示。

图5-114

4　在效果面板中的"搜索"文本框中输入"黑场"文字，在下面的搜索结果中选择"黑场过渡"效果，将其添加至V1轨道上的起始位置，如图5-115所示。

图5-115

5　在效果面板中清除搜索结果，然后单击"沉浸式视频"文件夹前面的三角形形状将其展开，将"VR渐变擦除"效果拖曳到时间轴面板中V1轨道上的第1个素材和第2个素材之间，拖动时间指示器预览效果，如图5-116所示。在效果控件面板中设置帧布局为"立体-上/下"，羽化为"1"，如图5-117所示。

图5-116

图5-117

6　将"沉浸式视频"文件夹中的"VR漏光"效果拖曳到V1轨道上的第2个素材和第3个素材之间，在时间轴面板中向右拖动"VR漏光"效果，调整效果的对齐方式，然后拖动时间指示器预览效果，如图5-118所示。

图5-118

7　在时间轴面板中选中"VR漏光"效果，然后在打开的效果控件面板中设置泄露基本色相为"50"、泄露强度为"20"，打造出一种梦幻闪光效果，在节目面板中预览视频，效果如图5-119所示。

图5-119

8　在效果面板中将"溶解"文件夹中的"交叉溶解"效果拖曳到时间轴面板中V1轨道上第3个素材和第4个素材之间。在时间轴面板中选中"交叉溶解"效果，在打开的效果控件面板中设置该效果的对齐方式为"起点切入"，如图5-120所示。

图5-120

9　在效果面板中将"溶解"文件夹中的"叠加溶解"效果拖曳到时间轴面板中V1轨道上的第4个素材和第5个素材之间；将"胶片溶解"效果拖曳到时间轴面板中V1轨道上的第5个素材和第6个素材之间，拖动时间指示器预览效果，如图5-121所示。

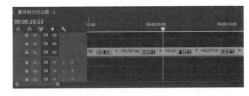

图5-121

10 在效果面板中将"缩放"文件夹中的"交叉缩放"效果拖曳到时间轴面板中V1轨道上的第6个素材和第7个素材之间，在效果控件面板中设置该效果的对齐方式为"终点切入"。

11 在效果面板中将"页面剥落"文件夹中的"翻页"效果拖曳到时间轴面板中V1轨道上的第7个素材和第8个素材、第8个素材和第9个素材之间，拖动时间指示器预览效果，如图5-122所示。

图5-122

12 为了突出纪念册的主题，可以添加一些文字。将时间指示器移动到"00:00:00:00"位置，选择文字工具🅣，在节目面板的中间位置单击鼠标左键定位文字插入点，输入"童年时光"文字。

13 在效果控件面板中单击文本前的三角形图标，展开"源文本"选项，在其中设置字体为"HYZhuJieJ"，如图5-123所示。

14 选择选择工具▶，在节目面板中向外拖曳文字的边界框，放大文字，并将文字拖曳到画面的中间位置，效果如图5-124所示。

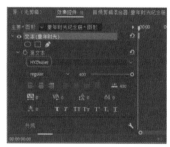

图5-123　　　　　　图5-124

15 在时间轴面板中选择V2轨道上的文字素材，将鼠标指针放置在文字素材的出点位置，并向左拖曳，使文字素材的持续时间与"黑场过渡"效果的持续时间相同，如图5-125所示。

16 完成后的效果如图5-126所示，按【Ctrl+S】组合键保存文件。

图5-125

图5-126

> **小测** 制作产品展示电子相册
>
> 配套资源＼素材文件＼第 5 章＼"手表"文件夹
> 配套资源＼效果文件＼第 5 章＼手表 .prproj
>
> ────
>
> 本例提供了多张手表的图片素材，现需要为其添加一些过渡效果，将其制作为一个视觉效果美观的电子相册，参考效果如图 5-127 所示。
>
>
>
> 图5-127

5.4 综合实训：制作企业宣传片

拍摄与编辑企业宣传片可以对企业的形象、文化和商品信息进行诠释，并向广大用户宣传企业，从而树立企业的良好口碑，提升品牌知名度，吸引更多人消费。

5.4.1 实训要求

企业宣传片是企业用以宣传自身的一种专题片，主要介绍企业的规模、业务、产品、文化等信息。某企业计划在成立20周年之际制作一个企业宣传视频，用于对企业进行阶段性的总结，现已策划好宣传片的具体内容，包括企业历史、行业、产品定位以及企业文化等。在制作宣传片时，需要注意场景间的切换和对视频节奏的把控。

企业在现代社会中扮演着重要角色，也承担着更多社会责任。进行企业宣传是企业发展中的一项重要工作，在企业宣传中加强思想政治工作对推动企业发展、塑造企业形象、激发员工的积极性和创造性都有着重要作用。因此，我们在制作企业宣传片时，要非常重视思想政治工作，为企业员工树立正确的价值观，正确引导员工的思想，提高员工的整体素质，从而促进企业健康发展。

设计素养

5.4.2　实训思路

（1）企业宣传片的目的是吸引更多人了解该企业，所以宣传片中要充分展现出企业外观、企业设备设施、企业员工的精神面貌等。因此在收集和选择素材时要准备充分，让宣传片内容更加丰富、饱满，从而制作出具有科技感和现代感的企业宣传片。

（2）本实训的文案可以结合视频片段的画面来提炼并展示，主要包括企业外观、工作场景、休闲区域、研究环境等。文案内容力求简明易懂，与视频片段的画面相匹配，体现出较强的说服力和艺术感染力。

（3）本实训的企业宣传片是由多个视频片段组合而成的完整视频，因此各个画面内容的过渡要自然巧妙、变化要鲜明有序，这样才能吸引用户观看。

（4）背景音乐可以提升视频氛围感，增强画面的表现力，让用户产生身临其境的感受。本实训的企业宣传片可以采用比较舒缓的背景音乐，创造一种轻松愉快的氛围，让用户更容易接受视频传达的信息。

扫码看效果

本实训完成后的参考效果如图5-128所示。

图5-128

5.4.3　制作要点

 知识要点　编辑工具组和视频过渡效果的使用

 配套资源　素材文件\第5章\"企业宣传素材"文件夹
效果文件\第5章\企业宣传片.prproj、企业宣传片.mp4

扫码看视频

本实训的主要操作步骤如下。

1. 制作宣传片的片头

1 新建名为"企业宣传片"的项目文件，将"企业.psd"素材以"序列"的方式导入项目面板中。

2 双击打开"企业"序列，在时间轴面板中设置所有素材的持续时间为"00:00:03:00"，然后使素材呈阶梯状摆放，入点位置分别为"00:00:00:00""00:00:00:14""00:00:01:00""00:00:01:07""00:00:01:14"如图5-129所示。

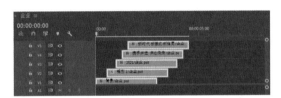

图5-129

3 在"00:00:02:23"位置剪切视频，然后删除剪切位置右侧的所有素材片段。在效果控件面板中设置"矩形1/企业.psd"素材的不透明度为"70%"。

4 将"棋盘擦除"效果拖曳到V2轨道上素材的入点位置，使用相同的方法在V3~V5轨道上素材的入点位置使用相同的过渡效果。

5 选择V2轨道上的"棋盘擦除"效果，在效果控件面板中勾选"反向"复选框，使用相同的方法为V5轨道上的过渡效果应用反向效果。

6 将时间轴面板中的所有素材嵌套，设置嵌套名称为"片头"。

2. 制作宣传片的画面

1 将"企业宣传素材"素材文件夹中的其他素材全部导入项目面板中。

2 在项目面板中将这些素材拖曳到时间轴面板中，并使其呈阶梯状摆放。将其中的"背景音乐.mp3"素材放到A1轨道上，入点位置为"00:00:00:00"，设置其余视频片段的入点位置分别为"00:00:02:23""00:00:12:10""00:00:23:11"

"00:00:38:08""00:00:49:08"。

3 删除"物流.mp4"素材的原始音频。在"剪辑速度/持续时间"对话框中设置"工作.mp4"素材的速度为"300%"，并勾选"波纹编辑，移动尾部剪辑"复选框。

4 将"中心拆分"效果拖曳到V2轨道上素材的入点位置，设置效果的边框宽度为"20"，边框颜色为"#B6D5F4"。

技巧

在设置边框颜色时，直接单击选色区后的吸管工具 ，可以吸取当前显示器中的任意颜色。

5 将"圆划像"效果拖曳到V3轨道上素材的入点位置；将"随机擦除"效果拖曳到V4轨道上素材的入点位置；将"交叉缩放"效果拖曳到V5轨道上素材的入点位置；将"页面剥落"效果拖曳到V6轨道上素材的入点位置；将"黑场过渡"效果拖曳到V6轨道上素材的出点位置，并设置该效果的持续时间为"00:00:03:00"。

6 在"00:00:57:03"位置剪切A1轨道上的音频素材，然后删除后半段音频。将时间轴面板中V2轨道~V6轨道上的素材嵌套，设置嵌套名称为"宣传片内容"。

3. 制作宣传片的文字

1 在"00:00:03:06"位置输入宣传片的文字，设置文本的字体为"汉仪中楷简体"，在节目面板中调整文字的大小和位置。

2 在时间轴面板中将该文字的出点调整至与整个视频素材的出点相同。依次在"00:00:12:07""00:00:23:13""00:00:38:19""00:00:49:08""00:00:54:17"位置将V3轨道上的文字素材分割为6份。

3 依次修改V3轨道上第2~第6个素材的文字内容，保存文件，将其导出为MP4格式、名称为"企业宣传片"的视频文件。

 巩固练习

1. 制作产品展示动图

本练习将制作一个书包产品展示动图，要求展现产品款式多样的特点。制作时可在产品图片之间添加过渡效果，让图片之间的过渡更加平缓、自然。需要注意的是：在导出动图时的"导出设置"对话框中需要选择导出格式为"动画GIF"，参考效果如图5-130所示。

（配套资源）素材文件\第5章\"动图素材"文件夹
效果文件\第5章\产品展示动图.prproj、动图.gif

2. 制作护肤品展示视频

本练习将制作一个护肤品展示视频，要求时长不超过90秒，护肤品海报的展示效果流畅美观。在制作时，可以先将护肤品海报以PSD的格式导入，再为海报中的文字、装饰等素材添加过渡效果，最后依次展示出护肤品图片，参考效果如图5-131所示。

（配套资源）素材文件\第5章\"护肤品素材"文件夹
效果文件\第5章\护肤品展示视频.prproj

图5-130

图5-131

3. 制作海底世界宣传片

本练习将利用提供的海底视频素材，制作海底世界宣传片，制作时可用多种方式剪辑视频素材，参考效果如图5-132所示。

配套资源

素材文件\第5章\"海底世界素材"文件夹
效果文件\第5章\海底世界宣传片.prproj、海底世界.mp4

图5-132

 技能提升

除了Premiere自带的视频过渡效果外，还有一些常用的视频过渡插件可用于在Premiere中制作高级视频过渡，展现出更加精美和个性化的视频效果，因此在实际工作中运用比较广泛。FilmImpact是一款专门为Premiere推出的特效过渡插件，内含6种Premiere特效过渡插件合集。它兼容Adobe Premiere Pro CC 2017、CC 2018、CC 2019，以及Adobe Premiere Pro 2020、2021等多个版本。

1. FilmImpact Transition Pack 1

该插件合集包含11种过渡特效，分别为Impact Flash（亮部白闪切换）、Impact Roll（卷动推动切换）、Impact Push（推动切换）、Impact Blur to Color（颜色模糊切换）、Impact Burn Alpha（通道切换）、Impact Burn White（燃烧白闪切换）、Impact Blur Dissolve（模糊淡入淡出切换）、Impact Stretch（拉伸切换）、Impact Copy Machine（光切换）、Impact Chaos（混乱切换）、

Impact Dissolve（溶解，此过渡特效单独在Dissolve插件合集分类中）。图5-133所示为应用Impact Copy Machine过渡特效的视频效果。

图5-133

2. FilmImpact Transition Pack 2

该插件合集包含10种过渡特效，分别为Impact Chroma Leaks（色度光调）、Impact Directional Blur（方向模糊）、Impact Earthquake（地震晃动）、Impact Glass（玻璃效果）、Impact Radial Blur（径向模糊，即旋转模糊）、Impact Rays

（放射光线）、Impact TV Power（开关电视电源）、Impact VHS Damage（信号干扰）、Impact Wipe（模糊擦除）、Impact Zoom Blur（缩放模糊）。图5-134所示为应用Impact VHS Damage过渡特效的视频效果。

图5-134

3．FilmImpact Transition Pack 3

该插件合集包含10种过渡特效，分别为Impact 3D Spin（三维旋转）、Impact 3D Blinds（三维百叶窗）、Impact 3D Roll（三维卷动推动）、Impact Glow（发光）、Impact Solarize（色彩曝光过渡）、Impact Light Leaks（炫光过渡）、Impact Stripes（条纹）、Impact Flare（光晕过渡）、Impact Glitch（信号干扰故障过渡）、Impact Wave（波纹过渡）。图5-135所示为应用Impact 3D Spin过渡的视频效果。

图5-135

4．FilmImpact Transition Pack 4

该插件合集包含10种过渡特效，分别为Impact Kaleido（万花筒视觉）、Impact Stretch Wipe（拉伸变形）、Impact Grunge（污渍）、Impact Page Peel（翻页）、Impact Warp（冲击缩放扭曲）、Impact Lens Blur（镜头模糊）、Impact Slice（画面分割）、Impact Split（分屏）、Impact Plateau Wipe（柔和擦除）、Impact Flicker（闪烁）。图5-136所示为应用Impact Split过渡特效的视频效果。

图5-136

5．FilmImpact Bounce Pack

该插件合集包含7种过渡特效，分别为Impact 3D Block（三维方块翻转弹跳过渡）、Impact 3D Flip（三维图像翻转弹跳过渡）、Impact C-Push（移动推动弹跳过渡）、Impact Pop（缩小放大弹跳过渡）、Impact Pull（推动弹跳过渡）、Impact Spin（快速旋转弹跳过渡）、Impact Spring（弹簧弹跳过渡）。图5-137所示为应用Impact Pull过渡特效的视频效果。

图5-137

6．FilmImpact Motion Tween

该插件合集只包括Impact Motion Tween（运动补间）这1种过渡特效，内含多种预设。预设的使用方法为：在时间轴面板中选择"Impact Motion Tween"过渡特效，在效果控件面板的"预设"下拉列表框中选择不同的预设效果，如图5-138所示。

图5-138

第 **6** 章

创建视频特效

本章导读

Premiere提供了多种视频特效，在编辑视频时，可以为视频、图片和文字等素材添加不同的特效效果，从而使制作的视频具有强烈的视觉冲击感，更好地突出视频的主题。

知识目标

< 认识视频特效
< 了解常用的视频特效
< 掌握视频特效的运用

能力目标

< 能够添加并编辑视频特效
< 能够使用关键帧制作电影开幕效果
< 能够制作"奇幻空间"视频特效
< 能够制作大头特效和快速缩放转场效果
< 能够制作竖版视频的背景模糊效果
< 能够制作书写和水墨转场效果
< 能够制作多画面分屏效果
< 能够制作霓虹灯炫酷视频描边效果

情感目标

< 提高对视频特效的审美能力
< 明确添加视频特效的整体思路
< 积极探索视频特效与视频的结合

6.1 认识和使用视频特效

视频特效是对图像或多媒体信息进行处理，以其他形式输出的方式。使用视频特效可以弥补视频或音频素材本身的不足，使最终作品的视觉效果更加美观并具有艺术感染力。

6.1.1 认识"视频效果"文件夹

Premiere的视频特效都存放在效果面板的"视频效果"文件夹中，单击该文件夹前面的三角形图标，可看到其中共有8个分组，如图6-1所示。任意单击其中一个视频效果文件夹前面的三角形图标，可看到该效果包含的特效，如图6-2所示。

图6-1

图6-2

6.1.2 添加和编辑视频特效

Premiere提供了多种视频特效，添加视频特效的方法与应用视频过渡效果的方法相同，在效果面板中选择需要添加的视频特效，将其拖动到时间轴面板中需要应用的素材上，即可添加该视频特效，如图6-3所示。另外在时间轴面板中选择素材，然后在效果面板中选择并双击需要添加的特效，也可为素材快速添加该视频特效。

图6-3

为素材添加视频特效后，可以在效果控件面板中单击效果左侧的三角形形状，展开效果参数，然后对参数进行重新设置，如图6-4所示。

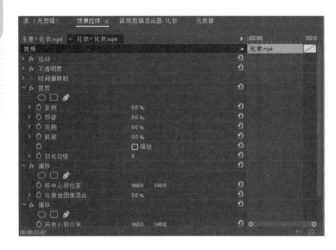

图6-4

6.1.3　删除、复制和粘贴视频特效

添加视频特效后，还可以对这些视频特效进行删除、辅助和粘贴等管理。

1. 删除视频特效

如果添加的视频特效无法达到预期效果，则可通过以下3种方法将其删除。

● 快捷键删除：选择需要删除的视频特效，直接按【Delete】键或按【Backspace】键。

● 效果控件面板快捷菜单删除：在效果控件面板中选择需要删除的视频特效，然后单击鼠标右键，在弹出的快捷菜单中选择"清除"命令。

● 时间轴面板快捷菜单删除：在时间轴面板中选择需要删除的视频特效，然后单击鼠标右键，在弹出的快捷菜单中选择"删除属性"命令，打开"删除属性"对话框，如图6-5所示。在该对话框中取消勾选需要删除的视频特效前面的复选框，然后单击 确定 按钮。

图6-5

2. 复制和粘贴视频特效

在Premiere中可以为不同的素材添加相同的视频特效，依次为每个素材添加相同的视频特效会大大增加工作量。此时可以将一个素材中的视频特效复制和粘贴到素材中，以提高工作效率。其操作方法为：在效果控件面板中选择需要复制的视频特效，按【Ctrl + C】组合键复制特效或选择【编辑】/【复制】命令复制特效，然后在时间轴面板中选择需要应用相同视频特效的素材，按【Ctrl + V】组合键或选择【编辑】/【粘贴】命令粘贴特效。

实战　为视频添加并编辑视频特效

知识要点　视频特效的添加和编辑

配套资源　素材文件\第6章\"海滩".mp4
效果文件\第6章\添加视频特效.prproj

扫码看视频

操作步骤

1　新建名为"添加视频特效"的项目文件，将"海滩.mp4"素材导入项目面板中，选择该素材，单击鼠标右键，在弹出的快捷菜单中选择"从剪辑新建序列"命令，将该素材添加到时间轴面板中。

2 在时间轴面板中选择素材，按住【Alt】键向上拖曳素材，将V1轨道上的素材复制并粘贴到V2轨道上。

3 此时两个视频处于重叠状态，为了让视频产生不一样的效果，还需要裁剪V2轨道上的视频素材。打开效果面板，在"搜索"文本框中输入"裁剪"，在搜索结果中选择"裁剪"特效，并将其拖曳到V2轨道的素材上，释放鼠标左键即可添加特效，如图6-6所示。

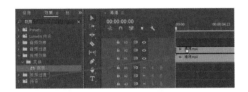

图6-6

4 此时添加的是默认的裁剪特效，素材没有任何变化，因此还需要调整裁剪特效的参数。打开效果控件面板，单击"裁剪"选项前的三角形图标 ，调整其中的参数，如图6-7所示。

5 在节目面板中拖曳时间指示器预览效果，由于V1轨道上和V2轨道上的素材相同，因此还需要使两个素材产生差异。继续在效果面板中搜索"阴影"特效，选择搜索结果中的"径向阴影"特效，并将其拖曳到V2轨道的素材上。

图6-7

6 在效果控件面板中调整"径向阴影"特效的参数，如图6-8所示。

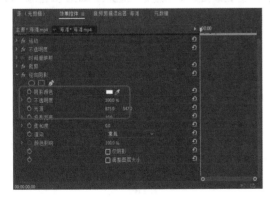

图6-8

7 完成上述操作后，可在节目面板中预览当前视频，如图6-9所示。 最后保存文件。

图6-9

6.1.4 使用关键帧控制视频特效

关键帧可使视频特效随时间的变化而变化。当素材应用视频特效后，其效果可以通过关键帧来控制。在不同的时间段为素材添加多个关键帧，并设置不同的值后，系统会根据两个关键帧的值来自动补充中间的动作，使素材获得连续的特殊效果。

范例 利用关键帧制作电影开幕效果

知识要点　关键帧在视频特效中的运用

配套资源
素材文件\第6章\风景片段.mp4
效果文件\第6章\电影开幕效果.prproj

扫码看视频

范例说明

电影片头常常应用黑幕慢慢从中间拉开的开幕效果，本例将为风景视频片段制作具有电影感的开幕效果，提升视频质感。

扫码看效果

操作步骤

1 新建名为"电影开幕效果"的项目文件，将"风景片段.mp4"素材导入项目面板中，并将该素材拖曳到时间轴面板中。

2 打开效果面板，将"裁剪"特效拖动至时间轴面板中的素材上，在时间轴面板中选择素材，并将当前时间指示器定位在"00:00:00:00"处，在效果控件面板的"裁剪"栏中分别单击"顶部"和"底部"选项左侧的"切换动画"按钮⊙，添加关键帧，并将数值均设置为"50%"，如图6-10所示。

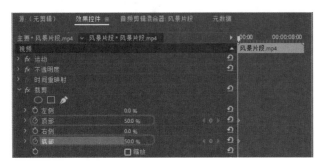

图6-10

3 此时节目面板中的素材已经被全部裁剪，变为黑色，即闭幕效果。接下来需要制作黑幕缓缓打开的效果。将当前时间指示器定位在"00:00:06:03"处，在"裁剪"栏中分别单击"顶部"和"底部"选项右侧的"添加/移除关键帧"按钮⊙，添加关键帧，并将数值均设置为"15%"。如果需要显示出全部视频画面，则将"顶部"和"底部"的数值均设置为"0%"。这里因为要营造电影的氛围感，所以保留了电影的黑边效果，可在节目面板中预览当前视频，如图6-11所示。

图6-11

4 接下来还需要添加一些文字，以体现画面主题。将当前时间指示器定位在00:00:02:17处，选择文字工具 T，在节目面板中单击创建文本插入点，输入文字，在效果控件面板中设置字体为"HYXue Jue J（汉仪雪君体简字体）"，字距为"44"，中文字体的大小为"100"，英文字体的大小为"69"，并单击 按钮使文本居中对齐。

5 使用选择工具 在节目面板中将文字移动到视频画面的中间位置，效果如图6-12所示。

6 在时间轴面板中将文字调整至与"风景片段.mp4"素材的持续时间相同，如图6-13所示。

7 将"裁剪"效果拖动至V2轨道的文字上，在效果控件面板的"裁剪"栏中分别单击"右侧"选项左侧的"切换动画"按钮⊙，添加关键帧，并将数值均设置为"100%"，使文字全部被裁剪。

图6-12

图6-13

8 按【Shift+O】组合键转到视频的出点，单击"右侧"选项右侧的"添加/移除关键帧"按钮⊙，添加关键帧，并设置数值为"0%"，使文字全部显现，如图6-14所示。

图6-14

9 完成上述操作后，可在节目面板中预览当前视频，效果如图6-15所示。最后保存文件。

图6-15

6.2 常用视频特效详解

Premiere提供了多种类型的视频特效，这些视频特效分布在18个文件夹中。由于视频特效较多，且篇幅有限，本节只对部分常用的视频特效进行介绍。

6.2.1 变换特效组

变换特效组可以实现素材的翻转、羽化、裁剪等操作。该特效组包括5种特效，如图6-16所示。

图6-16

1. 垂直翻转

垂直翻转特效可将素材上下翻转。图6-17所示为应用该特效前后的对比效果。

图6-17

2. 水平翻转

水平翻转特效可将素材左右翻转。图6-18所示为应用该特效前后的对比效果。

图6-18

3. 羽化边缘

羽化边缘特效能虚化素材的边缘。应用该特效后，在效果控件面板的"羽化边缘"栏的"数量"数值框中可设置羽化程度，"数量"值越大，羽化效果越强，如图6-19所示。

图6-19

4. 自动重新构图

自动重新构图特效可以自动调整素材的比例，如可将横屏视频自动转换为竖屏视频，而无须再手动调整，从而节约工作时间。应用该特效后，在效果控件面板的"动作预设"下拉列表框中有"减慢动作""默认""加快动作"3个选项，一般选择"默认"选项，如图6-20所示。

5. 裁剪

裁剪特效能对素材的上、下、左、右进行裁剪。应用该特效后，在效果控件面板的"裁剪"栏中可设置裁剪位置等，如图6-21所示。

图6-20

图6-21

- 左侧：用于设置左侧的裁剪范围。
- 顶部：用于设置顶部的裁剪范围。
- 右侧：用于设置右侧的裁剪范围。
- 底部：用于设置底部的裁剪范围。
- "缩放"复选框：勾选该复选框，可将图像缩小或放大。
- 羽化边缘：用于设置图像边缘的虚化程度。

范例 制作"奇幻空间"视频特效

知识要点 裁剪特效、垂直翻转特效

配套资源 素材文件\第6章\城市.mov
效果文件\第6章\奇幻空间.prproj

扫码看视频

范例说明

创意是增加视频吸引力的关键因素。Premiere中的视频特效有助于增强视频的创意性。本例将使用"裁剪""垂直翻转"特效制作"奇幻空间"视频，给人以一种时空交错的视觉感受。

扫码看效果

1 新建名为"奇幻空间"的项目文件，将"城市.mov"素材导入项目面板中，并将该素材拖曳到时间轴面板中新建序列，如图6-22所示。

图6-22

2 在时间轴面板中选择素材，在节目面板中可看到该素材顶部的留白较多，需适当裁剪。打开效果面板，展开"视频效果"文件夹中的"变换"文件夹，选择"裁剪"特效，并将其拖曳到时间轴面板中的素材上，释放鼠标左键即可添加特效。

3 打开效果控件面板，展开"裁剪"栏，设置"顶部"为"20%"，"底部"为"10%"。为了让视频画面的边缘效果更加柔和美观，还可以设置"羽化边缘"为"55"，如图6-23所示。

图6-23

4 在节目面板中双击素材，按住【Shift】键向下拖动鼠标，调整素材的位置，或设置效果控件面板的"运动"栏中的"位置"参数来调整素材的位置，效果如图6-24所示。

图6-24

5 在时间轴面板中选择素材，按住【Alt】键向上拖曳素材，将其复制到V2轨道上。选择V2轨道上的素材，打开效果面板，双击"垂直翻转"特效，将其应用在V2轨道的素材上。在节目面板中双击该素材，按住【Shift】键向上拖曳，让这两个素材相交，效果如图6-25所示。完成后保存文件。

图6-25

6.2.2 图像控制特效组

图像控制特效组主要用于调整图像色彩。该特效组包括5种特效，其具体使用方法将在第9章详细介绍。

6.2.3 实用程序特效组

实用程序特效组只包含"Cineon转换器"特效，该特效主要使用Cineon转换器对素材的色调进行调整和设置。应用该特效后，效果控件面板中的参数如图6-26所示。

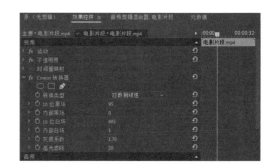

图6-26

● 转换类型：转换类型包括对数到线性、线性到对数、对数到对数3种。应用不同类型后的效果如图6-27所示。

原图

对数到线性

线性到对数

对数到对数

图6-27

● 10位黑场：主要用于控制10位黑点的比重，取值与转换类型有关。选择"对数到线性"选项时，"10位黑场"数值越大，画面越偏白；选择"线性到对数"或"对数到对数"选项时，"10位黑场"数值越大，画面越偏黑。

● 内部黑场：主要用于控制内部黑点的比重，取值与转换类型有关。选择"对数到线性"选项时，"内部黑场"数值越大，画面越偏黑；选择"线性到对数"或"对数到对数"选项时，"内部黑场"数值越大，画面越偏白。

● 10位白场：主要用于控制10位白点的比重。该值越大，画面暗部的黑点越多。

● 内部白场：主要用于控制内部白点的比重，取值与转换类型有关。选择"对数到线性"选项时，"内部白场"数值越大，画面越偏亮；选择"线性到对数"或"对数到对数"选项时，"内部白场"数值越大，画面越偏暗。

● 灰度系数：主要用于控制画面中间调的明暗，取值与转换类型有关。选择"对数到线性"选项时，"灰度系数"数值越大，画面越灰暗；选择"线性到对数"或"对数到对数"选项时，"灰度系数"数值越大，画面越亮。

● 高光滤除：主要用于设置高光部分的范围。

6.2.4 扭曲特效组

扭曲特效组主要通过对图像进行几何扭曲变形来制作出各种画面变形效果。该特效组包括12种特效，如图6-28所示。

图6-28

1. 偏移

偏移特效可以根据设置的偏移量对画面进行位移。应用该特效前后的对比效果如图6-29所示。

图6-29

应用该特效后，效果控件面板中的参数如图6-30所示。

图6-30

● 将中心移位至：用于设置偏移的中心点坐标值。

● 与原始图像混合：用于设置偏移的程度，数值越大，偏移效果越明显。

2. 变形稳定器

变形稳定器特效会自动分析需要稳定的视频素材，并对其进行稳定化处理，让视频画面看起来更加平稳。

3. 变换

变换特效用于综合设置素材的位置、尺寸、不透明度及倾斜度等参数。应用该特效后，效果控件面板中的参数如图6-31所示。

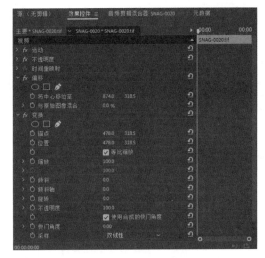

图6-31

● 锚点：用于设置定位点的坐标位置。

● 位置：用于设置素材在屏幕中的位置。

● "等比缩放"复选框：勾选该复选框可以等比例缩放素材，取消勾选该复选框将显示"缩放宽度"和"缩放高度"选项，用于设置素材的高度/宽度。

● 缩放：用于设置比例参数。

● 倾斜：用于设置素材的倾斜度。

● 倾斜轴：用于设置倾斜轴的角度。

● 旋转：用于设置素材放置的角度。

● 不透明度：用于设置素材的不透明度。

● 快门角度：用于设置素材的遮挡角度。

● 采样：用于选择采样方式，有"双线性"和"双立方"两个选项。

4. 放大

放大特效可以将素材的某一部分放大，并可以调整放大区域的不透明度，羽化放大区域边缘。应用该特效前后的对比效果如图6-32所示。

图6-32

应用该特效后，效果控件面板中的参数如图6-33所示。

图6-33

● 形状：用于设置放大区域的形状，有"圆形"和"正方形"两个选项。

● 中央：用于设置放大区域的中心点坐标值。

● 放大率：用于设置放大区域的放大倍数。

● 链接：用于选择放大区域的模式。

● 大小：用于设置放大效果区域的尺寸。

● 羽化：用于设置放大区域的羽化值。

● 不透明度：用于设置放大区域的不透明度。

● 缩放：用于设置缩放的方式。

● 混合模式：用于设置放大区域与原图颜色的混合模式。

● "调整图层大小"复选框：勾选该复选框后，放大区域可能会超出原始图像的边界。只有在"链接"下拉列表框中选择"无"选项，才能激活该复选框。

5. 旋转扭曲

旋转扭曲特效可以使素材产生沿中心轴旋转的效果。应用该特效前后的对比效果如图6-34所示。

图6-34

应用该特效后，效果控件面板中的参数如图6-35所示。

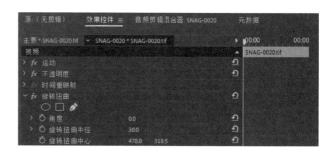

图6-35

● 角度：用于设置旋涡的旋转角度。

● 旋转扭曲半径：用于设置产生旋涡的半径。

● 旋转扭曲中心：用于设置产生旋涡的中心点位置。

6. 果冻效应修复

果冻效应修复特效可以修复由于摄像设备或拍摄对象移动而产生的扭曲。应用该特效后，效果控件面板中的参数如图6-36所示。

图6-36

● 果冻效应比率：用于设置指定帧速率（扫描时间）的百分比。

● 扫描方向：用于设置发生果冻效应扫描的方向，不同的拍摄设备因操作不同而需要不同的扫描方向。

● "方法"下拉列表框：在该下拉列表框中可对修复的方式进行设置，有变形和像素运动修复。

● 详细分析：用于在变形中执行更为详细的点分析，该选项只有在使用"变形"方法时才可用。

● 像素运动细节：可指定光流矢量场计算的详细程度，该选项只有在使用"像素运动"方法时才可用。

7. 波纹变形

波纹变形特效能产生类似于波纹的效果，在效果控件面板中可以设置波纹的形状、方向及宽度等参数。应用该特效前后的对比效果如图6-37所示。

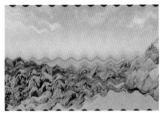

图6-37

应用该特效后，效果控件面板中的参数如图6-38所示。

图6-40

- 置换：用于设置湍流的类型。
- 数量：用于设置湍流数量的大小。
- 大小：用于设置湍流数量的区域大小。
- 偏移（湍流）：用于设置湍流的分形部分。
- 复杂度：用于设置湍流的细节部分。
- 演化：用于设置随时间变化的湍流变化。
- 演化选项：用于设置短周期内的演化效果。
- 固定：用于设置固定的范围。
- 消除锯齿最佳品质：用于设置消除锯齿的质量。

9. 球面化

球面化特效可以使平面的画面产生球面效果。在效果控件面板的"球面化"栏中设置"半径"数值可以改变球面的半径，设置"球面中心"数值可以调整产生球面效果的中心位置。应用该特效前后的对比效果如图6-41所示。

图6-38

- 波形类型：用于选择波形的类型模式。
- 波形高度、波形宽度：分别用于设置波形的高度（振幅）、宽度（波长）。
- 方向：用于设置波形旋转的角度。
- 波形速度：用于设置波形的运动速度。
- 固定：用于设置波形的面积模式。
- 相位：用于设置波形的角度。
- 消除锯齿（最佳品质）：用于选择波形的质量。

8. 湍流置换

湍流置换特效可以使素材产生类似于波纹、信号和旗帜飘动等扭曲效果。应用该特效前后的对比效果如图6-39所示。

图6-41

10. 边角定位

边角定位特效用于改变素材4个边角的坐标位置，使画面变形。在效果控件面板的"边角定位"栏中可以自定义边角的位置，使画面变为不规则的形状。应用该特效前后的对比效果如图6-42所示。

图6-42

11. 镜像

镜像特效能将素材分割为两部分，并制作出镜像效果。

图6-39

应用该特效后，效果控件面板中的参数如图6-40所示。

应用该特效前后的对比效果如图6-43所示。

图6-43

在效果控件面板的"镜像"栏的"反射中心"数值框中可以设置镜像的坐标位置；在"反射角度"数值框中可以设置镜像的方向，其中"0°"表示从左边反射到右边，"90°"表示从上方反射到下方，"180°"表示从右边反射到左边，"270°"表示从下方反射到上方。

12. 镜头扭曲

镜头扭曲特效可使素材产生变形效果。应用该特效前后的对比效果如图6-44所示。

图6-44

应用该特效后，效果控件面板中的参数如图6-45所示。

图6-45

● 曲率：用于设置素材的弯曲程度。数值大于0时将缩小素材，数值小于0时将放大素材。

● 垂直偏移：用于设置弯曲中心点垂直方向上的偏移位置。

● 水平偏移：用于设置弯曲中心点水平方向上的偏移位置。

● 垂直棱镜效果：用于设置素材上、下两边棱角的弧度效果。

● 水平棱镜效果：用于设置素材左、右两边棱角的弧度效果。

● "填充Alpha"复选框：取消勾选"填充Alpha"复选框，可以使背景变为透明。

● 填充颜色：用于设置背景颜色。

 范例　为短视频制作大头特效

 知识要点　"放大"特效

 配套资源　素材文件\第6章\人物.mp4
效果文件\第6章\大头特效.mp4、大头特效.prproj

扫码看视频

范例说明

综艺节目中经常有放大主角头部的视频画面，以体现主角丰富的表情，从而吸引观众的注意力。本例将使用Premiere自带的"放大"特效为人物制作大头特效。

扫码看效果

操作步骤

1 新建名为"大头特效"的项目文件，将"人物.mp4"素材导入项目面板中，并将其拖动到时间轴面板中。一般来说，视频中大头特效的持续时间并不会很长，仅仅是对某一个时间点人物的头部进行放大，因此这里可以调整图层只为某一个视频片段添加特效。

2 单击项目面板右下角的"新建项"按钮 ，在弹出的快捷菜单中选择"调整图层"命令，打开"调整图层"对话框，保持默认设置不变，单击 确定 按钮。

3 在时间轴面板中将时间指示器移动到00:00:00:22位置。在项目面板中选择调整图层，将其拖曳到V2轨道上时间指示器位置处。打开调整图层的"剪辑速度/持续时间"对话框，设置持续时间为"00:00:01:00"，按【Enter】键，如图6-46所示。

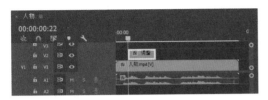

图6-46

4 在时间轴面板中继续选择调整图层，打开效果面板，在其中展开"视频效果"文件夹，继续在其中展开"扭曲"文件夹，双击"放大"特效，将其应用到调整图层中，此时在节目面板中可以看到添加了"放大"特效的视频画面，如图6-47所示。

图6-47

5 在效果控件面板中展开"放大"栏，设置放大率为"170"，大小为"200"。选择"中央"选项，在节目面板中将鼠标指针移动到放大区域内的中心位置，然后将放大区域拖动到女主角头部的位置，如图6-48所示。

6 此时可发现女主角的大头特效边缘不自然，需将其羽化。继续在效果控件面板的"放大"栏中设置羽化值为"58"，完成大头特效的制作。在节目面板中可查看大头特效的效果，如图6-49所示。

图6-48

图6-49

7 完成后保存文件。为了便于短视频传播，还需要将序列导出为.MP4格式。按【Ctrl+M】组合键打开"导出设置"对话框，在其中设置格式为"H.264"，输出名称为"大头特效"，单击 导出 按钮，等待进度条完成即可。

范例 制作快速缩放转场效果

 知识要点

"变换"视频特效的应用

 扫码看视频

 配套资源

素材文件\第6章\"风景"文件夹
效果文件\第6章\快速缩放转场效果.prproj

 范例说明

 扫码看效果

在制作视频时，我们经常会用到一些非常炫酷的转场效果，这些转场效果使用Premiere自带的视频过渡可能无法实现，此时可以利用Premiere中的部分视频特效进行制作。本例需要制作快速缩放转场的视频效果，因此主要运用"变换"特效进行制作。

 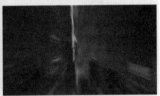

操作步骤

1 新建名为"快速缩放转场效果"的项目文件，按【Ctrl+I】组合键打开"导入"对话框，选择素材文件夹中的"风景"文件夹，单击 导入文件夹 按钮，将整个文件夹导入项目面板中。

2 双击项目面板中的"风景"素材箱，按【Ctrl+A】组合键将其中的4个素材全部选中，然后拖曳到时间轴面板中。

3 在时间轴面板中选择第1个视频素材，并将时间轴放大以便观察。将时间指示器移动到"00:00:00:15"位置，按【Ctrl+K】组合键分割素材，如图6-50所示。

4 在时间轴面板中选择分割后的后半段视频片段，打开效果面板，在其中展开"视频效果"文件夹，继续在其中展开"扭曲"文件夹，双击"变换"特效，将其应用到选择的视频中。

109

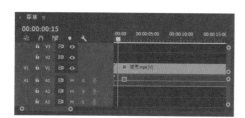

图6-50

5 在效果控件面板的"变换"栏中单击"缩放"选项前的"切换动画"按钮，添加一个关键帧，将时间指示器移动到"00:00:00:20"位置，设置缩放的数值为"500"，取消勾选"使用合成的快门角度"复选框，设置快门角度为"360"，制作出模糊效果，如图6-51所示。

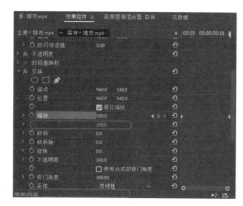

图6-51

6 再次按【Ctrl+K】组合键分割素材，并波纹删除分割后的第2段视频，如图6-52所示。

图6-52

7 按【Shift+I】组合键转到入点，按空格键在节目面板中预览效果，如图6-53所示。

图6-53

8 此时"城市.mp4"素材的转场效果已经制作完成。接下来制作第2个视频的转场效果。在节目面板中预览"日出风

景.mp4"素材，发现该视频与序列大小不符，所以显示的画面不完整，因此需要先调整视频大小。

9 在时间轴面板中选择"日出风景.mp4"素材，在效果控件面板中展开"运动"栏，将鼠标指针放到"缩放"栏的数值上，当鼠标指针变为 形状时，向左拖曳，缩小数值，直至节目面板中的素材正常显示，如图6-54所示。

图6-54

10 使用与制作"城市.mp4"素材转场效果相同的方法制作其余3个视频素材的快速缩放转场效果，并设置每个素材的持续时间与"城市.mp4"素材的持续时间都相同。按空格键在节目面板中预览视频，效果如图6-55所示。完成后保存文件。

图6-55

6.2.5 时间特效组

时间特效组用于控制素材的时间特性。该效果组包括2种类型，如图6-56所示。

图6-56

1. 残影

残影特效能重复播放素材中的帧，使素材产生重影的效果，但该特效只能对素材中运动的对象起作用。应用该特效后，效果控件面板中的参数如图6-57所示，效果如图6-58所示。

图6-57

图6-58

- 残影时间（秒）：用于设置两个混合画面的时间间隔。
- 残影数量：用于设置重复帧的数量。
- 起始强度：用于设置素材的亮度。
- 衰减：用于设置组合素材强度减弱的比例。
- 残影运算符：用于确定回声与素材的混合模式。

2. 色调分离时间

色调分离时间特效可以将素材设定为某一个帧率进行播放，产生跳帧的效果。应用该特效后，可在效果控件面板中对帧速率进行修改。

6.2.6 杂色与颗粒特效组

杂色与颗粒特效组主要用于去除素材画面中的擦痕及噪点。该特效组包括6种特效，如图6-59所示。

1. 中间值（旧版）

中间值（旧版）特效可以获取素材邻 图6-59

近像素中的中间像素，以减少画面中的杂色，也可用于去除视频中的水印。在效果控件面板的"中间值"栏中设置"半径"数值，可以控制中间值的大小，该值越大，画面中颜色的模糊程度越高，其效果类似于颜料画。勾选"在Alpha通道上运算"复选框，可将特效应用到素材的Alpha通道中。应用该特效前后的对比效果如图6-60所示。

图6-60

2. 杂色

杂色特效能制作出类似于噪点的效果，可在效果控件面板的"杂色"栏中设置杂色的数量、类型等参数。应用该特效前后的对比效果如图6-61所示。

图6-61

3. 杂色Alpha

杂色Alpha特效可为素材的Alpha通道添加统一或方形的杂色。应用该特效前后的对比效果如图6-62所示。

图6-62

应用该特效后，效果控件面板中的参数如图6-63所示。

图6-63

4. 杂色HLS

杂色HLS特效能根据素材的色相、亮度和饱和度来添加噪点。应用该特效前后的对比效果如图6-64所示。

图6-64

应用该特效后，效果控件面板中的参数如图6-65所示。

图6-65

● 杂色：用于设置颗粒的类型。

● 色相：用于设置色相通道产生杂质的强度。

● 亮度：用于设置亮度通道产生杂质的强度。

● 饱和度：用于设置饱和度通道产生杂质的强度。

● 颗粒大小：用于设置向素材中添加杂质的颗粒大小。

● 杂色相位：用于设置杂质的方向和角度。

5. 杂色HLS自动

杂色HLS自动特效能为素材添加杂色，可制作出杂色动画的效果。应用该特效前后的对比效果如图6-66所示。应用该特效后，可在效果控件面板的"杂色HLS自动"栏中设置素材的杂色、色相、亮度、饱和度、颗粒大小和杂色动画速度等参数。

图6-66

6. 蒙尘与划痕

蒙尘与划痕特效能修改画面中不相似的像素并创建杂波。应用该特效后，效果控件面板中的参数如图6-67所示。

图6-67

● 半径：主要设置特效的作用范围。

● 阈值：主要设置特效的作用程度。该值越大，画面的模糊程度越高。

● "在Alpha通道上运算"复选框：勾选该复选框，可将特效应用到Alpha通道中。

6.2.7 模糊与锐化特效组

模糊与锐化特效组能对画面进行锐化和模糊处理，还可以制作出动画效果。该特效组包括8种特效，如图6-68所示。

图6-68

1. 减少交错闪烁

减少交错闪烁特效主要用于使画面产生模糊效果。应用该特效后，可在效果控件面板中调整模糊的柔和度，柔和度越高，画面越模糊。应用该特效前后的对比效果如图6-69所示。

图6-69

2. 复合模糊

复合模糊特效主要通过模拟摄像机的快速变焦和旋转镜头来产生具有视觉冲击力的模糊效果。应用该特效前后的对比效果如图6-70所示。

图6-70

应用该特效后，效果控件面板中的参数如图6-71所示。

图6-71

- 模糊图层：用于选择要模糊的视频轨道。
- 最大模糊：用于对模糊的数值进行调节。
- "伸缩对应图以适应"复选框：勾选该复选框，可以对使用模糊效果的画面进行拉伸处理。
- "反转模糊"复选框：勾选该复选框，可以反转当前设置的模糊效果。

3. 方向模糊

方向模糊特效可以在画面中添加具有方向性的模糊，使画面产生一种幻觉运动效果。应用该特效后，在效果控件面板的"方向模糊"栏的"方向"数值框中可以设置模糊的方向；在"模糊长度"数值框中可以设置模糊的长度，该值越大，画面被模糊的面积越大，模糊程度越高。应用该特效前后的对比效果如图6-72所示。

图6-72

4. 相机模糊

相机模糊特效能使画面产生相机没有对准焦距的拍摄效果。应用该特效后，可在效果控件面板的"相机模糊"栏中设置"百分比模糊"，即模糊的程度，其百分比越大，画面越模糊。应用该特效前后的对比效果如图6-73所示。

图6-73

5. 通道模糊

通道模糊特效可对素材的红、蓝、绿和Alpha通道进行模糊。应用该特效前后的对比效果如图6-74所示。

应用该特效后，效果控件面板中的参数如图6-75所示。

图6-74

图6-75

- 红色模糊度：用于设置红色通道的模糊程度。
- 绿色模糊度：用于设置绿色通道的模糊程度。
- 蓝色模糊度：用于设置蓝色通道的模糊程度。
- Alpha模糊度：用于设置Alpha通道的模糊程度。
- 边缘特性：勾选"重复边缘像素"复选框，可以使画面的边缘更加透明化。
- 模糊维度：用于设置画面的模糊方向，包括水平和垂直、水平、垂直3种。

6. 钝化蒙版

钝化蒙版特效可以调整图像的色彩钝化程度。应用该特效后，可在效果控件面板中调整相应的参数。其中"数量"用于设置颜色边缘差别值大小；"半径"用于设置颜色边缘产生差别的范围；"阈值"用于设置颜色边缘之间允许的差别范围，该值越小，钝化效果越明显。应用该特效前后的对比效果如图6-76所示。

图6-76

7. 锐化

锐化特效通过增加相邻像素间的对比度使画面更清晰。应用该特效后，可在效果控件面板中设置"锐化量"，以调整画面的锐化程度。与钝化蒙版不同的是，锐化是锐化整个画面，而钝化蒙版是对要钝化的画面的某部分进行钝化。应用该特效前后的对比效果如图6-77所示。

图6-77

8. 高斯模糊

高斯模糊特效可以大幅度地模糊图像，使其产生虚化的效果。应用该特效后，可在效果控件面板中设置"模糊度"，调节和控制影片的模糊程度，设置"模糊尺寸"，控制图像的模糊尺寸，包括水平和垂直、水平、垂直3种。

范例 制作竖版视频背景模糊效果

知识要点 "缩放"特效、"高斯模糊"特效

配套资源 素材文件\第6章\竖版视频.mp4
效果文件\第6章\竖版视频背景模糊效果.mp4、竖版视频背景模糊效果.prproj

扫码看视频

范例说明

本例提供了一个竖版实拍短视频，要求制作出背景模糊效果，突出视频的主体物（风景），分清画面主次。

扫码看效果

操作步骤

1 新建名为"竖版视频背景模糊效果"的项目文件，按【Ctrl+N】组合键新建序列，打开"新建序列"对话框，设置序列名称为"竖版视频"，单击"设置"选项卡，设置编辑模式为"自定义"，帧大小为"1080×1920"，像素长宽比为"方形像素（1.0）"，单击 **确定** 按钮。

2 将"竖版视频.mp4"素材导入项目面板中，并将该素材拖曳到新建的序列中，在打开的提示框中单击 **保持现有设置** 按钮，如图6-78所示。

图6-78

3 由于素材尺寸小于序列尺寸，所以会缩小显示。在节目面板中双击素材，在效果控件面板中展开"运动"栏，然后展开"缩放"栏，向右拖动滑块，使素材在节目面板中正常显示。

技巧

在时间轴面板中选择素材，单击鼠标右键，在弹出的快捷菜单中选择"设为帧大小"命令，也可直接把素材尺寸设置为所在序列的尺寸。

4 分离素材的音、视频链接，并将分离后的音频素材删除。在时间轴面板中选择素材，按住【Alt】键向上拖曳素材，将素材再复制一个到V2轨道上，如图6-79所示。

图6-79

5 在效果面板中搜索"裁剪"特效，将其拖曳到V2轨道的素材上。在效果控件面板的"裁剪"栏中设置顶部和底部的裁剪数值，如图6-80所示（为了便于随时观看裁剪效果，可以单击V1轨道上的"切换轨道输出"按钮 👁，隐藏V1轨道上的素材）。

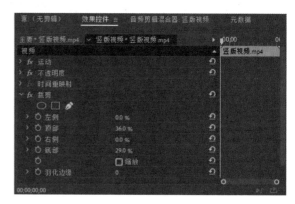

图6-80

6 显示V1轨道上的素材，在效果面板中搜索"高斯模糊"特效，将其拖曳到V1轨道的素材上。在效果控件面板的"高斯模糊"栏中设置模糊度为"70"，勾选"重复边缘像素"复选框，防止画面边缘出现没有被模糊的暗边。

7 在节目面板中预览最终效果，如图6-81所示。然后保存项目文件，并将其导出为MP4格式。

图6-81

6.2.8 沉浸式视频特效组

沉浸式视频特效组可以打造出虚拟现实的奇幻效果。该特效组包括11种特效，如图6-82所示。

1. VR分形杂色

VR分形杂色特效可以为素材添加不同类型和布局的分形杂色，用来制作云、烟、雾等特效。应用该特效前后的对比效果如图6-83所示。

图6-82

图6-83

应用该特效后，效果控件面板中的参数如图6-84所示。

图6-84

- 分形类型：用于设置分形杂色的类型。
- 对比度：用于调整分形杂色的对比度。
- 亮度：用于调整分形杂色的亮度。
- 反转：用于反转分形杂色的颜色通道。
- 复杂度：用于设置分形杂色的复杂程度。
- 演化：用于设置分形杂色的演变效果。
- 变换：用于设置分形杂色的缩放、倾斜、平移和滚动的数值。
- 子设置：用于设置子影响、子缩放、子倾斜、子平移和子滚动的数值。
- 随机植入：用于设置分形杂色的随机速度。
- 不透明度：用于设置画面的不透明度。
- 混合模式：用于设置分形杂色与原始素材画面的混合模式。

2. VR发光

VR发光特效可以为素材添加发光效果。应用该特效前后的对比效果如图6-85所示。

图6-85

应用该特效后，效果控件面板中的参数如图6-86所示。

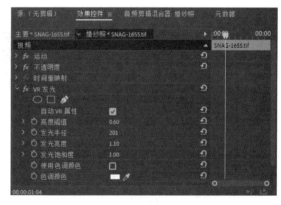

图6-86

- 亮度阈值：用于设置画面的发光区域。
- 发光半径：用于设置发光光晕的半径。
- 发光亮度：用于设置发光的亮度。
- 发光饱和度：用于设置发光的饱和程度。
- "使用色调颜色"复选框：勾选该复选框，可以混合色调颜色与发光颜色。
- 色调颜色：用于设置色调颜色。

3. VR平面到球面

VR平面到球面特效可以将文字、图形或形状转换为360°球面效果。应用该特效前后的对比效果如图6-87所示。

图6-87

4. VR投影

VR投影特效可以通过调整视频的三轴旋转、拉伸以填充帧，调整素材的平移、倾斜和滚动等参数，生成投影效果。应用该特效前后的对比效果如图6-88所示。

图6-88

5. VR数字故障

VR数字故障特效可以为素材添加数字信号故障干扰效果。应用该特效前后的对比效果如图6-89所示。

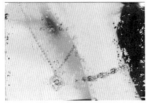

图6-89

6. VR旋转球面

VR旋转球面特效可以通过调整素材的倾斜、平移和滚动等参数生成旋转球面效果。应用该特效前后的对比效果如图6-90所示。

图6-90

7. VR模糊

VR模糊特效可以为VR素材添加模糊效果。

8. VR色差

VR色差特效可以通过调整素材中通道的色差，使素材产生色相分离的特殊效果。应用该特效前后的对比效果如图6-91所示。

图6-91

9. VR锐化

VR锐化特效可以调整素材的锐化程度。应用该特效前后的对比效果如图6-92所示。

图6-92

10. VR降噪

VR降噪特效可以降低素材中的噪点。

11. VR颜色渐变

VR颜色渐变特效可以为素材添加渐变颜色。应用该特效前后的对比效果如图6-93所示。

图6-93

6.2.9 生成特效组

生成特效组主要用于生成一些特殊效果。该特效组包括12种特效，如图6-94所示。

1. 书写

书写特效能在素材中添加彩色笔触，

图6-94

通过结合关键帧可以创建出笔触动画，还能调整笔触轨迹，创建出需要的效果。应用该特效前后的对比效果如图6-95所示。

图6-95

2. 单元格图案

单元格图案特效主要用于蒙版、黑场视频中，可作为一种特殊的背景使用。应用该特效后，可在效果控件面板中设置图案的样式和大小等参数，如图6-96所示。

图6-96

● 单元格图案：用于设置图案的类型，勾选"反转"复选框可以反转图案效果。

● 对比度：用于设置单元格颜色的对比度。

● 溢出：用于设置重新映射的灰度范围。若选择了印板、静态板、晶格化等单元格图案，则"溢出"不可用。

● 分散：用于设置图案的分散程度。

● 大小：用于设置单个图案的尺寸。

● 偏移：用于设置图案偏离中心点的距离。

● 平铺选项：勾选"启用平铺"复选框后，可以设置水平单元格和垂直单元格的数值。

● 演化：用于设置单元格图案的角度。勾选"循环演化"复选框后，可激活"循环（旋转次数）"选项，以设置图案的循环次数。

● 随机植入：用于设置图案随机植入的程度。

3. 吸管填充

吸管填充特效通过从素材中选取一种颜色来填充画面。

应用该特效前后的对比效果如图6-97所示。

图6-97

应用该特效后，效果控件面板中的参数如图6-98所示。

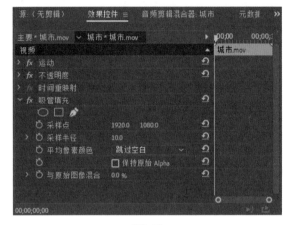

图6-98

● 采样点：用于设置吸管的颜色。

● 采样半径：用于设置吸管的取色范围。

● 与原始图像混合：用于设置原始素材与填充色彩的混合程度。

4. 四色渐变

四色渐变特效能在素材上创建具有4种颜色的渐变效果。应用该特效后，可在效果控件面板的"四色渐变"栏的"点1"选项中设置第1个颜色的位置，在"颜色1"色块中设置第1个颜色的值，并以相同的方法设置其他3个颜色的位置和颜色值，然后可在"不透明度"数值框中设置颜色的透明度，在"混合模式"下拉列表框中设置素材的混合模式。应用该特效前后的对比效果如图6-99所示。

图6-99

5. 圆形

圆形特效可以在画面中绘制圆形。应用该特效前后的对比效果如图6-100所示。

图6-100

应用该特效后，效果控件面板中的参数如图6-101所示。

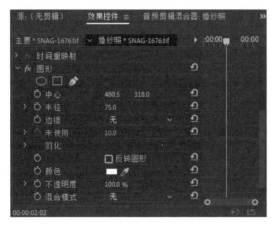

图6-101

● 中心：用于设置圆的中心位置。

● 半径：用于设置圆的大小。

● 边缘：用于设置圆的类型。当在"边缘"下拉列表框中选择了与厚度有关的选项时，"未使用"栏将被激活，设置该参数，可使正圆变为圆环；当在"边缘"下拉列表框中选择了"边缘半径"选项时，可设置"边缘半径"数值。

● 羽化：用于设置羽化圆的外部边缘和内部边缘。

●"反转圆形"复选框：勾选该复选框，只会显示圆形中的图像，圆形以外的部分将被"颜色"选项中的颜色覆盖。

● 颜色：用于设置圆形的颜色。

● 不透明度：用于设置圆形的不透明度。

● 混合模式：用于设置圆形与原素材颜色的混合模式。

6. 棋盘

棋盘特效可以在画面中创建一个黑白的棋盘背景。应用该特效后，可在效果控件面板的"棋盘"栏中设置棋盘的位置、大小和混合模式等参数。应用该特效前后的对比效果如图6-102所示。

图6-102

7. 椭圆

椭圆特效可以在画面中创建圆、圆环或椭圆等。应用该特效前后的对比效果如图6-103所示。

图6-103

应用该特效后，效果控件面板中的参数如图6-104所示。

图6-104

● 中心：用于设置圆的位置。

● 宽度、高度：用于设置圆的大小。

● 厚度：用于设置圆的厚度。

● 柔和度：用于设置圆的边缘柔化程度。

● 内部颜色、外部颜色：分别用于设置圆内侧边和外侧边的颜色。

●"在原始图像上合成"复选框：勾选该复选框，可使圆环融合到原始素材中。

8. 油漆桶

油漆桶特效可以为画面中的某个区域着色或应用纯色。应用该特效前后的对比效果如图6-105所示。

图6-105

应用该特效后，效果控件面板中的参数如图6-106所示。

● 填充点：用于指定油漆桶填充的中心位置。

● 填充选择器：用于指定油漆桶填充的区域。

图6-106

● 容差：用于设置应用于图像的颜色范围。

● "查看阈值"复选框：勾选该复选框，可在黑白状态下预览填充效果。

● 描边：用于设置颜色边缘的描边方式。

● 颜色：用于设置油漆桶填充的颜色。

● 不透明度：用于设置油漆桶填充的透明度。

● 混合模式：用于选择填充颜色与原素材颜色的混合模式。

9. 渐变

渐变特效能在素材中创建线性渐变和放射渐变。应用该特效后，可在效果控件面板的"渐变"栏中设置渐变的起点、起始颜色、渐变终点、结束颜色、渐变形状、渐变扩散和原始图像混合等参数。应用该特效前后的对比效果如图6-107所示。

图6-107

10. 网格

网格特效能在素材中创建网格，并将网格作为蒙版来使用。应用该特效后，可在效果控件面板中设置网格的锚点、边角、边框、羽化、颜色、不透明度和图像混合模式等参数。应用该特效前后的对比效果如图6-108所示。

图6-108

11. 镜头光晕

镜头光晕特效能在画面中生成闪光灯效果。应用该特效后，可在效果控件面板中设置镜头光晕的光晕中心、光晕亮度、镜头类型及与原始图像混合等参数。应用该特效前后的对比效果如图6-109所示。

图6-109

12. 闪电

闪电特效能在画面中生成闪电的动画效果。应用该特效前后的对比效果如图6-110所示。

图6-110

应用该特效后，效果控件面板中的参数如图6-111所示。

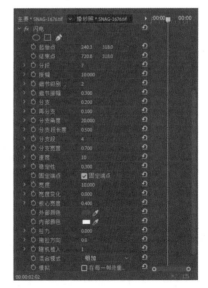

图6-111

● 起始点：用于设置闪电的起始位置。

● 结束点：用于设置闪电的结束位置。

● 分段：用于设置闪电中的线条数量。

● 振幅：用于设置闪电的波动幅度，该值越大，闪电的波动幅度越大。

● 细节级别：用于设置闪电的细节，该值越大，闪电越明亮。

● 细节振幅：用于设置闪电细节的波动幅度。

● 分支：用于设置闪电的分支。

● 再分支：用于设置闪电分支后的分支。

● 分支角度：用于设置分支之间的角度。

● 分支段长度：用于设置分支线段的长度。

● 分支段：用于设置分支线段的数量。

● 分支宽度：用于设置分支线段的宽度。

● 速度：用于设置闪电抖动的速度。

● 稳定性：用于设置闪电振幅的稳定性，该值越大，稳定性越小。

● "固定端点"复选框：勾选该复选框，可对端点进行固定。

● 宽度：用于设置闪电的内部宽度。

● 宽度变化：用于设置宽度进行随机变化的值。

● 核心宽度：用于设置闪电主干的宽度。

● 外部颜色：用于设置闪电外部的颜色。

● 内部颜色：用于设置闪电内部的颜色。

● 拉力：用于设置闪电的拉扯力度。

● 拖拉方向：用于设置闪电拉力的方向。

● 随机植入：用于设置随机的概率。

● 混合模式：用于设置闪电与原素材的混合模式。

● 模拟：勾选"在每一帧处重复运行"复选框，可在每一帧处重复运行闪电。

实战 应用"书写"特效制作书写效果

知识要点 "书写"特效

配套资源 素材文件\第6章\开场视频.mp4
效果文件\第6章\手写文字.prproj

扫码看视频

操作步骤

1 新建名为"手写文字"的项目文件，将"开场视频.mp4"素材导入项目面板中，并将该素材拖曳到时间轴面板中新建序列，如图6-112所示。

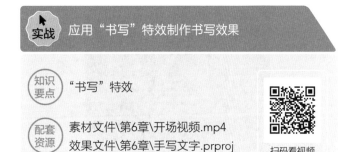

图6-112

2 选择文字工具 **T**，在节目面板中输入文字"The wordland"，在效果控件面板中展开"文本"栏，在其中设置字体为"Sticky Things"。使用选择工具 **▶**，在节目面板中选择字体并拖曳文本框边缘，适当放大字体，效果如图6-113所示。

图6-113

3 在时间轴面板中将文字素材的持续时间调整为"00:00:10:22"。为了防止之后的书写卡顿，这里对文字素材进行嵌套处理。在时间轴面板中选择素材，单击鼠标右键，在弹出的快捷菜单中选择"嵌套"命令，打开"嵌套序列名称"对话框，单击 **确定** 按钮，如图6-114所示。

图6-114

4 在效果面板中搜索"书写"特效，将其拖曳到V2轨道的嵌套素材上。在效果控件面板中展开"书写"栏，为了便于区别画笔笔触与文字颜色，这里需要重新设置画笔颜色，单击"颜色"栏后的色块，在"拾色器"对话框中任意选择一个除白色外的其他颜色（这里选择红色），单击 **确定** 按钮。然后调整画笔大小，在节目面板中观察画面，使画笔大小刚好覆盖文字笔触，并将画笔放到书写第1笔的开始处，如图6-115所示。

图6-115

5 在效果控件面板的"书写"栏中单击"画笔位置"选项前的"切换动画"按钮 **⏱**，添加关键帧。按5次向右方向键，前进5帧（也可以按住【Shift】键，再按一次向右方向键），此时时间指示器移动到"00:00:00:05"位置，然后

在节目面板中拖动画笔，如图6-116所示。

图6-116

6 重复操作，每前进5帧，就根据文字的笔画顺序画一笔，最终将每一个字母都完整覆盖，如图6-117所示。

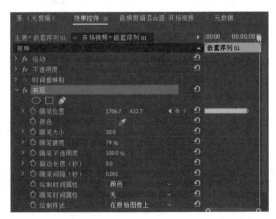

图6-117

7 为了让手写更加流畅，可以调整画笔间隔，在效果控件面板中设置画笔间隔（秒）为"0.001"，该值越小书写越流畅。继续在效果控件面板"书写"栏的"绘制样式"下拉列表框中选择"在原始图像上"选项，如图6-118所示。

图6-118

8 此时手写效果已制作完成。在节目面板中按空格键预览视频，效果如图6-119所示。完成后保存文件。

图6-119

6.2.10　视频特效组

视频特效组主要用于控制视频特性，该特效组包括4种特效，如图6-120所示。

图6-120

1. SDR遵从情况

SDR遵从情况特效可以调整素材的亮度、对比度和软阈值。应用该特效前后的对比效果如图6-121所示。

图6-121

2. 剪辑名称

剪辑名称特效可以在素材上叠加显示剪辑名称。应用该特效后，可在效果控件面板中设置剪辑名称的位置、大小和不透明度等参数。应用该特效前后的对比效果如图6-122所示。

图6-122

3. 时间码

时间码特效可在视频画面中显示剪辑的时间码。应用该特效前后的对比效果如图6-123所示。

4. 简单文本

简单文本特效可以在素材中添加介绍性文字信息。应用该特效前后的对比效果如图6-124所示。

图6-123

图6-124

应用该特效后，可在效果控件面板中设置文本的位置、对齐方式、大小和不透明度等参数，如图6-125所示。单击 编辑文本 按钮，可在打开的对话框中重新输入文字内容，然后单击 确定 按钮。

图6-125

6.2.11 调整特效组

调整特效组可对选中的素材设置颜色属性。该特效组包括5种特效，如图6-126所示。

1. ProcAmp

ProcAmp特效可设置素材的亮度、对比度、色相和饱和度。应用该特效后，可在效

图6-126

果控件面板中设置相关参数，勾选"拆分屏幕"复选框，可将画面分为两个部分，一部分显示调整前的效果，另一部分显示调整后的效果。应用该特效前后的对比效果如图6-127所示。

图6-127

2. 光照效果

光照效果特效可使素材产生光照效果。应用该特效后，可在效果控件面板中设置灯光的类型、方向、强度、颜色和中心点的位置等参数。应用该特效前后的对比效果如图6-128所示。

图6-128

3. 卷积内核

卷积内核特效可使用数学回旋的方式改变素材的亮度，增加像素边缘的锐化程度。应用该特效前后的对比效果如图6-129所示。

图6-129

4. 提取

提取特效可去除素材的颜色，使素材产生黑白效果。应用该特效前后的对比效果如图6-130所示。

图6-130

应用该特效后,效果控件面板中的参数如图6-131所示。

图6-131

● 输入黑色阶:表示画面中黑色的提取情况。
● 输入白色阶:表示画面中白色的提取情况。
● 柔和度:用于调整画面的灰度,该值越大,灰度越高。勾选"反转"复选框,可反转黑色像素范围和白色像素范围。

5. 色阶

色阶特效可以调整素材中的高光、中间色和阴影设置。应用该特效前后的对比效果如图6-132所示。

图6-132

应用该特效后,效果控件面板中的参数如图6-133所示。

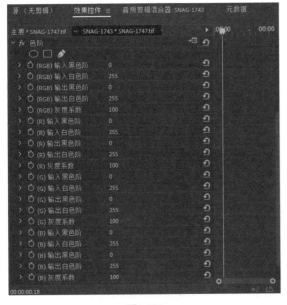

图6-133

在效果控件面板中单击"设置"按钮,可打开"色阶设置"对话框,如图6-134所示。在"通道"下拉列表框中可以选择需要调整的通道;"输入色阶"用于调整颜色,拖动滑块可以调整色阶值;"输出色阶"用于调整输出的级别;单击 加载(L)... 按钮,可以载入以前存储的设置;单击 保存(S)... 按钮,可以保存当前的设置。

图6-134

6.2.12 过渡特效组

过渡特效组主要用于设置两个素材之间的过渡切换方式。该特效组包括5种特效,如图6-135所示。

图6-135

1. 块溶解

块溶解特效可以通过随机产生的像素块溶解画面。应用该特效前后的对比效果如图6-136所示。

图6-136

应用该特效后,效果控件面板中的参数如图6-137所示。

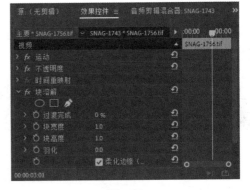

图6-137

2. 径向擦除

径向擦除特效可以在指定的位置沿顺时针或逆时针方向擦除素材，以显示下一个画面。应用该特效的效果如图6-138所示。

图6-138

应用该特效后，效果控件面板中的参数如图6-139所示。

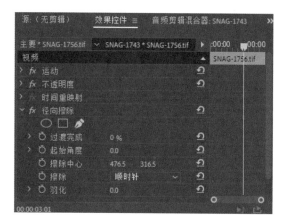

图6-139

- 过渡完成：用于设置转换完成的百分比。
- 起始角度：用于设置转换效果的起始角度。
- 擦除中心：用于设置擦除的中心点位置。
- 擦除：用于设置擦除的类型。
- 羽化：用于设置擦除边缘的羽化程度。

3. 渐变擦除

渐变擦除特效通过指定层（渐变效果层）与原图层（渐变层下方的图层）之间的亮度值来进行过渡。应用该特效前后的对比效果如图6-140所示。

图6-140

应用该特效后，效果控件面板中的参数如图6-141所示。

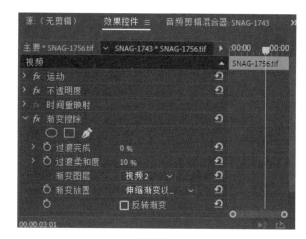

图6-141

- 过渡完成：用于设置转换完成的百分比。
- 过渡柔和度：用于设置转换边缘的柔和程度。
- 渐变图层：用于选择参考的渐变层。
- 渐变放置：用于设置渐变层的位置。勾选"反转渐变"复选框，将反转渐变层。

4. 百叶窗

百叶窗特效可以以条纹的形式切换素材。应用该特效前后的对比效果如图6-142所示。

图6-142

应用该特效后，效果控件面板中的参数如图6-143所示。

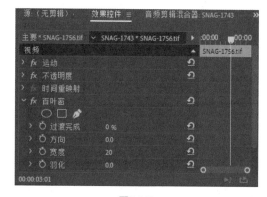

图6-143

- 过渡完成：用于设置转换完成的百分比。
- 方向：用于设置素材分割的角度。
- 宽度：用于设置分割的宽度。
- 羽化：用于设置分割边缘的羽化程度。

5．线性擦除

线性擦除特效能从画面左侧逐渐擦除素材。应用该特效前后的对比效果如图6-144所示。

图6-144

应用该特效后，效果控件面板中的参数如图6-145所示。

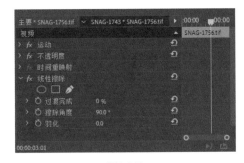

图6-145

● 过渡完成：用于设置转换完成的百分比。
● 擦除角度：用于设置擦除素材的角度。
● 羽化：用于设置擦除边缘的羽化程度。

 实战 应用"渐变擦除"特效制作转场效果

知识要点 "渐变"特效

配套资源 素材文件\第6章\视频1.mp4、视频2.mp4
效果文件\第6章\转场.prproj

扫码看视频

操作步骤

1 新建名为"转场"的项目文件，将"视频1.mp4""视频2.mp4"素材导入项目面板中，先将"视频1.mp4"素材拖曳到时间轴面板中新建序列，如图6-146所示。

图6-146

2 选中时间轴面板，按【Shift+O】组合键转到素材的出点位置，在按住【Shift】键的同时，按4次向左方向键，前进20帧，效果如图6-147所示。

图6-147

3 按【Ctrl+K】组合键将素材剪切为两段。打开效果面板，展开"视频效果"文件夹，将"过渡"文件夹中的"渐变擦除"特效拖曳到剪切后的第2段素材上。

4 在效果控件面板的"渐变擦除"栏中单击"过渡完成"选项前的"切换动画"按钮，添加关键帧，再按【Shift+O】组合键转到素材的出点位置，单击"过渡完成"选项中的"添加/移除关键帧"按钮，添加关键帧，并将数值均设置为"100%"，如图6-148所示。

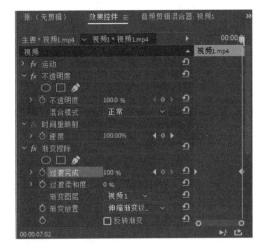

图6-148

5 选择时间轴面板中的两段素材，单击鼠标右键，在弹出的快捷菜单中选择"取消链接"命令，将音、视频素材分离，然后删除分离后的音频素材，再将时间轴面板中剩下的视频素材向上拖曳到V2轨道上，如图6-149所示。

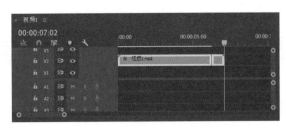

图6-149

6 将项目面板中的"视频2.mp4"素材拖曳到时间轴面板中的V1轨道上，并调整至与V2轨道上第2段素材的入点位置相同，如图6-150所示。

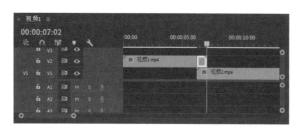

图6-150

7 在节目面板中预览视频，发现视频的过渡效果较为生硬、不自然，可选择时间轴面板V2轨道上的第2段素材，在效果控件面板的"渐变擦除"栏中增大"过渡柔和度"的数值，这里设置为"50%"。完成后继续在节目面板中预览，最终效果如图6-151所示。

图6-151

6.2.13 透视特效组

透视特效组用于制作三维透视效果，可使素材产生立体效果，具有空间感。该特效组包括5种特效，如图6-152所示。

1. 基本3D

基本3D特效可以旋转和倾斜素材，模拟素材三维空间中的效果。应用该特效前后的对比效果如图6-153所示。

图6-152

图6-153

应用该特效后，效果控件面板中的参数如图6-154所示。

图6-154

● 旋转：用于设置素材水平旋转的角度。

● 倾斜：用于设置素材垂直旋转的角度。

● 与图像的距离：用于设置素材拉近或推远的距离。该值越大，素材看起来越小；该值越小，素材看起来越大；当数值为负时，素材会被放大并溢出屏幕外。

● 镜面高光：勾选"显示镜面高光"复选框，将为素材添加反光效果。

● 预览：勾选"绘制预览线框"复选框，素材将以线框的形式显示。

2. 径向阴影

径向阴影特效可以为素材添加阴影效果。应用该特效前后的对比效果如图6-155所示。

图6-155

应用该特效后，效果控件面板中的参数如图6-156所示。

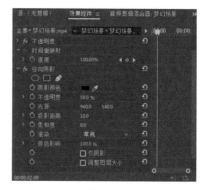

图6-156

● 阴影颜色：用于设置阴影的颜色。

- **不透明度**：用于设置阴影的不透明度。
- **光源**：用于调整光源，从而移动阴影的位置。
- **投影距离**：用于调整阴影与原素材之间的距离。
- **柔和度**：用于设置阴影的边缘柔和度。
- **渲染**：用于设置阴影类型。
- **颜色影响**：表示原素材在阴影中彩色值的合计。勾选"仅阴影"复选框，在节目面板中将只显示素材的阴影；勾选"调整图层大小"复选框，可以设置阴影超出原素材的界限。

3. 投影

投影特效可为带Alpha通道的素材添加投影。应用该特效后，可在效果控件面板中设置投影的颜色、透明度、光源、距离和柔和度等参数。应用该特效前后的对比效果如图6-157所示。

图6-157

4. 斜面Alpha

斜面Alpha特效能为素材创建具有倒角的边，使素材中的Alpha通道变亮，从而使其产生三维效果。应用该效果后，可在效果控件面板中设置斜面的边缘厚度、光照角度、光照颜色和光照强度等参数。应用该特效前后的效果如图6-158所示。

图6-158

5. 边缘斜面

边缘斜面特效可以使素材边缘产生一个高亮的三维效果。应用该特效，可在效果控件面板中设置斜面的边缘厚度、光照角度、光照颜色和光照强度等参数。应用该特效前后的对比效果如图6-159所示。

图6-159

6.2.14 通道特效组

通道特效组可以处理素材的通道，改变素材的亮度和色彩。该特效组包括7种特效，如图6-160所示。

图6-160

1. 反转

反转特效可以反转素材的颜色，使原素材中的颜色都变为对应的互补色。应用该特效后，可在效果控件面板的"声道"下拉列表框中选择颜色模式，设置"与原始图像混合"的具体数值，调整反转颜色后的素材与原素材之间的混合程度。应用该特效前后的对比效果如图6-161所示。

图6-161

2. 复合运算

复合运算特效能混合两个重叠素材的颜色。应用该特效前后的对比效果如图6-162所示。

图6-162

应用该特效后，效果控件面板中的参数如图6-163所示。

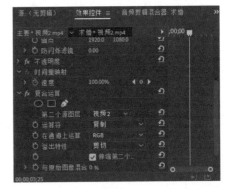

图6-163

- **第二个源图层**：用于选择当前操作的图层。
- **运算符**：用于设置两个素材的混合模式，如复制、相加、与、或、差值、叠加等。

● 在通道上运算：用于设置进行混合操作的通道。

● 溢出特性：用于设置两个素材混合后允许的颜色范围。

● "伸缩第二个源以适合"复选框：勾选该复选框，当素材与混合素材大小相同时，混合素材与源素材可以对齐并重合。

● 与原始图像混合：用于设置混合素材的透明度。

3. 混合

混合特效可通过不同的模式混合视频轨道上的素材，从而使画面产生变化。应用该特效前后的对比效果如图6-164所示。

图6-164

应用该特效后，效果控件面板中的参数如图6-165所示。

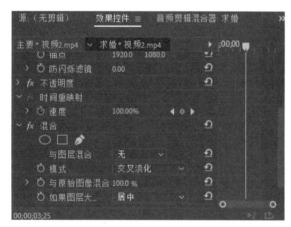

图6-165

● 与图层混合：用于选择重叠素材所在的视频轨道。

● 模式：用于选择两个素材混合的部分。

● 与原始图像混合：用于设置应用效果的素材与原始图像的混合值。该值越小，效果越明显；当图层的尺寸不同时，可在"如果图层大小不同"下拉列表框中设置图层的对齐方式。

4. 算术

算术特效可以通过不同的数学运算修改素材的红、绿、蓝色值。应用该特效后，可在效果控件面板的"运算符"下拉列表框中选择计算颜色的方式；可在"红色值""绿色值"和"蓝色值"数值框中设置要进行计算的颜色值；勾

选"剪切结果值"复选框，可以设置计算出的数值，创建有限范围的彩色数值。应用该特效前后的对比效果如图6-166所示。

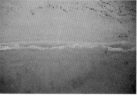

图6-166

5. 纯色合成

纯色合成特效能够基于所选的混合模式，将纯色覆盖在素材上。应用该特效前后的对比效果如图6-167所示。

图6-167

应用该特效后，效果控件面板中的参数如图6-168所示。

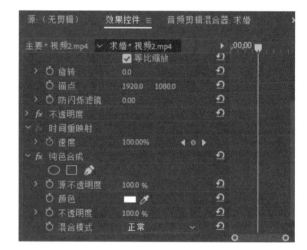

图6-168

● 源不透明度：用于设置源素材的不透明度。

● 颜色：用于设置固态合成的颜色。

● 不透明度：用于设置合成颜色的不透明度。

● "混合模式"下拉列表框：用于设置颜色与源素材的混合模式。

6. 计算

计算特效可以通过不同的混合模式将不同轨道上的素材重叠在一起。应用该特效前后的对比效果如图6-169所示。

原图

"滤色"混合模式

"柔光"混合模式

"轮廓亮度"混合模式

图6-169

应用该特效后，效果控件面板中的参数如图6-170所示。

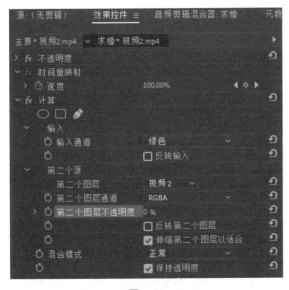

图6-170

● 输入通道：用于设置输入的通道，"RGBA"选项表示选择了所有通道，"灰色"选项表示用灰色来显示源素材的亮度。

● "反转输入"复选框：勾选该复选框，可反相显示"输入通道"中选择的通道。

● 第二个图层：用于选择叠加素材的视频轨道。

● 第二个图层通道：选择参与计算的叠加素材的通道。

● 第二个图层不透明度：用于设置叠加素材的不透明度。

● "反转第二个图层"复选框：勾选该复选框，可反相显示叠加素材。

● "伸缩第二个图层以适合"复选框：勾选该复选框，当叠加素材的尺寸小于源素材时，将放大叠加素材。

● 混合模式：用于设置源素材与叠加素材的混合模式。

● "保持透明度"复选框：勾选该复选框，可不改变源素材的透明度。

7．设置遮罩

设置遮罩特效能用当前素材的Alpha通道替代指定的Alpha通道，产生移动蒙版的效果。应用该特效的效果如图6-171所示。

素材1　　　　　素材2　　　　　效果

图6-171

应用该特效后，效果控件面板中的参数如图6-172所示。

● 从图层获取遮罩：用于选择作为遮罩的视频轨道。

● 用于遮罩：用于选择指定遮罩层中处理效果的通道。

● "反转遮罩"复选框：勾选该复选框，可反转指定的遮罩层。

● "伸缩遮罩以适合"复选框：勾选该复选框，可使遮罩与当前素材的尺寸配合。

● "将遮罩与原始图像合成"复选框：勾选该复选框，可将指定的遮罩与原始图像混合。

● "预乘遮罩图层"复选框：勾选该复选框，可柔化蒙版层素材的边缘。

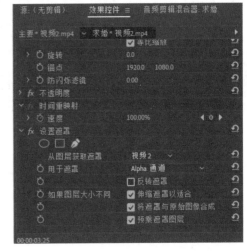

图6-172

6.2.15　风格化特效组

风格化特效组可以对素材进行美术处理，使素材效果更加美观、丰富。该特效组包括13种特效，如图6-173所示。

图6-173

1．Alpha发光

Alpha发光特效能在带Alpha通道的素材边缘添加辉光效果。应用该特效前后的对比效果如图6-174所示。

图6-174

应用该特效后，效果控件面板中的参数如图6-175所示。

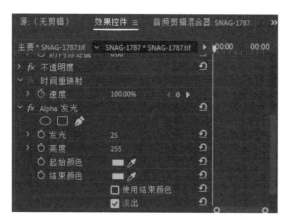

图6-175

● 发光：用于设置辉光从Alpha通道边缘向外扩散的距离。

● 亮度：用于设置辉光的强度，该值越大，辉光越强。

● 起始颜色/结束颜色：分别用于设置辉光内部和外部的颜色。

● "使用结束颜色"复选框：勾选该复选框，辉光外边缘将使用结束颜色。

● "淡出"复选框：勾选该复选框，将淡出起始颜色。

2．复制

复制特效能复制指定数目的素材。应用该特效后，在效果控件面板中的"计数"数值框中输入计数的数量，可以在画面中划分出数量为"水平计数×垂直计数"的网格，如当计数为"2"时，表示在画面中划分出"2×2"4个网格，复制出4个相同的画面。应用该特效前后的对比效果如图6-176所示。

图6-176

3．彩色浮雕

彩色浮雕特效能锐化素材的轮廓，使素材产生彩色的浮雕效果。应用该特效前后的对比效果如图6-177所示。

图6-177

应用该特效后，效果控件面板中的参数如图6-178所示。

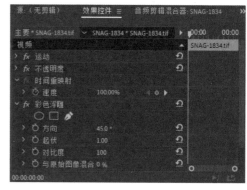

图6-178

● 方向：用于设置浮雕的方向。

● 起伏：用于设置浮雕压制的明显高度，即浮雕边缘的最大加亮宽度。

● 对比度：用于设置图像内容的边缘锐利程度，如果加大参数值，加亮区就变得更明显。

● 与原始图像混合：用于设置该特效与原始图像的混合

程度，该参数值越小，彩色浮雕的效果越明显。

4. 曝光过度

曝光过度特效能使画面产生边缘变暗的亮化效果。应用该特效后，在效果控件面板的"曝光过度"栏的"阈值"数值框中可设置曝光的强度，"阈值"越大，画面的曝光强度越强，色彩差异越大。应用该特效前后的对比效果如图6-179所示。

图6-179

5. 查找边缘

查找边缘特效能强化素材中物体的边缘，使素材产生类似于底片或铅笔素描的效果。应用该特效后，在效果控件面板中可以勾选"反转"复选框来反相显示素材。在"与原始图像混合"数值框中设置该特效与素材的混合程度，该值越小，查找边缘的效果越明显。应用该特效前后的对比效果如图6-180所示。

图6-180

6. 浮雕

浮雕特效通过锐化物体轮廓使素材产生灰色浮雕的效果。应用该特效前后的对比效果如图6-181所示。

图6-181

7. 画笔描边

画笔描边特效能模拟美术画笔绘画的效果。应用该特效前后的对比效果如图6-182所示。

图6-182

应用该特效后，效果控件面板中的参数如图6-183所示。

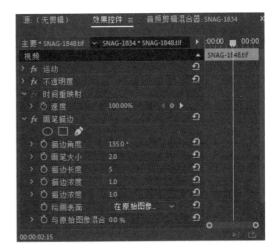

图6-183

8. 粗糙边缘

粗糙边缘特效能使素材的Alpha通道边缘粗糙化。应用该特效前后的对比效果如图6-184所示。

图6-184

应用该特效后，效果控件面板中的参数如图6-185所示。

● 边缘类型：用于选择粗糙边缘的类型。

● 边缘颜色：选择带颜色的边缘类型后，可在"边缘颜色"色块中设置边缘的颜色。

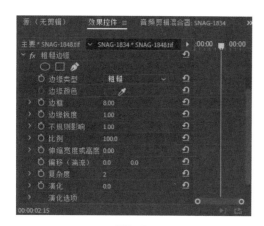

图6-185

- 边框：用于自定义粗糙的边缘。
- 边缘锐度：用于设置粗糙边缘的锐化程度。
- 不规则影响：用于设置不规则计算的碎片数量。
- 比例：用于设置创建粗糙边缘的碎片大小。
- 伸展宽度或高度：用于设置粗糙边缘的宽度或高度。
- 偏移（湍流）、复杂度、演化：结合使用这3个选项可为粗糙边缘创建动画效果。

9. 纹理

纹理特效使不同轨道上的素材纹理在指定的素材上显示。应用该特效前后的对比效果如图6-186所示。

素材1

素材2

效果

图6-186

应用该特效后，效果控件面板中的参数如图6-187所示。

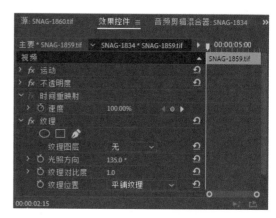

图6-187

- 纹理图层：用于选择与素材混合的视频轨道。
- 光照方向：用于设置光照的方向，即纹理图案的亮部方向。
- 纹理对比度：用于设置纹理的强度。
- 纹理位置：用于指定纹理的应用方式。

10. 色调分离

色调分离特效可以分离素材的色调，从而制作出特殊效果。应用该特效前后的对比效果如图6-188所示。

图6-188

11. 闪光灯

闪光灯特效能以一定的周期或随机地创建闪光灯效果，模拟拍摄瞬间的强烈闪光特效。应用该特效前后的对比效果如图6-189所示。

图6-189

应用该特效后，效果控件面板中的参数如图6-190所示。

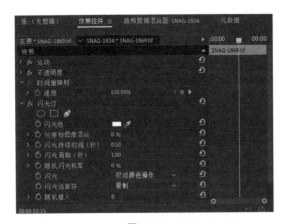

图6-190

● 闪光色：用于设置闪光灯的颜色。

● 与原始图像混合：用于设置与原始图像混合的程度。

● 闪光持续时间（秒）：用于设置闪光的持续时间。

● 闪光周期（秒）：用于设置闪光从上一次闪动开始到闪动结束的时间，即闪光周期。只有当其值大于"闪光持续时间"才能出现闪频效果。

● 随机闪光机率：用于创建随机闪光灯效果。该值越大，闪光效果的随机程度越高。

● 闪光：用于选择闪光灯特效的类型。

● 闪光运算符：用于选择闪光灯特效的运算方法。

12. 阈值

阈值特效能能将素材变为灰度模式。应用该特效后，在效果控件面板中的"阈值"栏下的"级别"数值框中可以调节素材的黑、白颜色。该值越大，黑色越多；该值越小，白色越多。应用该特效前后的对比效果如图6-191所示。

图6-191

13. 马赛克

马赛克特效能在素材中添加马赛克，以遮盖素材。应用该特效后，在效果控件面板的"马赛克"栏中，可通过"水平块"数值框设置水平方向上分割色块的数量；通过"垂直块"数值框设置垂直方向上分割色块的数量；勾选"锐化颜色"复选框可锐化马赛克。应用该特效前后的对比效果如图6-192所示。

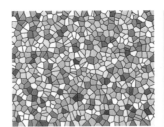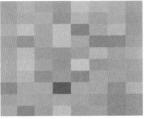

图6-192

范例说明

我们在很多综艺节目或者电影画面中经常会看到一个画面播放时，突然出现多个画面同时分屏播放，然后重新回到一个画面继续播放。本例将制作这种多画面分屏效果，制作时要注意规划整个画面。

扫码看效果

操作步骤

1 新建名为"分屏效果"的项目文件，按【Ctrl+I】组合键打开"导入"对话框，选择素材文件中的"人物"文件夹，单击 导入文件夹 按钮，将整个文件夹导入项目面板中。

2 双击项目面板中的"人物"素材箱，将"4.mp4"素材拖曳到时间轴面板中。在时间轴面板中分离该素材的音频、视频，并删除分离后的音频素材。

3 在时间轴面板中将时间指示器移动到"00:00:02:00"位置，按【Ctrl+K】组合键分割素材。

4 打开效果面板，在其中搜索"复制"特效，选择搜索到的结果，并将其拖曳到分割后的后半段视频片段中，如图6-193所示。

图6-193

5 此时节目面板中的视频已经变成4个画面，如图6-194所示。

6 由于要在很多画面尺寸中放置多个不同的画面，所以需要将这4个画面调整为4个尺寸均等的画面。打开效果面板，在其中搜索"裁剪"特效，选择搜索到的结果，并将其拖曳到分割后的后半段视频片段中。

图6-194

7 在效果控件面板的"裁剪"栏中设置"右侧"和"底部"均为"50"，如图6-195所示。

图6-195

8 继续将"人物"素材箱中的"1.moo"素材文件拖曳到时间轴面板中的V2轨道上，分离"1.moo"素材的音频、视频，并删除分离后的音频素材。

9 在节目面板中可以看到该素材与序列并不匹配，需要缩小素材尺寸。在时间轴面板中选择"1.mp4"素材，单击鼠标右键，在弹出的快捷菜单中选择"设为帧大小"命令。

10 再次为"1.moo"素材添加"复制"特效，将画面分为4个部分。然后为"1.moo"素材添加"裁剪"特效，在效果控件面板的"裁剪"栏中设置"左侧"和"底部"均为"50"，如图6-196所示。

图6-196

11 使用与处理"1.moo"素材相同的方法处理"2.moo"和"3.moo"素材。在裁剪"2.moo"素材时，在效果控件面板中设置"左侧"和"顶部"均为"50"；在裁剪"3.moo"素材时，在效果控件面板中设置"顶部"和"右侧"均为"50"。

12 此时节目面板中的视频已经变为4个不同的画面，如图6-197所示。

13 选择时间轴面板中的所有素材，将时间指示器移动到"00:00:05:07"位置，按【Ctrl+K】组合键分割素材，然后将分割后的后半段的所有素材删除，如图6-198所示。

图6-197

图6-198

14 此时画面的分屏效果已经制作完成，保存文件，可在节目面板中预览最终效果，如图6-199所示。

图6-199

 制作炫酷霓虹灯视频描边效果

 "查找边缘"特效

 素材文件\第6章\霓虹灯素材.mp4
效果文件\第6章\霓虹灯描边效果.prproj

 扫码看视频

 范例说明

在制作视频时，有时候需要为整个视频添加描边效果，让视频画面更加美观。但在视频中逐帧添加效果，比较浪费时间，此时可以使用Premiere的"查找边缘"特效为视频添加炫酷的描边效果。

 扫码看效果

1 新建名为"霓虹灯描边效果"的项目文件，将"霓虹灯素材.mp4"素材导入项目面板中，并将素材拖曳到时间轴面板中。

2 在时间轴面板中将时间指示器移到需要添加特效的位置，并使用剃刀工具 剪切素材，这里需要剪切的位置为"00:00:00:15"。

3 选择V1轨道上剪切后的第2段视频，按住【Alt】键向上拖曳进行复制。

4 在效果控件面板中搜索"查找边缘"特效，选择搜索到的结果，并将其拖曳至V2轨道上的素材中。在效果控件面板的"查找边缘"栏中勾选"反转"复选框，在"不透明度"栏中设置混合模式为"线性减淡（添加）"，如图6-200所示。

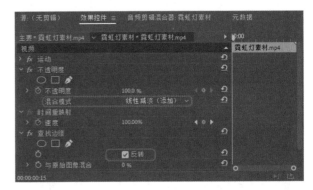

图6-200

5 添加"缩放"特效，让视频更有动感。在效果控件面板中单击"缩放"选项前的"切换动画"按钮 ，添加关键帧。将时间指示器移到00:00:04:11位置，单击"缩放"选项前的"添加/移除关键帧"按钮 ，添加关键帧，并设置"缩放"的值为"200"，按【Shift+O】组合键，转到视频出点位置，继续在"缩放"选项中添加一个关键帧，并设置"缩放"的值为"100"，如图6-201所示。

图6-201

6 在节目面板中预览视频，可发现视频中描边效果的颜色都是白色，太过单一，所以可以添加一些色彩，

让画面更加炫酷。在时间轴面板中添加V4轨道，将V2轨道上的素材各复制一个到V3轨道和V4轨道上。在效果控件面板中搜索"色彩"特效，选择搜索到的结果，将其拖曳到V3轨道上的素材中，在效果控件面板中的"色彩"栏中单击"将白色映射到"色块，打开"拾色器"对话框，设置颜色为"#FF0909"。使用同样的方法为V4轨道上的素材添加"色彩"特效，并设置颜色为"#41238B"，如图6-202所示。

7 为了让效果更加明显，还可以将时间轴面板中V2~V4轨道上的素材错位排列。在时间轴面板中选择所有素材，将时间指示器移到"00:00:09:18"位置，按【Ctrl+K】组合键剪切素材，删除剪切后的后半段素材，让整个视频的出点位置相同，如图6-203所示。

图6-202

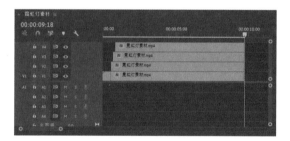

图6-203

8 完成后在节目面板中预览视频，效果如图6-204所示。确认无误后按【Ctrl+S】键保存文件。

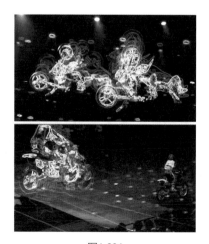

图6-204

6.3 特效预设

预设是指预先设置好的效果文件。为了节省编辑视频时重复添加相同特效的时间，提高工作效率，Premiere在效果控件面板中提供了各种内置预设，同时也支持用户根据实际需要对特效效果设置自定义预设。

6.3.1 创建和保存预设

Premiere为了方便用户为视频添加特效，允许用户设置自定义单独的视频效果并将它们另存为预设，然后将预设应用于项目中的其他素材中，并且在将视频效果另存为预设时，也会保存效果中的关键帧。

创建和保存自定义预设比较简单，首先将特效应用到素材中，并调整特效参数，然后在效果面板中选择需要创建为预设的一个或多个特效效果（按住【Ctrl】键可选择多个特效效果），单击鼠标右键，在弹出的快捷菜单中选择"保存预设"命令，打开"保存预设"对话框，在其中可以设置预设的名称、类型等参数，如图6-205所示。

在"保存预设"对话框中完成设置后单击 确定 按钮，即可在效果面板的"预设"文件夹中查看已经保存的预设，如图6-206所示。

图6-205

图6-206

"保存预设"对话框中的参数介绍如下。

● 名称：可输入预设名称。

● 类型：用于选择将预设应用于目标素材时，Premiere处理关键帧的方式。其中，"缩放"表示按比例将源关键帧缩放为目标素材的长度，此操作会删除目标素材上的任何现有关键帧；"定位到入点"表示保持从入点到第一个效果关键帧的原始距离，并添加相对于该位置的所有其他关键帧，不进行任何缩放；"定位到出点"表示保持从出点到第一个效果关键帧的原始距离，并添加相对于该位置的所有其他关键帧，不进行任何缩放。

● 描述：可输入对该预设的说明。

6.3.2　导入和导出预设

　　用户可以将在网上下载的效果预设导入Premiere中使用。其操作方法为：在效果控件面板中选择"预设"文件夹，或者该文件夹中的任意一个子文件夹和预设效果，单击鼠标右键，在弹出的快捷菜单中选择"导入"命令，打开"导入预设"对话框，双击准备好的预设文件（文件后缀名一般为".prfpset"）即可导入。导入成功后，可在"预设"文件夹中查看。

　　除此之外，用户也可将预设导出到计算机的其他位置，以对其进行备份。其操作方法为：在效果控件面板中选择需要导出的预设，单击鼠标右键，在弹出的快捷菜单中选择"导出预设"命令，打开"导出预设"对话框，选择预设的名称和保存位置，单击 保存(S) 按钮即可导出预设，如图6-207所示。

图6-207

6.3.3　删除自定义预设

　　如果不再需要已经添加的自定义预设，则可将其删除（Premiere的内置预设不能删除）。其操作方法为：在效果控件面板的"预设"文件夹中选择需要删除的预设（按住【Ctrl】键单击其他预设，可同时选择多个需要删除的自定义预设），单击鼠标右键，在弹出的快捷菜单中选择"删除"命令，在弹出的提示框中单击 确定 按钮，如图6-208所示。

图6-208

6.3.4　应用预设

　　预设的应用与效果控件面板中各种特效的应用方式相同：只需在效果面板中选择需要应用的预设，然后将其拖曳到时间轴面板中的素材上；或在时间轴面板中选择素材，然后将预设拖入效果控件面板中。

6.4　综合实训：制作"求婚"特效视频

　　随着影视行业的快速发展和各种短视频平台的火爆上线，特效视频受到了越来越多人的关注和喜爱。特效视频拥有极强的视觉感染力，相比普通视频能吸引更多人观看。

6.4.1　实训要求

　　在七夕节临近之际，某婚礼策划公司要为客户制作一个"求婚"特效视频，用于在求婚现场的大屏幕上播放。现提供求婚相关的视频和图片素材，要求运用多种视频特效，丰富视频内容，增强视频的艺术性，并为视频添加背景音乐，营造出浪漫温馨的氛围。

　　随着数字网络技术的提高，人们对视频的视觉展现有了更高的要求，因此，视频中的各种特效广受大众欢迎。对于视频创作者来说，要制作出新颖、精美、高级的视频特效，不仅需要熟练掌握软件的特效技能，还应该有创新的思维模式和较高的艺术修养。

设计素养

6.4.2　实训思路

　　（1）分析提供的视频素材，发现视频素材中有两组镜头：一组是远景求婚镜头，另一组是两个人说话的近景镜头。本实训可采用求婚的远景镜头，制作视频时可以在远景画面处添加定格动画，将该画面定格，作为整个视频的背景。

　　（2）为便于观看，在制作画中画效果时，画面的视觉效果应有所区分。将远景视频素材的画面定格作为整个视频的背景后，可以使用模糊类的视频特效将背景模糊，降低背景的干扰程度，使观众的视线集中在画面中心。

（3）本实训中的视频需要在大屏幕上播放，并且是以画面为主，文字为辅，因此视频中的文字不宜过多或过小，力求简明易懂，并且文字字体也要与视频主题和画面适配，尽量选择浪漫、飘逸的艺术类字体，使文字体现出较强的艺术感染力。

（4）色彩在视频画面中具有装饰性，可使视频具有视觉冲击力，有利于传达信息。本实训要求视频具有浪漫氛围，因此可以添加一些渐变类的视频特效，将不同层次的渐变色作为画面的主色调，从而让单一的画面更加丰富多彩，产生唯美、梦幻的视觉效果。

本实训完成后的参考效果如图6-209所示。

扫码看效果

图6-209

6.4.3 制作要点

知识要点　不同视频特效的组合应用

配套资源　素材文件\第6章\求婚.mp4、"婚礼图片"文件夹
效果文件\第6章\求婚.prproj、求婚.mp4

扫码看视频

本实训的主要操作步骤如下。

1. 制作拍照效果

1　新建名为"求婚"的项目文件，将"求婚.mp4"素材导入项目面板中，并将素材拖曳到时间轴面板中。将时间指示器移动到00:00:03:25位置，单击鼠标右键，在弹出的快捷菜单中选择"添加帧定格"命令，此时素材自动分为两段。

2　按住【Alt】键，将第2段素材拖曳到V2轨道上。再为其添加"裁剪"特效，设置参数如图6-210所示。

3　为V2轨道上的素材添加"油漆桶"特效，设置参数如图6-211所示。

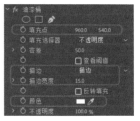

图6-210　　　　图6-211

4　将"高斯模糊"特效拖曳到V1轨道上的第2段素材中，并设置模糊度为"50"。

5　为V2轨道上的素材分别添加位置、缩放和旋转属性的关键帧，设置位置为"1315、540"，缩放为"203"。

6　将当前时间指示器位置后退10帧，设置位置为"1175、540"，重置缩放参数，设置旋转为"−6"。

7　在V1轨道上两段素材的中间位置添加"白场过渡"特效，设置该特效的对齐为"终点切入"，持续时间为"00:00:00:14"。

2. 美化拍照画面

1　为V2轨道上的素材添加"查找边缘"特效，设置"与原始图像混合"的值为"20%"；为V2轨道上的素材添加"四色渐变"特效，设置混合模式为"滤色"。

2　将"基本3D"特效拖曳到V2轨道上的素材中。将时间指示器移动到00:00:04:08位置，在效果控件面板的"基本3D"栏中添加倾斜属性关键帧，设置倾斜为"12°"。在当前位置后移5帧，重置倾斜参数。

3　将时间指示器移动到00:00:04:17位置，在效果控件面板中选择这两个倾斜属性关键帧，将其复制后粘贴到时间指示器右侧。

4　将"婚礼图片"文件夹中的素材全部导入项目面板中。将时间指示器转到出点位置，将"1.tif"素材拖曳到时间指示器位置，调整该素材的持续时间为"00:00:03:00"。

5　在时间轴面板中选择"求婚.mp4"素材并复制，再选择"1.tif"素材，打开"粘贴属性"对话框，在其中取消勾选"裁剪"复选框，单击 确定 按钮。

6　将"2.tif"素材拖曳到时间轴面板中的时间指示器位置处，调整该素材的持续时间为"00:00:03:00"。使用同样的方法将"1.tif"素材的全部效果属性复制粘贴到"2.tif"素材中。

7 将V1轨道上"求婚.mp4"素材的第2段视频的持续时间调整到与V2轨道上素材的总时间相同。

3. 制作素材的切换效果

1 新建一个调整图层,将其拖曳到V3轨道上,设置调整图层的持续时间为"00:00:00:10",将其置于V2轨道上第1个和第2个素材中间。

2 将"偏移"特效拖曳到调整图层上,将时间指示器移动到调整图层的入点位置,在效果控件面板中添加"将中心移位至"关键帧,将时间指示器移动到调整图层的出点位置,再次添加相同的关键帧,设置"将中心移位至"的值为"960、5000"。

3 将"方向模糊"特效拖曳到调整图层上,设置模糊长度为"30"。选择调整图层,在按住【Alt】键的同时,按住鼠标左键向右拖曳,将调整图层移动到V3轨道上,位于V2轨道上第2个素材和第3个素材中间。将所有素材嵌套,嵌套名称保持默认位置。

4. 制作书写文字效果

1 在"00:00:04:04"位置处输入文字"Marry me",设置字体为"Rage Italic",字体颜色为黑色,适当放大文字,如图6-212所示。

2 将文字素材的持续时间调整至与嵌套序列的持续时间相同,然后将文字素材嵌套。

图6-212

3 为V2轨道上的嵌套序列添加"书写"特效。在效果控件面板中设置画笔颜色为红色,调整画笔大小至覆盖文字笔触,将画笔放到书写第一笔的位置。

4 在"画笔位置"选项中添加关键帧,在当前时间指示器位置上前进3帧,拖曳画笔绘制出第一笔。

5 重复操作,每前进3帧,就根据文字的笔画顺序画一笔,最终将每一个字母都完整覆盖。调整画笔的间隔为"0.001",在"绘制样式"下拉列表框中选择"显示原始图像"选项。

6 为V2轨道上的嵌套序列添加"投影"特效,设置不透明度为"70%",方向为"173",距离为"12",柔和度为"33"。

7 将"背景音乐.mp3"素材拖曳到V1轨道上,调整持续时间至与整个视频的持续时间相同。

8 保存文件,并将其导出为MP4格式。

 巩固练习

1. 制作"铅笔素描"视频特效

本练习将制作"铅笔素描"视频特效,要求视频画面美观,符合素描画的特征,并让视频画面呈现在装饰画上,运用过渡效果让二者充分融合。制作时可使用"查找边缘""裁剪"等特效。参考效果如图6-213所示。

配套资源
素材文件\第6章\"铅笔素描素材"文件夹
效果文件\第6章\铅笔素描.prproj

图6-213

2. 制作"镜像风景"特效视频

本练习将运用提供的视频素材制作"镜像风景"特效视频,要求能够让视频在播放过程中呈现出镜像的特殊效果。在制作时,可以在视频开头为文字添加"书写"特效,同时也让视频更具吸引力。在添加"镜像"特效时,为了让特效不突兀,可以在特效前添加过渡效果。参考效果如图6-214所示。

配套资源
素材文件\第6章\风景.mp4
效果文件\第6章\镜像风景.prproj

3. 制作Vlog分屏视频

本练习将利用提供的素材制作Vlog分屏视频。要求视频画面美观,分屏时视频画面运动流畅、自然。在制作过程中,可以为素材添加光晕、渐变等视频特效,也可以添加一些简单的文案,让视频画面更具艺术美感。

参考效果如图6-215所示。

配套
资源
素材文件\第6章\"分屏素材"文件夹
效果文件\第6章\Vlog分屏视频.mp4、Vlog分屏视频.prproj

图6-214

图6-215

4. 制作画中画特效视频

本练习利用提供的素材制作画中画特效视频。要求制作前先查看素材，理清制作思路。同时，背景中的视频画面和中央的视频画面要有一定区分，视频的播放速度也尽量相同。参考效果如图6-216所示。

配套
资源
素材文件\第6章\"画中画素材"文件夹
效果文件\第6章\画中画特效视频.prproj、画中画特效视频.mp4

图6-216

5. 制作"甜品屋"片头视频

本练习利用提供的素材制作片头视频。制作前可以在互联网上了解片头视频需要包含的内容，以及制作时的注意事项。要求制作出的片头视频既要展现出甜品的多样性，又要体现出视频主题。参考效果如图6-217所示。

配套
资源
素材文件\第6章\"甜品素材"文件夹
效果文件\第6章\"甜品屋"片头视频.mp4

图6-217

Premiere支持外部的视频效果插件,这些多种多样的外部插件可以有效提高视频的质量和工作效率。

在Premiere中对视频中的人像进行磨皮美颜,对视频进行调色、调整速度、抠图等操作时,都可以通过Premiere的常用外部插件来完成。

● Beatedit(卡点)插件:Beatedit插件可以自动检测音频文件,并根据音频文件中的节拍鼓点生成时间线,自动完成剪辑工作,大大提高了音频剪辑效率。

● Twixtor(变速)插件:Twixtor插件在视频编辑中使用率较高,能够减慢、加速或调整连续图像的帧速,从而制作出超级慢动作、快动作等视频特效,产生令人惊叹的变速视觉效果。

● ProDAD(防抖)插件:ProDAD是一款非常简单、实用的视频防抖插件,可以消除摄像机拍摄视频时抖动、颠簸和颤抖的影响,维持视频画面的稳定性,进行视频画面的修复和校正,从而提高视频画面质量。

● Primatte Keyer(抠图)插件:Primatte Keyer是一款功能强大的抠图插件,采用了新的精细前景采样的智能算法,可以将视频中的人物快速抠取出来并添加对应特效,多用于影视后期制作,可以大大提高工作效率。

● Beauty Box(磨皮美颜)插件:Beauty Box插件是一款非常优秀的皮肤修饰插件。它通过结合最新的面部检测和平滑算法,自动识别人物的皮肤色调并消除皮肤瑕疵,同时使重要的面部细节保持清晰,常用于处理人像视频。

● Magic bullet Looks(调色)插件:Magic bullet Looks插件是一款非常优秀的调色插件,该插件包含了多种不同的色彩风格样式,可供用户使用该插件轻松调色。同时,Magic bullet Looks插件还支持输出多种质量的视频,符合高标准电影播放的专业要求。另外,Magic bullet Looks插件提供了多种预设效果,用户可以在编辑视频时直接使用这些预设效果,以提高工作效率和视频质量。

● Flicker free(去除频闪)插件:Flicker Free插件是一款功能强大的去除频闪插件,能够帮助用户轻松地处理视频中的光闪烁、延时拍摄闪烁、动态闪烁等问题,从视频画面的颜色和亮度等方面进行分析,进而计算出和整体画面相匹配的平滑图像,同时还能保留原始视频画面中的颜色和细节。

● Red Giant Universe(红巨人特效)插件:Red Giant Universe插件是针对视频后期处理人员打造的一个效果和转场工具合集,包含了用户经常用到的视觉特效以及转场工具。而且该插件中的大部分特效和工具都拥有GPU加速功能,可以提高视频处理速度,被广泛应用于视频后期处理。

第 **7** 章

关键帧动画和运动效果

7.1 认识关键帧动画

动画若要表现运动或变化的效果，则其前后至少需存在两个不同的关键状态，中间状态的变化和前后链接可以自动完成。在这种动画中，表示关键状态的帧动画被称为关键帧动画。

7.1.1 认识关键帧

关键帧是指角色或者物体在运动变化中关键动作所处的那一帧。关键帧主要用于定义动画中变化的帧，是动画变化过程中非常重要的帧类型。在编辑视频的过程中，可以为不同时间点的关键帧设置不同的参数值使视频在播放过程中产生运动或变化。

7.1.2 关键帧动画

关键帧动画就是给需要动画效果的属性准备一组与时间相关的值，这些值都是从动画序列的关键帧中提取出来的，而其他时间帧中的值则是利用这些关键值通过特定的插值方法计算出来的，从而得到比较流畅的动画效果，如图7-1所示。

图7-1

本章导读

在Premiere中编辑视频时，可以为素材的属性添加关键帧，从而制作出相应的动画效果，使视频更具创意。在应用关键帧制作运动效果前，需要先了解关键帧的基础知识和基本操作，以及关键帧在视频中的综合应用。

知识目标

- 了解关键帧的作用
- 了解关键帧动画的概念
- 掌握关键帧动画的基本操作
- 掌握添加视频运动效果的方法

能力目标

- 能够通过效果控件面板添加关键帧
- 能够通过时间轴面板设置关键帧
- 能够调整素材的运动速率
- 能够制作移动、缩放、变速等动态效果

情感目标

- 培养自主学习能力
- 培养对关键帧动画的学习兴趣
- 积极探索视频广告与中国传统文化的结合方式

在Premiere中，可以通过效果控件面板调整关键帧的不同参数，从而制作出关键帧动画。效果控件面板主要用于设置素材包含的一些基本效果，如运动、不透明度、时间重映射等，或者设置效果面板包含的视频效果（第6章有关于视频效果关键帧的相应介绍）和音频效果。在每一个效果选项中，都可以为其添加关键帧，营造出丰富的视觉效果。图7-2所示为在"运动"栏中添加位置、缩放、旋转等属性的关键帧。

图7-2

7.2 通过效果控件面板设置关键帧

在编辑视频的过程中，可通过对关键帧进行操作创建出更多的运动效果，如移动、添加、复制、粘贴或删除关键帧，还可通过设置关键帧的参数创建运动路径。

7.2.1 添加关键帧

在制作关键帧动画前，需要先添加关键帧。默认状态下，项目文件中是没有包含关键帧的，此时要激活并添加关键帧。

其操作方法为：选择需要添加关键帧的素材，然后将时间指示器移动到需要添加关键帧的位置，单击效果控件面板中需要添加关键帧的选项前的"切换动画"按钮将其激活，完成后该按钮会变为形状，表示已经存在关键帧。此时将激活"添加/移除关键帧"按钮，将当前时间指示器移动到需要添加关键帧的位置，更改这一选项的参数或单击"添加/移除关键帧"按钮即可再次添加关键帧，如图7-3所示。

技巧

在效果控件面板中激活关键帧后，也可以直接在效果控件面板中需要添加关键帧的位置设置属性的参数，该属性会自动创建关键帧，而不用多次单击"添加/移除关键帧"按钮。

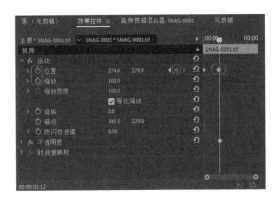

图7-3

需要注意的是，激活关键帧后，不能再单击激活后的"切换动画"按钮创建关键帧，否则会自动删除全部关键帧。

7.2.2 查看关键帧

当效果控件面板中的某个选项包含多个关键帧时，可通过效果控件面板中的"跳转到上一关键帧"按钮和"跳转到下一关键帧"按钮查看关键帧的位置和参数，如图7-4所示。

图7-4

要让时间指示器与关键帧对齐，可按住【Shift】键，向关键帧方向拖曳时间指示器。

7.2.3 选择关键帧

添加了关键帧后，可选择关键帧进行相应操作，而不会影响其他关键帧。

1. 选择单个或多个关键帧

● 选择单个关键帧：选择"选择工具"，直接在效果控件面板中单击要选择的关键帧，当关键帧显示为蓝色时，表示该关键帧已被选中。

● 选择多个相邻关键帧：选择"选择工具" ，在效果控件面板中按住鼠标左键拖曳出一个框选范围，释放鼠标左键后，该范围内的关键帧将被全部选中，如图7-5所示。

图7-5

● 选择多个不相邻关键帧：选择"选择工具" ，按住【Shift】键或者【Ctrl】键，在效果控件面板中依次单击多个关键帧，即可完成多个关键帧的选择操作。

2. 选择某种属性的全部关键帧

要选择某种属性的全部关键帧，可在效果控件面板中双击该属性名称。

7.2.4 调整关键帧参数

在效果控件面板中单击参数前的 按钮，将展开参数调节滑块，拖动该滑块可以调整参数值，如图7-6所示。或者单击参数后面的数值框，在其中输入具体的参数值。或者直接将鼠标指针移动到数值上，当鼠标指针变成 形状时，按住鼠标左键左右拖曳来调整数值大小，如图7-7所示。

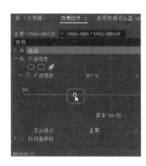

图7-6   图7-7

技巧

在节目面板中双击素材，可将其选中。选中素材后，将鼠标指针移动到素材上，按住鼠标左键拖动可移动素材位置；将鼠标指针移动到素材四周边界点，当鼠标指针变为 形状时，拖动鼠标可调整素材大小；当鼠标指针变为 形状时，拖动鼠标可旋转素材，此时效果控件面板中相同属性的关键帧参数也会发生变化。

7.2.5 移动关键帧

用户不仅可以选择关键帧并调整其参数，还可以移动关键帧的位置，从而改变动画效果。无论是单个关键帧还是多个关键帧，其移动操作都是相同的，且操作非常简单，只需使用"选择工具" 选择关键帧，然后按住鼠标左键进行左右拖曳，如图7-8所示。移动到合适位置后释放鼠标左键，即可移动该关键帧的位置。

图7-8

7.2.6 复制和粘贴关键帧

制作关键帧动画有时会为不同素材添加同一种动画效果，此时可以通过复制和粘贴关键帧快速操作。

● 使用菜单命令复制和粘贴：选择需要复制的关键帧，选择【编辑】/【复制】命令或单击鼠标右键，在弹出的快捷菜单中选择"复制"命令，然后将时间指示器移动至新的位置，选择【编辑】/【粘贴】命令或单击鼠标右键，在弹出的快捷菜单中选择"粘贴"命令，即可将关键帧粘贴到新的位置。

● 使用【Alt】键复制和粘贴：选择需要复制的关键帧，按住【Alt】键，同时在该关键帧上按住鼠标左键，将其向左或向右拖动进行复制。释放鼠标左键后，该位置会出现一个相同的关键帧。

● 使用快捷键复制和粘贴：选择需要复制的关键帧，按【Ctrl + C】组合键进行复制，将时间指示器移动到需要粘贴关键帧的位置，按【Ctrl + V】组合键进行粘贴。

7.2.7 删除关键帧

在编辑视频的过程中，有时可能添加了多余的关键帧，那么就需要删除。

● 使用【Delete】键删除：选择需要删除的关键帧，按【Delete】键，即可完成删除操作。

● 使用菜单命令删除：选择需要删除的关键帧，单击鼠标右键，在弹出的快捷菜单中选择"清除"命令，即可删除所选关键帧。

● 使用按钮删除：在效果控件面板中，将时间指示器移动到需要删除的关键帧上（需保证"添加/移除关键帧"按钮◉已被激活），单击"添加/移除关键帧"按钮◉，即可删除关键帧，如图7-9所示。

图7-9

7.3 在时间轴面板中设置关键帧

由于关键帧存在于时间轴面板中的轨道上，因此也可以在时间轴面板中设置关键帧。

7.3.1 显示关键帧区域

在时间轴面板中设置关键帧前，需要先拖动时间轴右侧的滑块，或者双击轨道上素材前的空白位置，将时间轴面板放大，显示出素材的关键帧区域，如图7-10所示。

图7-10

7.3.2 设置显示的关键帧类型

在时间轴面板中的素材上同步对应了效果控件面板中的关键帧，其默认显示为效果控件面板的"不透明度"选项中的关键帧。若需要在时间轴面板中显示其他类型的关键帧，则可用鼠标右键单击素材中的▦图标，在弹出的快捷菜单中选择需要显示的关键帧类型，如图7-11所示。

图7-11

或者在时间轴面板中选择素材，单击鼠标右键，在弹出的快捷菜单中选择"显示剪辑关键帧"命令，在其子菜单中选择需要显示的关键帧类型。

7.3.3 设置关键帧的其他方式

在时间轴面板中选择关键帧后，向下拖动关键帧可减小参数数值，向上拖动关键帧可增加参数数值，如图7-12所示。

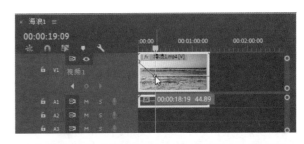

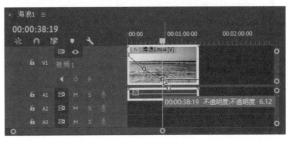

图7-12

在时间轴面板中选择素材后，可以激活关键帧，然后使用与通过效果控件面板设置关键帧相同的方法对关键帧进行添加、选择、移动等操作。

实战 通过时间轴面板设置关键帧

 知识要点 通过时间轴面板添加关键帧

 配套资源 素材文件\第7章\夜景2.mp4
效果文件\第7章\通过时间轴面板
设置关键帧.prproj

 扫码看视频

操作步骤

1 新建名为"通过时间轴面板设置关键帧"的项目文件，将"夜景2.mp4"素材导入项目面板中，选择该素材，单击鼠标右键，在弹出的快捷菜单中选择"从剪辑新建序列"命令，将该素材在时间轴面板中打开。

2 在时间轴面板中双击V1轨道上"夜景2.mp4"素材前的空白位置，显示出素材的关键帧区域，如图7-13所示。

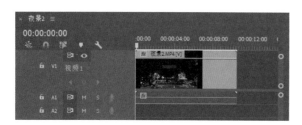

图7-13

3 选择V1轨道上的素材，单击鼠标右键，在弹出的快捷菜单中选择【显示剪辑关键帧】/【运动】/【缩放】命令，单击V1轨道前的"添加/移除关键帧"按钮 ⊙ ，在素材上方添加一个关键帧。

4 将时间指示器移动到"00:00:01:06"位置，再次单击V1轨道前的"添加/移除关键帧"按钮 ⊙ ，为素材添加第2个关键帧，如图7-14所示。

图7-14

5 在时间轴面板中选择素材上方的第1个关键帧，如图7-15所示。

6 单击V1轨道前的"跳转到下一关键帧"按钮 ▶ ，按住【Shift】键向上拖曳，如图7-16所示。

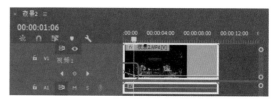

图7-15

图7-16

7 按【Shift+O】组合键跳转到出点位置，单击V1轨道前的"添加/移除关键帧"按钮 ⊙ ，再次添加1个关键帧，并将该关键帧向下拖动，如图7-17所示。

图7-17

8 在时间轴面板中用鼠标右键单击素材上的 fx 图标，在弹出的快捷菜单中选择"不透明度"命令，如图7-18所示。

图7-18

9 将时间指示器移动到"00:00:06:27"位置，单击V1轨道前的"添加/移除关键帧"按钮 ⊙ ，再次添加1个不透明度属性的关键帧，并将该关键帧向下拖动，如图7-19所示。

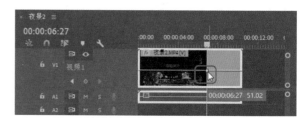

图7-19

10 选择刚刚拖动的关键帧，按【Ctrl+C】组合键进行复制，将时间指示器移动到"00:00:08:21"位置，按【Ctrl+V】组合键进行粘贴。选择复制后的关键帧，按住【Shift】键将该关键帧向上拖动，如图7-20所示。

图7-20

11 继续按住【Shift】键，选择第1个关键帧，此时时间轴面板中的两个关键帧都呈选中状态，然后将这两个关键帧在时间轴面板中向前移动，如图7-21所示。完成后保存文件。

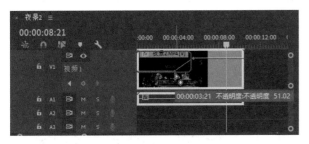

图7-21

7.4 了解和应用关键帧插值

在Premiere中可通过更改和调整关键帧插值，精确控制动画中速度的变化状态。Premiere中的关键帧插值有临时插值、空间插值等多种类型，了解常见的插值类型有助于合理应用关键帧插值。

7.4.1 临时插值

临时插值用于控制关键帧在时间线上的变化状态，如匀速运动和变速运动。在效果控件面板"运动"栏的"位置"选项中选择一个关键帧，单击鼠标右键，在弹出的快捷菜单中选择"临时插值"命令，其子菜单中包含了7种插值类型，默认为"线性"类型，如图7-22所示。

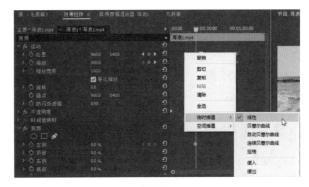

图7-22

7.4.2 空间插值

空间插值用于控制关键帧在空间中位置的变化，如直线运动和曲线运动。在效果控件面板"运动"栏的"位置"选项中选择一个关键帧，单击鼠标右键，在弹出的快捷菜单中选择"空间插值"命令，其子菜单中包含了4种插值类型，默认为"自动贝塞尔曲线"，如图7-23所示。

图7-23

7.4.3 常见的关键帧插值类型

在时间轴面板或效果控件面板中任意选择一个关键帧，单击鼠标右键，即可在弹出的快捷菜单中看到所有的插值类型，如图7-24所示。

图7-24

1．线性

线性用于创建关键帧之间的匀速变化，可以使动画效果更匀速平缓，并制作出机械效果。"线性"插值没有控制柄，其图标显示为 ◆，在效果控件面板右侧的速率图表中可看到"线性"插值的变化状态，如图7-25所示。

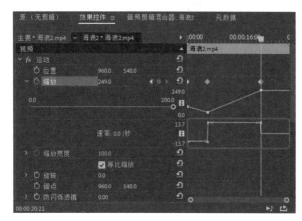

图7-25

2．贝塞尔曲线

贝塞尔曲线的图标显示为 █。用户可手动拖动控制柄来精确调整两侧曲线的弯曲程度，从而改变画面的动画效果。在调整曲线时，还能单独拖动一侧的控制柄，不会影响另一侧，可控性非常强，如图7-26所示。

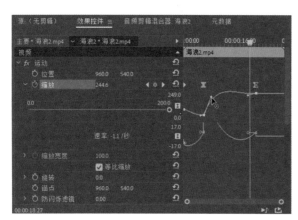

图7-26

3．自动贝塞尔曲线

自动贝塞尔曲线可以自动创建平滑的变化，其图标显示为 ●。应用"自动贝塞尔曲线"插值时，控制柄会自动变化，以保持关键帧之间速率的平滑过渡。如果手动调整自动贝塞尔曲线的控制柄，则可以将其转换为贝塞尔曲线。

4．连续贝塞尔曲线

连续贝塞尔曲线用于创建关键帧的平滑变化速率，其图标显示为 █。与贝塞尔曲线不同的是，连续贝塞尔曲线的两个控制柄始终在一条直线上，在拖动一侧的控制柄时，另一侧也会发生相应变化，如图7-27所示。

5．定格

定格可以更改属性值且不产生渐变的过渡效果，即当动画播放到该帧时，将保持前一个关键帧画面的效果，其图标显示为 ◀。应用"定格"插值的关键帧之后的速率图表显示为水平直线，如图7-28所示。

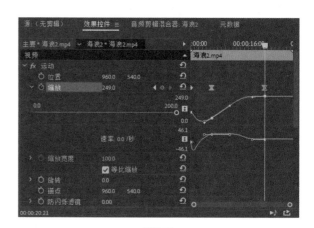

图7-27

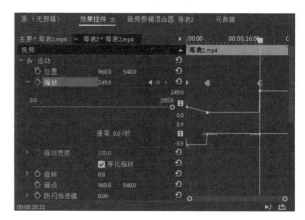

图7-28

6．缓入

缓入可逐渐减慢进入下一个关键帧的值变化，其图标显示为 █。

7．缓出

缓出可逐渐加快离开上一个关键帧的值变化，其图标显示为 █。

> **技巧**
>
> 要修改关键帧插值的类型，可选择时间轴面板或效果控件面板中的关键帧，单击鼠标右键，在弹出的快捷菜单中选择一种插入方式。

实战 调整素材的运动速率

知识要点 素材运动路径和速度的调整

配套资源 素材文件\第7章\飞机.png、蓝天背景.tif
效果文件\第7章\飞翔.prproj

扫码看视频

操作步骤

1 新建名为"飞翔"的项目文件，将"飞机.png""蓝天背景.tif"素材导入项目面板中，选择"蓝天背景.tif"素材，单击鼠标右键，在弹出的快捷菜单中选择"从剪辑新建序列"命令，将该素材在时间轴面板中打开。

2 将"飞机.png"素材拖动到时间轴面板中的V2轨道上，选择"飞机.png"素材，打开效果控件面板，单击"位置"选项前的"切换动画"按钮 ⓞ ，激活关键帧，如图7-29所示。

图7-29

3 在节目面板中双击"飞机"素材，激活其控制框，拖动控制框缩小"飞机"素材，并调整"飞机"素材的位置，如图7-30所示。

图7-30

4 将时间指示器移动到"00:00:00:20"位置，然后在节目面板中调整"飞机"素材的位置，如图7-31所示。

图7-31

5 将时间指示器移动到"00:00:02:06"位置，在节目面板中调整"飞机"素材的位置，如图7-32所示；将时间指示器移动到"00:00:03:15"位置，在节目面板中调整"飞机"素材的位置，如图7-33所示；将时间指示器移动到"00:00:04:24"位置，在节目面板中调整"飞机"素材的位置，如图7-34所示。

图7-32

图7-33

6 此时可在节目面板中查看"飞机"素材的整个运动路径。将鼠标指针移动到"00:00:00:20"位置的控制点上，当鼠标指针变为█形状时，按住鼠标左键向右下角拖动，如图7-35所示。

图7-34

图7-35

7 使用同样的方法调整"00:00:03:15"位置的控制点，如图7-36所示。

图7-36

技巧

在调整运动路径时，也可以利用钢笔工具 ✎ 来拖动曲线的控制柄，从而改变曲线的形状，调整路径。

8 在效果控件面板中同时选择5个关键帧，然后单击"位置"选项前的 ▶ 按钮展开其速率图。

9 在任意一个关键帧上单击鼠标右键，在弹出的快捷菜单中选择【临时插值】/【缓入】命令，此时速率图中路径的变化如图7-37所示。

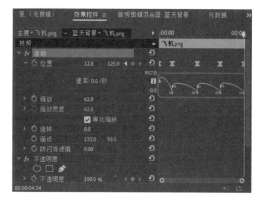

图7-37

10 使用同样的方法再次单击鼠标右键，在弹出的快捷菜单中选择【临时插值】/【缓出】命令，此时速率图中路径的变化如图7-38所示。

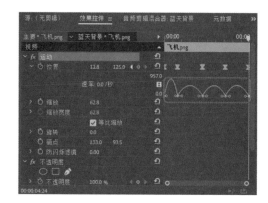

图7-38

11 完成上述操作后，可在节目中预览视频，如图7-39所示。若对飞机的运动速率不满意，则可以在速率图中继续通过控制柄微调曲线。完成后保存文件。

图7-39

7.5 添加视频运动效果

添加视频运动效果主要在效果控件面板的"运动"栏中完成。本节将利用前面所学的关键帧知识，使用关键帧添加和控制运动效果，使视频效果更加丰富。

7.5.1 认识基本运动参数

基本运动参数是Premiere中每个素材都具备的基本属性。将素材添加至时间轴面板中后，选择素材，在素材对应的效果控件面板中单击"运动"栏前的▶按钮，在展开的列表中可以查看和设置运动效果包含的各项参数，如图7-40所示。

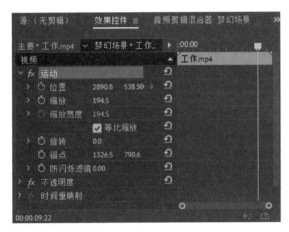

图7-40

1. 位置
位置可用于设置素材在画面中的位置，该参数中有两个数值框，分别用于定位素材在画面中的X坐标值（水平坐标）和Y坐标值（垂直坐标）。

2. 缩放
缩放可用于设置素材在画面中显示的大小，勾选"等比缩放"复选框，在"缩放"数值框中输入数值后可等比例缩放素材，默认状态下为"100"。当取消勾选"等比缩放"复选框时，可分别为素材设置不同的缩放宽度和缩放高度。

3. 旋转
旋转可用于设置素材在画面中旋转的任意角度。当旋转角度小于360°时，"旋转"参数只显示为1个。图7-41所示为旋转角度为20°的状态。当旋转角度大于360°时，"旋转"参数显示为2个，第1个为旋转的周数，第2个为旋转的角度。图7-42所示为旋转角度为380°的状态。

图7-41

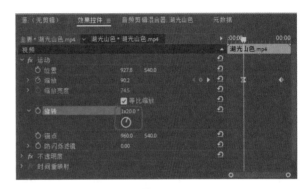

图7-42

4. 锚点
默认情况下，锚点即素材的中心点，其图标显示为⊕，素材的位置、旋转和缩放都是基于锚点进行操作的。如在制作旋转动画时，可调整"锚点"选项右侧的数值，将锚点移动到素材画面中的其他位置，然后进行旋转，从而创建出特殊的视觉效果，如图7-43所示。

图7-43

5. 防闪烁滤镜
防闪烁滤镜通过对处理的素材进行颜色提取，减少或避免素材中画面闪烁的现象，可用于设置因过度曝光而影响作品的效果。

除了以上5种基本运动参数外，Premiere中还包含不透明度和时间重映射，这两个参数也是Premiere中每个素材都具备的基本属性。不透明度主要用于调整素材的透明程度和混合模式，可让素材变成透明状态或其他特殊效果；时间重映射主要用于调整素材的播放速度。

7.5.2 创建移动运动效果

通过调整效果控制面板中的"位置"选项，可以在素材中创建移动运动效果，使素材效果更加有动感。

 范例 制作"中秋节"Banner 移动效果

 知识要点　"位置"运动效果的运用

 配套资源　素材文件\第7章\中秋节Banner.psd
效果文件\第7章\中秋节动态Banner.prproj

扫码看视频

 范例说明

在中秋佳节来临之际，某公司决定积极开展以"中秋节"为主题的线上系列活动，让消费者在了解和感受中华传统节日的同时能够购买其月饼产品。该公司提供了以"中秋节"为主题的静态Banner，要求将其转换为动态Banner，且动画效果要有节奏感。在设计中，考虑到静态Banner的画面效果以"月饼"元素为主，因此动态Banner的动画效果也主要通过"月饼"元素体现，这就需要设置统一的出现速度，增强动画的节奏感。

扫码看效果

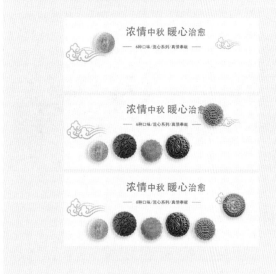

操作步骤

1 新建名为"'中秋节'动态Banner"的项目文件，将"中秋节Banner.psd"素材以"序列"的方式导入项目面板中，如图7-44所示。

图7-44

2 在项目面板中打开"中秋节Banner"素材箱，双击其中的"中秋节Banner"序列，在时间轴面板中将所有素材图层全部显示，如图7-45所示。

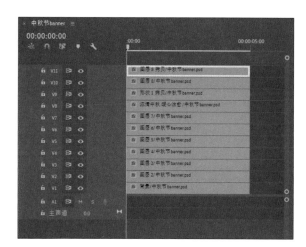

图7-45

3 由于素材轨道过多，不利于后续制作，因此这里需要将部分素材嵌套。选择V2~V7轨道上的素材，单击鼠标右键，在弹出的快捷菜单中选择"嵌套"命令，在打开的"嵌套序列名称"对话框中输入名称"月饼"，按【Enter】键完成嵌套。使用同样的方法将时间轴面板中V8~V11轨道上的素材嵌套，然后调整轨道顺序，并将多余的轨道删除，如图7-46所示。

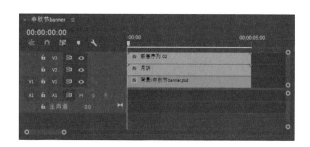

图7-46

4 双击V2轨道上的素材，进入"月饼"嵌套序列。将时间指示器向后移动5帧，选择V2~V7轨道，向后拖动至时间指示器所在位置。使用相同的方法依次调整其他轨道上的素材，使每个轨道上的素材入点均间隔5帧，并按照阶梯状排列，如图7-47所示。

5 将时间指示器移动到"00:00:00:05"位置，选择V2轨道上的素材。打开效果控件面板，单击"位置"选项前的"切换动画"按钮，激活关键帧，并在当前时间点添加第1个关键帧，然后在"位置"选项后的数值框中分别输入"1042.0""3.0"，如图7-48所示。

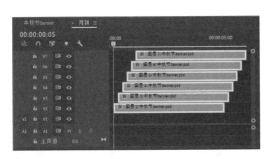

图7-47

图7-48

6 将时间指示器移动到"00:00:00:10"位置，先单击"位置"选项后的"添加/移除关键帧"按钮，然后单击"重置参数"按钮，使月饼恢复原位，如图7-49所示。

图7-49

7 在效果控件面板中选择其中的两个关键帧，单击鼠标右键，在弹出的快捷菜单中选择【临时插值】/【贝塞尔曲线】命令，然后展开"位置"选项中的速率图，将鼠标指针移动到控制点上，拖动控制柄调整曲线路径，如图7-50所示。

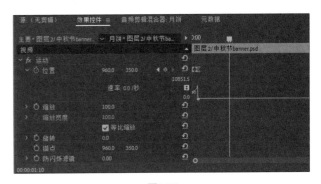

图7-50

8 选择V2轨道上的素材，按【Ctrl+C】组合键复制属性，选择V3~V7轨道上的素材，按【Ctrl+Alt+V】组合键粘贴属性，打开"粘贴属性"对话框，保持默认设置，按【Enter】键完成粘贴。

9 此时已经为所有的月饼素材添加了相同的移动效果，返回"中秋节Banner"序列，在节目面板中预览效果，如图7-51所示。然后按【Ctrl+S】组合键保存文件。

图7-51

7.5.3　制作缩放运动效果

通过调整效果控件面板中的"缩放"选项，可以在素材中创建从小到大或从大到小的运动效果，使素材效果发生大小上的变化。

范例 制作家装节 H5 广告缩放效果

知识要点 "缩放"运动效果的运用

配套资源 素材文件\第7章\家装节产品广告.psd
效果文件\第7章\家装节产品广告.prproj

扫码看视频

范例说明

本例将制作一个家装节H5广告，要求重点突出H5广告中的文字，并通过缩放效果使观众的视线集中在文字上。

扫码看效果

操作步骤

1 新建名为"家装节产品广告"的项目文件，将"家装节产品广告.psd"素材以"序列"的方式导入项目面板中，在项目面板中展开"家装节产品广告"素材箱，如图7-52所示。

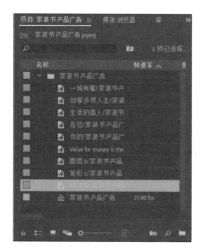

图7-52

2 双击素材箱中的"家装节产品广告"序列，在时间轴面板中将所有素材图层全部显示，这里需要将部分素材嵌套。选择V3~V9轨道上的素材，单击鼠标右键，在弹出的快捷菜单中选择"嵌套"命令，保持默认设置，按【Enter】键完成嵌套，然后将多余的空轨道删除。

3 在时间轴面板中双击嵌套序列，选择V9轨道上的素材，打开效果控件面板，然后单击"缩放"选项前的"切换动画"按钮 ⓞ ，激活关键帧，并在当前时间点添加第1个关键帧，如图7-53所示。

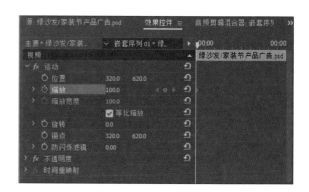

图7-53

4 接下来设置素材的缩放状态，由于这里需要在下方的灰色矩形中缩放"绿沙发"文字，所以需要调整缩放的中心位置，即锚点位置。在节目面板中可以看到该素材呈选中状态，选择锚点，按住鼠标左键将其拖曳到矩形的中心位置，如图7-54所示。

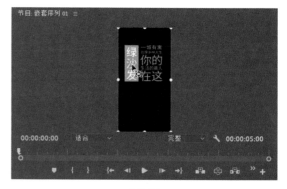

图7-54

5 在效果控件面板中设置"缩放"参数为"20"，然后将时间指示器移动到"00:00:01:10"位置，单击"缩放"选项后的"添加/移除关键帧"按钮 ⓞ ，设置"缩放"为"200"；接着将时间指示器移动到"00:00:02:10"位置，再添加一个缩放关键帧，并设置"缩放"为"150"；按【Shift+O】组合键转到素材出点位置，再添加一个缩放关键帧，并设置"缩放"为"100"，如图7-55所示。

图7-55

6 按【Shift+I】组合键转到素材入点位置,选择V8轨道上的素材,在效果控件面板中单击"缩放"选项前的"切换动画"按钮⊙,激活关键帧,并在当前位置添加一个缩放关键帧,然后设置"缩放"为"55"。接着转到素材出点位置,再添加一个缩放关键帧,设置"缩放"为"100",如图7-56所示。

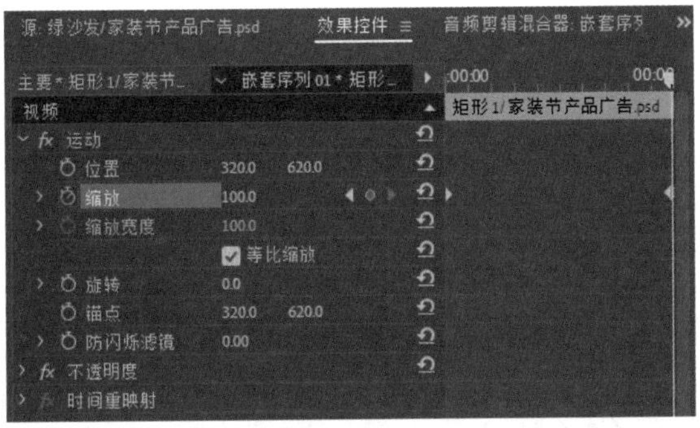

图7-56

7 转到素材入点位置,选择V7轨道上的素材,进入效果控件面板,在当前位置激活并添加一个缩放关键帧,设置"缩放"为"180",然后转到素材出点位置,再添加一个缩放关键帧,设置"缩放"为"100"。

8 将时间指示器移动到"00:00:01:08"位置,选择V6轨道上的素材,进入效果控件面板,在当前位置激活并添加一个缩放关键帧,设置"缩放"为"280",然后转到素材出点位置,再添加一个缩放关键帧,设置"缩放"为"100"。

9 将时间指示器移动到"00:00:02:19"位置,选择V5轨道上的素材,进入效果控件面板,在当前位置激活并添加一个缩放关键帧,设置"缩放"为"40",然后转到素材出点位置,再添加一个缩放关键帧,设置"缩放"为"100"。

10 将时间指示器移动到"00:00:02:20"位置,选择V4轨道上的素材,进入效果控件面板,在当前位置激活并添加一个缩放关键帧,设置"缩放"为"190",然后转到素材出点位置,再添加一个缩放关键帧,设置"缩放"为"100"。

11 将时间指示器移动到"00:00:03:20"位置,选择V3轨道上的素材,进入效果控件面板,在当前位置激活并添加一个缩放关键帧,设置"缩放"为"60",然后转到素材出点位置,再添加一个缩放关键帧,设置"缩放"为"100"。

12 返回"家装节产品广告"序列,在节目面板中预览效果,如图7-57所示。确认无误后按【Ctrl+S】组合键保存文件。

图7-57

小测 制作家居产品推广H5动画效果

配套资源\素材文件\第7章\家居产品推广H5.psd
配套资源\效果文件\第7章\家居产品推广H5.prproj

本例要求制作家居产品推广H5的动画效果,现已提供家居产品推广H5的静态素材文件,需为其添加动画效果。制作时,为了突出家居产品推广H5的主题,可以调整"位置"和"缩放"选项为广告中的文字添加动画效果,如图7-58所示。

图7-58

H5的全称为HTML5（Hyper Text Markup Language，超文本标记语言），是指第5代HTML。在移动互联网时代，H5是一种全新的信息链接与展现方式，受到了用户的广泛关注，设计人员只需对需要推广的内容进行简单的编辑与发布，即可做到"所见即所得"。H5页面不仅在视觉效果上有较大提升，还拥有图片所没有的强大优势，如可操作性与互动性强、展现方式多样、表现形式丰富、视听效果好等。随着时代的发展，创意越来越受到设计人员的重视，H5的内容不但关注于一些社会热点问题，具有实用的传播价值，还通过创意构思在视觉效果方面具有较高的艺术欣赏性。这就要求设计人员在制作H5时，不仅要运用创意手法，增强H5传播的趣味性，还要传递"正能量"，引导观众树立正确的人生观、价值观和世界观。

设计素养

7.5.4 创建旋转效果

调整效果控件面板中的"旋转"选项，可设置素材在画面中的旋转角度。在调整"旋转"选项时，要注意锚点的位置变化，锚点的位置不同，其旋转效果也会有所不同。

范例 制作公众号首页动态效果

知识要点 "旋转"运动效果的运用

配套资源 素材文件\第7章\公众号首页.psd
效果文件\第7章\公众号首页动态效果.prproj

扫码看视频

范例说明

本例提供了公众号首页的静态素材文件，画面中的圆形元素较多，因此可以为其添加旋转的运动效果，以增强画面动感。

扫码看效果

操作步骤

1 新建名为"公众号首页动态效果"的项目文件，将"公众号首页.psd"素材以"序列"的方式导入项目面板中。

2 打开项目面板中的"公众号首页"序列，将V2~V7轨道上的素材全部嵌套，然后删除多余的空轨道，如图7-59所示。

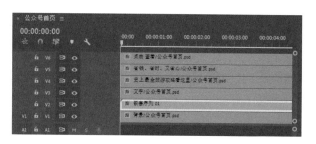

图7-59

3 在时间轴面板中双击"嵌套序列01"序列素材，选择V2轨道上的素材，打开效果控件面板，然后单击"旋转"和"位置"选项前的"切换动画"按钮，激活关键帧，在当前时间点各添加一个旋转关键帧和一个位置关键帧，并设置"位置"参数，如图7-60所示。

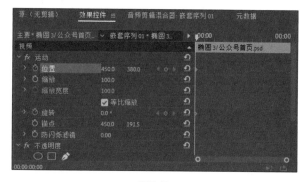

图7-60

4 将时间指示器移动到"00:00:00:15"位置，选择V3轨道上的素材，在效果控件面板中单击"旋转"和"位置"选项前的"切换动画"按钮，激活关键帧，并设置"旋转"为"60"。

5 选择V4轨道上的素材，在效果控件面板中添加一个旋转关键帧，然后单击"旋转"选项，在节目面板中查看V4轨道上素材的锚点位置并进行调整，如图7-61所示。

6 将时间指示器移动到"00:00:00:20"位置，选择V5轨道上的素材，在效果控件面板中单击"旋转"和"位置"选项前的"切换动画"按钮，激活关键帧，并设置"旋转"为"80"。

7 将时间指示器移动到"00:00:00:20"位置，选择V6
轨道上的素材，在效果控件面板中单击"旋转"和"位
置"选项前的"切换动画"按钮 ◯，激活关键帧，并设置"旋
转"为"-80"。

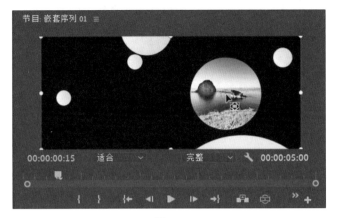

图7-61

8 将时间指示器移动到"00:00:01:00"位置，在效果控件
面板中添加一个旋转关键帧，然后单击"旋转"选项，
在节目面板中调整锚点位置，如图7-62所示。

图7-62

9 按【Shift+O】组合键转到素材出点位置，再添加一
个旋转关键帧，并设置"旋转"为"360"；选择V6
轨道上的素材，添加一个旋转关键帧，并设置"旋转"为
"0"；选择V5轨道上的素材，添加一个旋转关键帧，并设置
"旋转"为"0"；选择V4轨道上的素材，添加一个旋转关键
帧，并设置"旋转"为"360"；选择V3轨道上的素材，添
加一个旋转关键帧，并设置"旋转"为"0"；选择V2轨道
上的素材，添加一个位置关键帧，并设置"位置"分别为
"450""191.5"。

10 返回"公众号首页"序列，在节目面板中预览
效果，如图7-63所示。确认无误后按【Ctrl+S】
组合键保存文件。

图7-63

7.5.5 创建其他动画效果

在效果控件面板中创建运动效果后，还可以利用关键帧
创建其他的动画效果，如修改其透明度和混合模式，或添加时
间重映射、改变播放速度等，使视频产生更加丰富的效果。

 范例 制作变速视频

 知识要点 "时间重映射"效果的运用

 配套资源 素材文件\第7章\变速视频.mp4、文字.png、音乐.mp3
效果文件\第7章\变速视频.prproj

扫码看视频

 范例说明

在Premiere中的"速度/持续时间"对
话框中修改速度时，需要先剪辑不同速
度的视频片段并设置参数，操作比较烦
琐，这里可以利用Premiere中的时间重映
射功能迅速实现加速、减速、倒放和静
止等效果。本例将创建"时间重映射"关键帧，根
据音频素材的节奏制作变速视频，使音频与视频
的节奏尽量同步。

扫码看效果

1 新建名为"变速视频"的项目文件，将"变速视频.mp4""文字.png""音乐.mp3"素材全部导入项目面板中。

2 将项目面板中的"变速视频.mp4"素材拖曳到时间轴面板中，单击鼠标右键，在弹出的快捷菜单中选择"取消链接"命令，取消音、视频链接并删除音频素材，然后将"音乐.mp3"素材拖动到AI轨道上。

3 将时间指示器移动到"00:00:22:22"位置，使用剃刀工具 ◆ 在时间指示器位置分割音频，删除分割后的后半段音频。拖动时间轴音频轨道右侧的滑块，放大音频的显示，以便后续操作，如图7-64所示。

图7-64

4 放大音频后，可以清楚地看到AI轨道上素材的音波高低起伏明显，具有节奏感。为了让视频配合上音频的节奏，制作出变速效果，同时需要在变速的音、视频位置添加标记。选择时间轴面板，按空格键试听音频，当播放到节奏强烈的音频时按【M】键快速添加标记。也可以根据AI轨道上的音波峰值位置来添加标记，添加后的效果如图7-65所示。

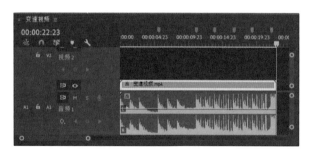

图7-65

5 拖动时间轴视频轨道右侧的滑块，放大视频的显示。用鼠标右键单击VI轨道上的素材，在弹出的快捷菜单中选择【显示剪辑关键帧】/【时间重映射】/【速度】命令。单击第1个标记，时间指示器将自动移动到该位置，然后单击VI轨道前的"添加/移除关键帧"按钮 ◎，添加一个关键帧。使用相同的方法依次在后面的标记位置添加关键帧，如图7-66所示。

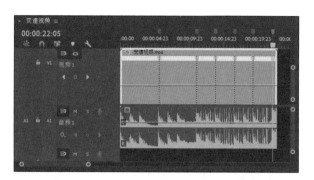

图7-66

技巧

在时间轴面板中为素材添加关键帧时，可先选择钢笔工具 ✎，将鼠标指针移动到轨道的素材上，当鼠标指针变成 ▸ 形状时，直接单击鼠标左键即可。

6 在时间轴面板中可以看到视频素材的中间有一条横线，这条线用于显示视频速度。单击选中第1段横线，按住鼠标左键向下拖曳至80%，可看到该段视频时长在增加，表示对这段视频进行了减速，如图7-67所示。

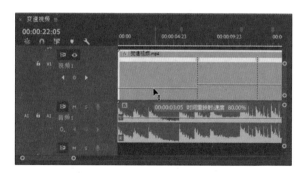

图7-67

7 单击选中第2段横线，按住鼠标左键向上拖曳至138%，可看到该段视频时长在减少，表示对这段视频进行了加速，如图7-68所示。

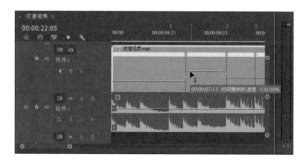

图7-68

8 将鼠标指针移动到视频轨道的灰色滑块上，当其变成 ↔ 形状时，按住鼠标左键向右拖曳，分离灰色滑块，如

图7-69所示。

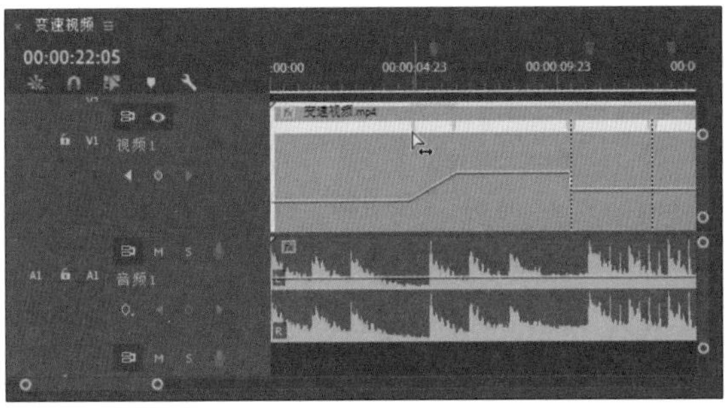

图7-69

9 此时一个完整的灰色滑块被分离为两个，选择左侧的灰色滑块向左拖动，拖动时，上方节目面板中出现两个画面，左侧画面为左滑块的位置，右侧画面为右滑块的位置，如图7-70所示。

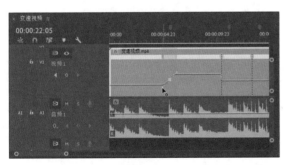

图7-70

10 在时间轴面板中可以看到横线出现坡度效果和控制柄，此时左右拖动左侧的控制柄，使横线的转折处变为曲线，减缓视频速度，如图7-71所示。

图7-71

11 使用相同的方法分离第2个标记处的滑块，并拖动分离后的右侧滑块至"00:00:12:03"位置，然后拖动控制柄，减缓视频速度，如图7-72所示。

图7-72

12 单击选中第3段横线，按住鼠标左键向上拖曳至183%；单击选中第4段横线，按住鼠标左键向上拖曳至134%；单击选中第5段横线，按住鼠标左键向上拖曳至160%；单击选中第6段横线，按住鼠标左键向上拖曳至200%；单击选中第7段横线，按住鼠标左键向下拖曳至43%，如图7-73所示。

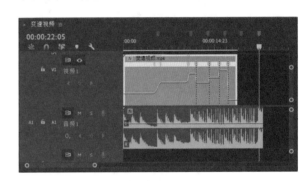

图7-73

13 调整每段横线的滑块位置，并使横线的转折处变为曲线，如图7-74所示。

图7-74

14 此时发现音、视频的时长并不匹配，可拖动音频素材的出点，使音频素材的时长与视频素材的时长一致。

15 将项目面板中的"文字.png"素材拖动到V2轨道上，使其时长与视频素材和音频素材的时长一致。

16 按【Shift+I】组合键，在时间轴面板中选择"文字.png"素材，打开效果控件面板，然后单击"缩放"和"不透明度"选项前的"切换动画"按钮 ○ ，激活关键帧，在当前时间点各添加第1个关键帧，并设置"不透明度"为"0"。

17 按【Shift+O】组合键，在效果控件面板中的当前时间点各添加第1个不透明度关键帧和缩放关键帧，并设置"不透明度"和"缩放"参数，如图7-75所示。

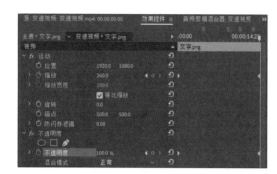

图7-75

18 按空格键在节目面板中预览效果，如图7-76所示。确认无误后按【Ctrl+S】组合键保存文件。

图7-76

7.6 综合实训：制作"元宵节"H5视频广告

> H5视频广告主要是通过互联网社交媒体平台，向目标消费群体进行商品信息互动传播的互联网新媒体广告，其发展速度较快。移动端的发展也为H5视频广告的发展提供了良好的契机。

7.6.1 实训要求

在社交平台投放广告是各大商家宣传或推广产品、提升品牌形象、增强粉丝黏性的重要传播手段。某商家为了在即将来临的"元宵节"大促活动中进行产品与品牌的宣传与推广，提高用户关注度，现需要利用H5丰富多样的形式、强大的互动性和良好的视听体验制作一个H5视频广告，要求在Premiere中制作出H5视频广告的动态效果，且H5视频广告要着重体现元宵节的节日氛围，同时广告的动态效果也要具有美感和趣味性。

> 元宵节又称上元节、小正月、元夕或灯节，是中国的传统节日之一，其时间为每年农历正月十五。正月是农历的元月，正月十五是一年中第一个月圆之夜，所以这一天被称为"元宵节"。元宵节是中国传统文化观念和价值观念的体现，不仅蕴含着丰富的思政教育资源，还是思政教育开展的重要载体，因此要充分认识和发挥传统文化节日中蕴含的思政教育功能，积极传承和弘扬中国的优秀传统文化，增强文化自信和民族自信。
>
> 设计素养

7.6.2 实训思路

（1）通过分析提供的素材和资料，可将本实训的素材分为3部分：第1部分主要展现广告主题和节日时间，激发消费者继续阅读的兴趣，可将其作为H5视频广告的第1页；第2部分主要展现具体的广告内容，让消费者对广告信息更加了解，可将其作为第2页；第3部分根据商家要求展现抽奖的互动页面，提高消费者的购买欲，可将其作为第3页。

（2）H5视频广告的第1页是活动标题页，该页面中标题文字"闹元宵"字体较大，因此在制作标题的动画效果时可运用弹性放大的动画效果来强调画面的重点内容，不仅让单一的文字更加有趣、灵动，而且动态的文字效果也会让消费者的视线更加集中，从而快速注意到活动标题。另外，只为文字添加动画效果稍显单调，也可以为画面中的其他元素，如灯笼、生肖鼠等创建关键帧动画效果，使画面内容更加丰富。结合整个画面效果来看，生肖鼠元素为飞翔姿势，因此可为其添加随处移动的位移动画，制作出飞翔的视觉效果，通过改变运动路径，让生肖鼠元素的运动更加自然；而灯笼一般从下往上飘动，因此可为其添加向上移动的效果。

（3）H5视频广告的第2页是广告内容页，文字内容较多，因此在制作动画效果时可考虑将画面的动态元素集中到文字上，将文字作为画面焦点。同样，为了丰富画面效果，也可以为其他图像元素创建动态效果，如这里可让鱼元素围绕矩形框运动，制作出鱼在不停游动的视觉效果。

（4）H5视频广告的第3页是抽奖页面，版式和第2页相同，因此在制作第3页的动画效果时，可复制和粘贴第2页的动画效果，提高工作效率。第3页的中间内容是一个抽奖转盘，因此可为该图像制作一种旋转效果。

（5）本实训制作的H5视频广告的主要目的是宣传元宵节活动，因此为了增强内容的展现力和听觉吸引力，可为H5视频广告添加欢快的背景音乐。

本实训完成后的参考效果如图7-77所示。

扫码看效果

图7-77

7.6.3　制作要点

本实训的主要操作步骤如下。

1. 制作活动标题页

1 新建名为"元宵节H5视频广告"的项目文件，将"H5视频广告素材"文件夹导入项目面板中（文件夹中PSD格式文件的导入方式为"各个图层）。

2 将"元宵节活动1"素材箱中的"背景"素材拖动到时间指示器面板中，并将其嵌套，嵌套名称为"首页背景"，双击进入该嵌套，添加3个视频轨道。

3 将时间指示器移动到"00:00:00:05"位置，将"卡通"素材拖动到V2轨道上的时间指示器位置，拖动素材到出点位置，使素材的时长与整个视频的时长相同。

4 在当前时间点为V2轨道上的素材添加第1个位置关键帧，调整"位置"为"653""1659"；在"00:00:02:00"位置调整"位置"为"194""290"；在"00:00:03:20"位置调整"位置"为"194""333"。

5 在节目面板中调整"卡通"素材的运动路径，如图7-78所示。

图7-78

6 将时间指示器移动到"00:00:01:00"位置，将"灯笼"素材拖动到V3轨道上，调整其时长与整个视频时长一致。同样，在该位置分别添加一个位置关键帧和一个不透明度关键帧，调整"位置"为"400 1206"，"不透明度"为"0"。

7 将时间指示器移动到"00:00:02:18"位置，调整"位置"为"325""666"，"不透明度"为"100"。

8 将时间指示器移动到"00:00:02:00"位置，将灯笼素材拖动到V4轨道上的时间轴位置，调整其时长与整个视频时长一致。调整"位置"为"690 1066"，"不透明度"参数为"0%"。

9 将时间指示器移动到"00:00:03:20"位置，调整"位置"为"690""190"，"不透明度"为"100%"。

10 返回"元宵节活动1"序列，将"闹"字素材拖动到V2轨道上，并将该素材嵌套，嵌套名称为"文字"，双击进入该嵌套，添加3个视频轨道。

11 选择V2轨道上的素材，在当前时间点添加第1个缩放关键帧，设置"缩放"为"20"。在"00:00:00:10"位置设置"缩放"为"100"。

12 将"元"字素材拖动到V2轨道的"00:00:00:10"位置，将"宵"字素材拖动到V3轨道的"00:00:00:24"位置。

13 复制V2轨道上素材的属性，然后分别粘贴到V3和V4轨道的素材上。将"Lantern Festival"文字素材拖动到V5轨道的"00:00:00:24"位置。

14 返回"元宵节活动1"序列，将"文字"序列移动到"00:00:00:05"位置。将"圆角矩形1"素材拖动到V3轨道上，并将该素材嵌套，嵌套名称为"点击"。

15 双击进入"点击"嵌套，将"圆角矩形1"素材、"点击参与活动"素材和"农历正月十五元宵节"文字素材分别拖动到V1、V2和V3轨道上。

16 返回"元宵节活动1"序列，将时间指示器移动到"00:00:00:05"位置，为V3轨道上的序列添加一个缩放关键帧，设置"缩放"为"0"。将时间指示器移动到"00:00:03:02"位置，再添加一个缩放关键帧，设置"缩放"为"100"，将V3轨道上各序列的持续时间调整为一致。

17 将"元宵节活动1"序列中的3个子序列嵌套，嵌套名称为"页面1"。

2. 制作广告内容页

1 将时间轴移动到"00:00:04:23"位置，将"元宵节活动2"素材箱中的"背景"素材拖动到V1轨道上的时间指示器位置，并将其嵌套，嵌套名称为"背景2"。

2 进入"背景2"序列，添加5个视频轨道。将"海浪"素材拖动到V2轨道上，并为其制作一个从下往上移动的位移动画。动画开始位置为"320""1066"，结束位置为"320""620"，结束时间点为"00:00:02:18"。

3 将"活动"素材拖动到V3轨道上。选择V3轨道上的素材，为其制作一个从上往下移动的位移动画。动画开始位置为"320""-199"，结束位置为"320""620"，结束时间点为"00:00:02:01"。

4 将"活动内容"素材拖动到V4轨道上。选择V4轨道上的素材，为其制作一个透明变换的动画效果。动画开始时间点为"00:00:03:00"，不透明度为"0"；结束时间点为"00:00:04:24"，不透明度为"100"。

5 将"元宵幸运锦鲤"和"邀请好友抽888元锦鲤红包"素材分别拖动到V5和V6轨道上，并将V4轨道上的属性分别粘贴到这两个轨道的素材上。

6 返回"元宵节活动1"序列，将时间指示器移动到"00:00:07:01"位置，将"锦鲤"素材拖动到V2轨道上，并在当前位置创建一个位置关键帧和旋转关键帧，设置"位置"为"200""1121"，"旋转"为"0"。

7 将时间指示器移动到"00:00:07:11"位置，创建一个位置关键帧和一个旋转关键帧，设置"位置"为"274""896"，"旋转"为"-102"；将时间指示器移动到"00:00:07:21"位置，设置"位置"为"614""896"，"旋转"参数不变。

8 将时间指示器移动到"00:00:08:06"位置，创建一个位置关键帧和旋转关键帧，设置"位置"为"437""816"，"旋转"为"-185"。将时间指示器移动到"00:00:09:10"位置，创建一个位置关键帧和旋转关键帧，设置"位置"为"174""838"，"旋转"为"-355"。

9 将"标题"素材拖动到V3轨道上，调整其时长与整个视频的时长一致，设置"位置"为"320""671"。为其制作一个从小变大的动画效果，开始时间点为"00:00:07:01"，"缩放"为"0"，结束时间点为"00:00:09:09"，"缩放"为"100"。

10 将轨道2和轨道3上的素材以及"背景2"序列嵌套，嵌套名称为"页面2"。

3. 制作抽奖页面

1 将时间指示器移动到"00:00:09:21"位置，将"元宵节活动2"序列中的"背景"素材拖动到V1轨道上，将"海浪"素材拖动到V2轨道上。

2 将上一步添加的两个素材嵌套，嵌套名称为"背景3"。双击进入"背景3"序列，添加2个视频轨道，将"元宵幸运锦鲤"和"邀请好友抽888元锦鲤红包"素材分别拖动到新轨道上。

3 返回"元宵节活动1"序列，将时间指示器移动到"00:00:09:22"位置，将"抽奖.png"素材拖动到V2轨道上。

4 选择V2轨道上的素材，在效果控件面板中添加一个旋转关键帧，设置"旋转"为"0"，再添加一个旋转关键帧，设置"旋转"为"360"。

5 将V2轨道上的素材和"背景3"序列素材嵌套，嵌套名称为"页面3"。

6 将"元宵节音乐.mp3"素材拖动到A1轨道上，并调整音频素材的时长与整个视频的时长一致。

7 保存文件，并将其导出为MP4格式。

 巩固练习

1. 制作扁平化动态Logo

本练习需要将具有扁平化风格的Logo素材制作为一个动态视频，要求动画效果简洁自然，参考效果如图7-79所示。

配套资源 素材文件\第7章\Logo素材.psd
效果文件\第7章\扁平化动态Logo.mp4、扁平化动态Logo.prproj

图7-79

2. 制作清明节动态海报

本练习将制作清明节动态海报，要求结合画面效果制作合适的文字内容，并为文字、燕子、雨滴素材添加合适的动画效果，且动画效果要有一定规律，如燕子飞翔应遵循近大远小的透视规律，雨滴应遵循从上往下的重力规律。参考效果如图7-80所示。

配套资源 素材文件\第7章\清明节海报素材.psd
效果文件\第7章\清明节动态海报.prproj

3. 制作情人节GIF动画

本练习将利用提供的PSD素材制作情人节GIF动画，要求动画效果和缓，画面效果美观，文件格式为GIF动图格式。制作时主要利用位置、不透明度、缩放等关键帧，参考效果如图7-81所示。

配套资源 素材文件\第7章\情人节GIF动画素材.psd
效果文件\第7章\情人节GIF动画.gif

图7-80

图7-81

第7章 关键帧动画和运动效果

4. 制作App交互动态视频

本练习将制作App交互动态视频，要求动画节奏自然流畅，展现出App交互前后的动画效果。制作时主要利用位置、缩放、不透明度等关键帧。参考效果如图7-82所示。

 配套资源　素材文件\第7章\"App素材"文件夹
效果文件\第7章\App交互动态视频.mp4

图7-82

 技能提升

在制作关键帧动画时，一般通过添加位置、缩放等关键帧将文字、图像、视频等出入场的效果制作得更加炫酷，但过程较为烦琐，有时甚至还达不到预期效果。此时可以使用外部动画预设来进行操作，或者将多个预设动画组合使用，以制作出更加精美的动画效果。

导入、应用与删除外部动画预设插件的方法与第6章中讲解的导入、应用与删除视频特效的方法一样，因此这里不过多介绍。图7-83所示为导入的一套动画预设插件，其中"×××IN"表示入场动画，"×××OUT"表示出场动画。

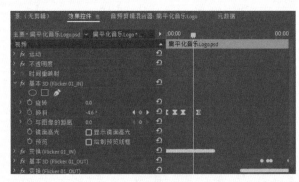

图7-84

图7-83

将预设效果拖曳至素材上，可以在效果控件面板中修改默认的插件参数，如图7-84所示。在节目面板中则可以看到素材应用动画预设后的效果，如图7-85所示。

图7-85

除了导入外部的动画预设插件，在Premiere中也可以将关键帧动画保存为自定义的动画预设，这在实际工作中也较为常用，其方法与第6章中所讲的视频特效预设的创建与保存方法一样。

第 **8** 章

视频抠像与合成

本章导读

在制作视频的过程中可能会遇到上方视频轨道上的内容遮挡住下方视频轨道上需要展现的内容的情况,此时需要进行视频抠像,使下方轨道上的内容也能在画面中显示而不被遮挡,或将两个轨道上的内容叠加、合成,达到意想不到的视觉效果。

知识目标

< 了解视频抠像的原理与作用
< 熟悉"键控"抠像合成技术
< 掌握蒙版的应用
< 掌握视频抠像与合成技术

能力目标

< 能够制作淡化合成效果
< 能够使用亮度键抠取剪影素材
< 能够合成星空视频背景
< 能够制作水墨转场效果
< 能够使用非红色键抠除绿幕背景.
< 能够制作定格分身特效视频
< 能够添加马赛克跟踪效果

情感目标

< 培养学习视频抠像与合成的兴趣
< 培养灵活运用不同抠像技术解决实际问题的分析思路
< 积极探索视频抠像理论知识与实际抠像操作的结合

8.1 了解视频抠像与合成

视频抠像是影视制作中的常见技术,很多影视作品中的特效场景都是由专业人员利用视频抠像与合成技术制作而成的。视频抠像是指以视频画面中的某种颜色作为透明色,将其从画面中抠去,只保留主体物,以便于后续的视频合成。视频合成是指将两个或两个以上的视频组合在一起,形成多个视频画面叠加混合的效果,从而创作出效果更丰富的视频作品。

8.1.1 视频抠像前拍摄的注意事项

通过视频抠像可以任意更换视频背景,但并不是所有视频都能够直接进行抠像的,有时还需要做一些前期准备工作。注意需要抠像的视频背景最好为纯色背景,如绿色背景和蓝色背景最为方便,这是因为人物皮肤不包含蓝色和绿色信息,在抠像时很容易将人物和背景分离。因此,摄影师在拍摄需要抠像的视频时常以绿幕(绿色幕布)和蓝幕(蓝色幕布)作为背景。

另外,拍摄时为了减小幕布对拍摄主体造成的反光影响,要避免或减少使用反光物体,并让拍摄主体物远离幕布背景,确保主体物的阴影不会落在幕布背景上。在给幕布打光时,光的分布要均匀,光源要柔和,避免出现亮点和阴影,以便于后期抠像。

8.1.2 视频抠像前拍摄的要求

使用绿幕或蓝幕拍摄有以下要求。

● 绿幕拍摄:使用绿幕拍摄时,由于绿色比较明亮,因此绿幕所需的光线更少,比较适合拍摄白天的场景,并且视频场景中主体物的颜色尽量不要用绿色，避免后期进行视频抠像时变成透明。图8-1所示为原始绿幕的视频效果和使用绿幕抠像并合成后的视频效果。

原始绿幕的视频

使用绿幕抠像并合成后的视频

图8-1

● 蓝幕拍摄：蓝幕对光线的要求更高，需要的光线更多。因此，蓝幕适合拍摄夜间场景。与绿幕拍摄要求一样，使用蓝幕拍摄时，视频场景中的主体物颜色也尽量不要选用蓝色。

需要注意的是，如果要对非纯色背景的视频进行抠像，则只能先将视频生成TAG序列图像，然后在Photoshop中抠除这些图像的背景，再将抠完的序列图像导入Premiere中，生成透明底的视频，其操作比较烦琐费时。

8.1.3 视频合成的方法

视频合成的主要原理是叠加不同轨道上的素材，主要可通过以下4种方法实现。

● 不透明度：Premiere效果控件面板中的每个素材都包含不透明度属性，当设置素材的不透明度为"100%"时，素材完全不透明；当设置不透明度为"0%"时，素材完全透明。当将一个素材与另一个素材叠加时，设置素材的不透明度，可以显示下方轨道上的素材，即不被其上方的素材遮挡，然后调整上方素材的大小，使画面呈现出特殊的视觉效果，如图8-2所示。

图8-2

● 混合模式：Premiere效果控件面板"不透明度"栏中的混合模式提供了多种让上下轨道上的两个素材相互混合的方式，如图8-3所示。如应用滤色模式可以快速去除黑色背景，应用相乘模式可以快速去除白色背景等，如图8-4所示。

图8-3

图8-4

● 蒙版：在合成视频时，也可以通过创建蒙版对素材进行叠加处理，以得到需要的效果。创建蒙版时，可以通过路径来调节蒙版范围，移除视频画面中需要遮挡的元素。

● 键控：键控也被称为抠像，它使用特定的颜色值或亮度值来对素材中的不透明区域进行自定义设置，使不同轨道上的素材合成到一个画面中。在Premiere中的效果面板中依次展开"视频效果""键控"文件夹，即可查看图8-5所示的9种"键控"视频效果。

图8-5

范例说明

　　设置不透明度来合成视频的原理是调整素材的整体不透明度，让素材变淡，使其下方的素材逐渐显现，从而产生一种朦胧的效果。本例将为素材添加关键帧，然后制作淡化合成效果，使不同视频素材之间过渡自然。

扫码看效果

操作步骤

1　新建名为"淡化合成"的项目文件，将"背景.mp4""前景.mp4"素材全部导入项目面板中。

2　将项目面板中的"背景.mp4"素材拖曳到时间轴面板中，将"前景.mp4"素材拖动到V2轨道上，并调整V2轨道上的素材与V1轨道上的素材时长一致，如图8-6所示。

图8-6

3　选择"前景.mp4"素材，在效果控件面板中单击"运动"栏前的▶按钮，展开其参数，设置"缩放"为"112"，如图8-7所示。

图8-7

4　双击V2轨道前的空白位置，放大时间轴面板，显示出素材的关键帧区域。选择V2轨道上的素材，将当前时间指示器移动到"00:00:01:18"位置，单击"添加-移除关键帧"按钮◎，在当前位置添加一个关键帧（因为这里默认添加的就是不透明度关键帧，所以不用重新设置关键帧属性），如图8-8所示。

图8-8

5　使用相同的方法依次在"00:00:03:20"位置、"00:00:05:22"位置、"00:00:08:00"位置、"00:00:10:02"位置各添加一个关键帧，如图8-9所示。

图8-9

6 单击第1个关键帧，并按住鼠标左键向下拖动，使"前景.mp4"素材淡入，如图8-10所示。

7 使用相同的方法拖动第3个关键帧和第5个关键帧，使素材淡出，如图8-11所示。

图8-10

图8-11

8 完成后按空格键在节目面板中预览视频，效果如图8-12所示。确认无误后按【Ctrl+S】组合键保存文件。

图8-12

8.2 "键控"抠像合成技术

在制作视频特效时，"键控"抠像合成是一项比较重要的技术。在两个重叠的素材上运用不同的"键控"效果抠除素材背景，然后就可以合成素材，得到需要的效果了。

8.2.1 Alpha调整

"Alpha调整"效果能够对包含Alpha通道的素材进行不透明度调整，使当前素材与下方轨道上的素材产生叠加效果。该效果应用前后的对比效果如图8-13所示。

素材1　　　　　　　　　素材2

最终效果
图8-13

应用该效果后的效果控件面板如图8-14所示。

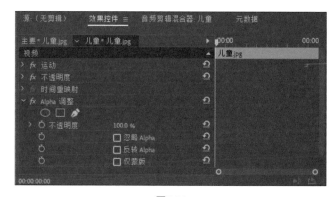

图8-14

● 不透明度：用于设置素材的不透明程度。该数值越小，素材越透明。

● 忽略Alpha：勾选"忽略Alpha"复选框，可以忽略Alpha通道。

● 反转Alpha：勾选"反转Alpha"复选框，Alpha通道会被反转。

● 仅蒙版：勾选"仅蒙版"复选框，将只显示Alpha通道的蒙版，而不显示其中的画面内容。

8.2.2 亮度键

"亮度键"效果能够将素材中的较暗区域设置为透明，并保持颜色的色调和饱和度不变，可以有效去除素材中较暗的图像区域，适用于明暗对比强烈的图像。该效果应用前后的对比效果如图8-15所示。

素材1

素材2

最终效果
图8-15

应用该效果后，可以在其效果控件面板的"亮度键"栏中设置"阈值"来调整较暗区域的范围，设置"屏蔽度"来控制其透明度，如图8-16所示。

图8-16

实战 使用亮度键抠取剪影素材

知识要点 "亮度键"视频效果的应用

配套资源 素材文件\第8章\剪影.tif、背景.tif
效果文件\第8章\抠取剪影.prproj

扫码看视频

📋 操作步骤

1 新建名为"抠取剪影"的项目文件，将"背景.tif""剪影.tif"素材导入项目面板中，选择"背景.tif"素材，单击鼠标右键，在弹出的快捷菜单中选择"从剪辑新建序列"命令，将该素材在时间轴面板中打开。

2 在项目面板中双击"剪影.tif"素材，如图8-17所示。由于该素材上的剪影和水面颜色过于接近，不利于抠取，而且这里只需要人物剪影，因此可以将水面部分裁剪。

图8-17

3 将"剪影.tif"素材拖动到时间轴面板中的V2轨道上。打开效果面板，在其中搜索"裁剪"特效，并将其拖曳到V2轨道的素材上，然后在效果控件面板中调整"裁剪"栏的"底部"为"33%"，裁剪后的效果如图8-18所示。

图8-18

4 打开效果面板，在其中依次展开"视频效果""键控"文件夹，选择"亮度键"效果，并将其拖曳到V2轨道中的素材上。此时节目面板中的人物剪影变为透明，如图8-19所示。

图8-19

5 由于这里需要抠取人物剪影，让其他区域变为透明，所以需要在效果控件面板中调整"阈值"和"屏蔽度"，如图8-20所示。

图8-20

6 此时剪影人物已经被抠取，在节目面板中预览效果，如图8-21所示。确认无误后按【Ctrl+S】组合键保存文件。

图8-21

8.2.3 图像遮罩键

"图像遮罩键"效果能够将图片以底纹的形式叠加到素材中。在应用该效果时，与遮罩白色区域对应的区域不透明，与遮罩黑色区域对应的区域透明，与遮罩灰色区域对应的区域半透明。应用该效果后的效果控件面板如图8-22所示。

图8-22

● "设置"按钮：单击该按钮，可在打开的"选择遮罩图像"对话框中选择需要设置为底纹的图片，该图片将决定最终的显示效果。

● 合成使用：用来指定创建复合效果的遮罩方式，在右侧的下拉列表框中可以选择"Alpha遮罩"或"亮度遮罩"。

● 反向：勾选"反向"复选框，可以使遮罩反向。

8.2.4 差值遮罩

"差值遮罩"效果能够将两个素材中不同区域的纹理相叠加，将两个素材中相同区域的纹理去除。该效果应用前后的对比效果如图8-23所示。应用该效果后的效果控件面板如图8-24所示。

素材1　　　　　　素材2　　　　　　最终效果

图8-23

图8-24

● 视图：用于设置显示视图的模式。

● 差值图层：用于指定作为差值图层的视频轨道上的素材。

● 如果图层大小不同：用于设置图层是否居中或者伸缩。

● 匹配容差：用于设置素材匹配时的容差值。

● 匹配柔和度：用于设置素材边缘的羽化、柔和程度。

● 差值前模糊：用于设置素材的模糊程度，该值越大，素材越模糊。

需要注意的是，应用"差值遮罩"效果时，素材中的背景最好是静态的，如利用固定镜头拍摄的视频，这样视频的图像效果会更好。

8.2.5 移除遮罩

"移除遮罩"效果能够移除素材中的白色或黑色遮罩。该效果对于处理纯白或者纯黑背景的素材非常有用。应用该效果后的效果控件面板如图8-25所示。在"遮罩类型"栏中可以选择要移除的颜色。

图8-25

8.2.6 超级键

"超级键"效果能指定一种特定或相似的颜色遮盖素材，然后设置其透明度、高光、阴影等参数进行合成，也可以使用该效果修改素材中的色彩。该效果应用前后的对比效果如图8-26所示。

素材1

素材2

最终效果
图8-26

应用该效果后，效果控件面板中的参数如图8-27所示。

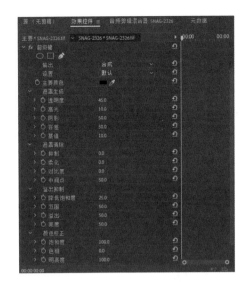

图8-27

● 输出：用于设置素材的输出类型。

● 设置：用于设置抠像的类型。

● 主要颜色：用于设置透明对象的颜色值。

● 遮罩生成：用于设置遮罩的生成方式。

● 遮罩清除：用于调整抑制遮罩的属性。

● 溢出抑制：用于对抠像后的素材边缘颜色进行抑制。

● 颜色校正：用于调整素材色彩。

操作步骤

1 新建名为"盛夏星空"的项目文件，将"树木.mov""星空.mov"素材全部导入项目面板中，然后新建名为"盛夏星空"的序列，如图8-28所示。

图8-28

2 将项目面板中的"树木.mov"素材拖曳到V2轨道上，在打开的提示框中单击 保持现有设置 按钮，在时间轴面板中选择素材，单击鼠标右键，在弹出的快捷菜单中选择"设为帧大小"命令，在节目面板中可以看到该素材已经基本铺满屏幕，但左右两边还有不贴合的部分。打开效果控件面板，设置"缩放"为"46.4"，在节目面板中可看到素材大小已合适，如图8-29所示。

图8-29

3 将项目面板中的"星空.mov"素材拖曳到V1轨道上，将"树木.mov"素材的时长调整至与"星空.mov"素材的时长一致，如图8-30所示。

图8-30

4 选择"星空.mov"素材，在效果控件面板中设置"缩放"为"54"。在效果控件面板中选择"超级键"效果，并将其添加到V2轨道的"树木.mov"素材上。进入效果控件面板，选择"超级键"栏"主要颜色"选项中的吸管工具 ，然后将吸管移动到节目面板中需要去除颜色的位置，单击鼠标左键去除所选颜色，如图8-31所示。此时画面的前后对比效果如图8-32所示。

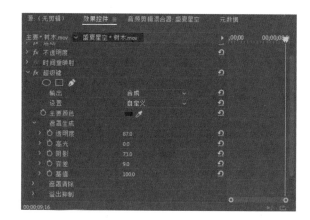

图8-31

图8-32

5 为了使"树木.mov"素材中的细节部分显现，这里还可以展开"遮罩生成"选项，设置其中的参数如图8-33所示。

6 接下来为视频添加一些简单的文案，让视频更加完整。选择文字工具 ，在节目面板中的素材右侧输入文字"盛夏星空"，在效果控件面板中设置参数如图8-34所示。

7 将V3轨道上的素材嵌套，然后双击该嵌套，在"嵌套序列01"序列中将V3轨道上的素材复制到V2轨道上，如图8-35所示。

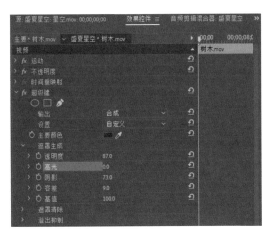

图8-33

图8-34

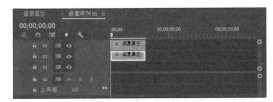

图8-35

8 为了让文字更加美观，这里可以为文字添加发光效果。在效果面板中选择"高斯模糊"效果，并将其添加到V2轨道的文字素材上。进入效果控件面板，在"高斯模糊"栏中设置"模糊度"为"18"。

9 完成后返回"盛夏星空"序列，可看到文字的持续时间与整个视频的持续时间不同，因此需要调整。选择"嵌套序列01"序列，单击鼠标右键，在弹出的快捷菜单中选择"速度/持续时间"命令，在"剪辑速度/持续时间"对话框中设置"持续时间"为"00:00:10:03"（整个视频持续时间），如图8-36所示。

图8-36

10 按空格键在节目面板中预览视频，效果如图8-37所示。确认无误后按【Ctrl+S】组合键保存文件，并将文件导出为MP4格式，以便于在多种设备上查看。

图8-37

小测 制作无缝转场创意视频效果

配套资源\素材文件\第8章\建筑物.mp4、海浪.mp4
配套资源\效果文件\第8章\视频无缝转场效果.prproj

　　本例提供了两段视频素材，要求将这些素材无缝衔接在一起，使其具有创意、美观的视觉效果。分析素材后发现，"建筑物.mp4"视频素材的天空颜色比较统一，因此这里可以利用"超级键"视频效果对其进行抠像处理，然后将"海浪.mp4"视频素材放到"建筑物.mp4"视频素材的下方进行融合。制作时，还可以添加过渡效果，让两段视频的融合更加自然。本例的参考效果如图8-38所示。

图8-38

8.2.7　轨道遮罩键

　　"轨道遮罩键"效果能将图像中的黑色区域部分设置为透明，白色区域部分设置为不透明。"轨道遮罩键"效果应用前后的对比效果如图8-39所示。

素材1　　　　　　素材2

最终效果

图8-39

应用该效果后，需要在效果控件面板的"遮罩"下拉列表框中选择遮罩的图层；在"合成方式"下拉列表框中选择合成的方式，包括"Alpha遮罩"和"亮度遮罩"两种；勾选"反向"复选框，可使遮罩反向显示。应用该效果后的效果控件面板如图8-40所示。

图8-40

 范例　　制作水墨转场效果

知识要点　　"轨道遮罩键"视频效果的应用

配套资源　　素材文件\第8章\展板.psd、水墨.mp4
效果文件\第8章\水墨转场视频.prproj、水墨转场视频.mp4

扫码看视频

范例说明

本例需要为乡村旅游宣传制作一个视频片头，已经提供了静态画面效果，要求制作动态的视频效果，由于提供的画面素材风格较为传统，因此可以考虑采用水墨风格的转场效果，两者相得益彰。

扫码看效果

操作步骤

1　新建名为"水墨转场视频"的项目文件，将"展板.psd、水墨.mp4"素材全部导入项目面板中。其中将"展板.psd"素材以"各个图层"的方式导入，如图8-41所示。

2　新建大小为"3150像素×1772"像素，名为"水墨片头"的序列。

3　打开项目面板，单击右侧底部的"新建项"按钮，在弹出的快捷菜单中选择"颜色遮罩"命令，打开"新建颜色遮罩"对话框，保持默认设置，按【Enter】键确认，打开"拾色器"对话框，在其中设置遮罩颜色为白色，按【Enter】键确认，打开"选择名称"对话框，输入名称"背景"，单击 确定 按钮，如图8-42所示。

图8-41

图8-42

4　将时间指示器移动到"00:00:10:00"位置，将新建的背景遮罩拖动到V1轨道上，并将遮罩的持续时间调整到时间指示器所在位置，如图8-43所示。

图8-43

5 将"水墨.mp4"素材拖动到V3轨道上，分离该素材的音、视频，然后删除分离后的音频素材。

6 在项目面板中展开"展板"文件夹，将其中的"背景"素材拖动到V2轨道上，使其持续时间与整个视频的时长一致，如图8-44所示。

图8-44

7 由于水墨素材完全遮挡了下方的背景素材，为了便于观察，可以将水墨素材的不透明度降低。选择V3轨道上的素材，在效果控件面板的"不透明度"栏中设置"不透明度"为"60%"。

8 将鼠标指针移动到"00:00:05:28"位置，观察水墨完全散开后底部背景素材的位置，如图8-45所示。

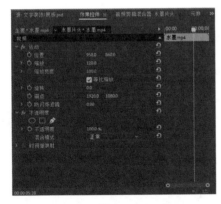

图8-45

9 由于背景素材中需要遮挡的位置为左侧，因此这里需要将水墨的位置也调整到左侧。选择V3轨道上的素材，在效果控件面板中调整"位置"和"缩放"，如图8-46所示。

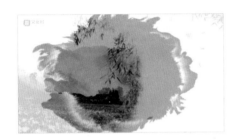

图8-46

10 将V3轨道上素材的"不透明度"重新调整为"100%"。在效果面板中选择"轨道遮罩键"效果，并将其添加到V2轨道的素材上。进入效果控件面板，

展开"轨道遮罩键"栏，在"遮罩"下拉列表框中选择"视频3"选项，在"合成方式"下拉列表框中选择"亮度遮罩"选项，勾选"反向"复选框，如图8-47所示。

11 在时间轴面板中调整V1轨道和V2轨道上素材的持续时间与V3轨道上素材的持续时间一致。在节目面板中预览视频，效果如图8-48所示。

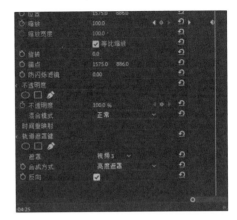

图8-47

图8-48

12 由于还要添加文字效果，所以需要再添加2个视频轨道。将时间指示器移动到"00:00:00:11"位置，在项目面板中将"展板"文件夹中的"主题"素材拖动到V4轨道上的时间指示器所在位置，并调整其持续时间与整个视频的时长一致，如图8-49所示。

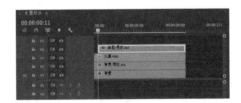

图8-49

13 选择V4轨道上的素材，进入效果控件面板，添加一个缩放关键帧，并设置"缩放"为"50"；再添加一个不透明度关键帧，并设置"不透明度"为"0"。将时间指示器移动到"00:00:06:12"位置，分别添加一个缩放关键帧和不透明度关键帧并设置其参数，如图8-50所示。

图8-50

14 将时间指示器移动到"00:00:04:00"位置，在项目面板中将"展板"文件夹中的"文字装饰"素材拖动到V5轨道上的时间指示器所在位置，并调整其持续时间与整个视频的时长一致，如图8-51所示。

图8-51

15 选择V5轨道上的素材，进入效果控件面板，添加一个不透明度关键帧，并设置"不透明度"为"0"；将时间指示器移动到"00:00:06:12"位置，再添加一个不透明度关键帧，并设置"不透明度"为"100%"。

16 按空格键在节目面板中预览效果，如图8-52所示。确认无误后按【Ctrl+S】组合键保存文件，并将文件导出为MP4格式。

图8-52

小测 制作电影感视频片头效果

配套资源\素材文件\第8章\片头视频.mp4
配套资源\效果文件\第8章\电影感片头效果.prproj

本例提供了一个片头视频素材，要求将其制作为具有镂空效果的电影片头，可使用"轨道遮罩键"视频效果进行操作，其参考效果如图8-53所示。

图8-53

8.2.8 非红色键

"非红色键"效果可以一键去除素材中的蓝色和绿色背景，因此常用于抠取在蓝屏和绿屏下拍摄视频的背景。该效果应用前后的对比效果如图8-54所示。

应用该效果后，效果控件面板中的参数如图8-55所示。

图8-54　　　　　　　　　　图8-55

● 阈值：可以调整素材背景的透明程度。

● 屏蔽度：可以设置素材中"非红色键"效果的控制位置和图像屏蔽度。

● 去边：可以选择去除素材的绿色或者蓝色边缘。

● 平滑：可以设置素材文件的平滑程度。

● 仅蒙版：可以指定是否显示素材的Alpha通道。

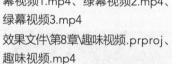

范例 使用非红色键制作趣味视频

知识要点 "非红色键"视频效果的应用

配套资源 素材文件\第8章\趣味背景.tif、绿幕视频1.mp4、绿幕视频2.mp4、绿幕视频3.mp4
效果文件\第8章\趣味视频.prproj、趣味视频.mp4

扫码看视频

范例说明

本例提供了3个"表情包"绿幕视频素材，要求将绿幕视频素材中的绿幕背景去除，并更换新的背景，制作出一段可爱、搞笑风格的趣味视频。

扫码看效果

1 新建名为"趣味视频"的项目文件，将"绿幕视频1.mp4""绿幕视频2.mp4""绿幕视频3.mp4""趣味背景.tif"素材全部导入项目面板中，选择"趣味背景.tif"素材，将其拖动到时间轴面板中。

2 选择"绿幕视频1.mp4"素材，将其拖动到V2轨道上，然后分离该素材的音、视频链接，并删除分离后的音频素材。在时间轴面板中调整V1轨道上素材的持续时间与整个视频的时长一致，如图8-56所示。

图8-56

3 在效果面板中选择"非红色键"效果，并将其添加到V2轨道的素材上，此时素材上的绿幕大部分已经被抠取，但仍有绿色的边缘，还需要进行细微的调整。进入效果控件面板，在"去边"下拉列表框中选择"绿色"选项，设置"屏蔽度"为"60%"，如图8-57所示。

4 在节目面板中"预览"素材，发现绿边已被去除，继续调整素材的大小，使其与背景贴合，可以在效果控件面板中调整该素材的"位置"和"缩放"，如图8-58所示。

图8-57

图8-58

5 此时"绿幕视频1.mp4"素材已经被成功应用，在节目面板中预览效果，如图8-59所示。

图8-59

6 依次将"绿幕视频2.mp4""绿幕视频3.mp4"素材拖动到时间轴面板中，如图8-60所示。

图8-60

7 选择V2轨道上的素材，单击鼠标右键，在弹出的快捷菜单中选择"复制"命令；选择V3轨道上的素材，单击鼠标右键，选择"粘贴属性"命令，保持默认设置，按【Enter】键确认，节目面板中的效果如图8-61所示（为了便于观看，这里需要将V4轨道关闭）。

图8-61

8 此时V3轨道上的素材在背景中的位置不对，需要进行调整。选择该素材，在效果控件面板中调整位置，如图8-62所示。

图8-62

9 打开V4轨道，使用相同的方法处理V4轨道上的"绿幕视频3.mp4"素材，在效果控件面板中调整该素材的位置，如图8-63所示。

图8-63

10 按空格键在节目面板中预览效果，发现"绿幕视频3.mp4"素材的抠图效果有黑边，在效果控件面板的"非红色键"栏中设置"屏蔽度"为"0"。继续预览效果，如图8-64所示。确认无误后按【Ctrl+S】组合键保存文件，并将文件导出为MP4格式。

图8-64

8.2.9 颜色键

"颜色键"效果能使某种指定的颜色及其相似范围内的颜色变得透明，显示其下方轨道上的内容。该效果应用前后的对比效果如图8-65所示。

图8-65

应用该效果后的效果控件面板如图8-66所示。

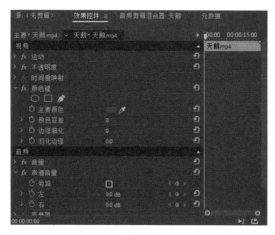

图8-66

● 主要颜色：用于吸取需要被键出的颜色，即需要变透明的颜色。

● 颜色容差：用于设置颜色的透明程度，该值越大，被键出的颜色区域越透明。

● 边缘细化：用于设置颜色边缘的大小，该值越小，边缘越粗糙。

● 羽化边缘：用于设置颜色边缘的羽化程度，该值越大，边缘越柔和。

需要注意的是，"颜色键"效果的应用方式与"超级键"基本相同，都是让指定的颜色变为透明，只是"颜色键"效果不能对素材进行颜色校正。

 范例 更换"风景"视频中的天空

知识要点 "颜色键"视频效果的应用

配套资源 素材文件\第8章\风景视频.mov、天空.mov

效果文件\第8章\更换风景视频.prproj、更换风景视频.mp4

扫码看视频

范例说明

更换视频背景是Premiere视频抠像与合成中常用的操作。本例将使用"颜色键"视频效果把风景视频素材中的背景颜色变为透明，然后显示出下方的天空视频素材。

扫码看效果

操作步骤

1 新建名为"更换风景视频"的项目文件，将"风景视频.mov""天空.mov"素材全部导入项目面板中。

2 将项目面板中的"风景视频.mov"素材拖曳到时间轴面板中的V2轨道上，将"天空.mov"素材拖动到V1轨道上。分离"天空.mov"素材的音、视频链接，删除分离后的音频素材，并调整该素材的持续时间与"风景视频.mov"素材的持续时间一致，如图8-67所示。

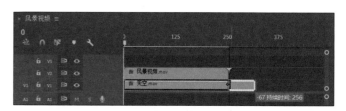

图8-67

3 在效果面板中选择"颜色键"效果，并将其添加到V2轨道的素材上。打开效果控件面板，选择"颜色键"

栏"主要颜色"选项中的吸管工具 ✎，将其移动到节目面板中需要去除的蓝色天空位置处，如图8-68所示。

4 单击鼠标左键吸取颜色后，在效果控件面板中调整"颜色键"栏中的其他参数，如图8-69所示。

图8-68

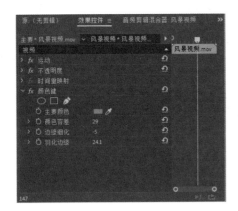

图8-69

5 此时节目面板中的视频效果如图8-70所示。由于这里蓝天天空的颜色有多种，而"颜色键"效果每次只能去除一个固定颜色，因此需要多次使用"颜色键"效果去除。在效果控件面板中选择"颜色键"栏，按【Ctrl+C】组合键复制效果，按【Ctrl+V】组合键粘贴效果，接着调整粘贴后"颜色键"效果的参数，如图8-71所示。

图8-70

6 此时节目面板"风景视频.mov"素材的天空已经被完全去除，接下来可以调整"天空.mov"素材的位置，使其与"风景视频.mov"素材更加贴合。选择V1轨道上的"天空.mov"素材，在效果控件面板中调整其"位置"与"缩放"，如图8-72所示。

图8-71

7 按空格键在节目面板中预览，效果如图8-73所示。确认无误后按【Ctrl+S】组合键保存文件，并将文件导出为MP4格式。

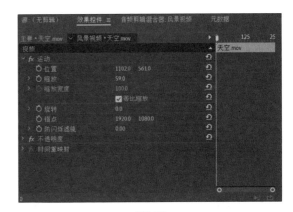

图8-72

图8-73

小测 更换"花海"视频天空背景

配套资源\素材文件\第8章\花海.mp4、云.mp4
配套资源\效果文件\第8章\花海.prproj

本例提供了一个花海视频素材，现需要为其更换一个有云彩的天空背景，要求抠取背景时要精细，两个视频素材的结合要自然。更换背景前后的对比参考效果如图8-74所示。

图8-74

8.3 蒙版的运用

Premiere中的蒙版类似于Photoshop中的矢量蒙版，主要以形状（路径）来表示隐藏或显示的区域。在使用Premiere编辑视频时，可以使用蒙版功能来调整作品的展示效果。

8.3.1 认识蒙版

蒙版就是选框的外部（选框的内部为选区），如果需要对视频或图像的某一特定区域运用颜色变化、模糊或其他效果，则可以将没有被选中的区域隔离起来，使其不被编辑。简单来讲，Premiere中的蒙版就是约束视频效果的作用范围，如为素材创建一个椭圆形蒙版，那么该视频将在椭圆范围内起作用。

8.3.2 创建蒙版

Premiere提供了创建椭圆形蒙版工具 ◎、创建四点多边形蒙版工具 ▢ 和自由绘制贝塞尔曲线 ✎ 3种工具，用户可以使用这些工具来创建不同形状的蒙版。为素材应用视频效果或直接展开效果控件面板中的"不透明度"栏后，在效果控件面板中都可以看到这3种工具，如图8-75所示。

图8-75

1. 创建蒙版

蒙版的创建方式有两种：一种是创建规则蒙版，另一种是创建自由形状蒙版。

● 创建规则蒙版：选择创建椭圆形蒙版工具 ◎ 或创建四点多边形蒙版工具 ▢ 后，在节目面板中会自动创建椭圆形或四点多边形的规则蒙版，如图8-76所示。

● 创建自由形状蒙版：选择"自由绘制贝塞尔曲线"工具 ✎，在节目面板中通过绘制直线或曲线来创建不同形

状的蒙版，如图8-77所示。

椭圆形蒙版　　　　四点多边形蒙版

图8-76

图8-77

2. 调整蒙版大小

如果在效果控件面板中选择了"蒙版"栏，则节目面板中的蒙版四周会出现控制点，将鼠标指针移动到内侧正方形控制点上，当鼠标指针变成 ▶ 形状时，单击并拖动鼠标可调整蒙版的形状。按住【Shift】键，当鼠标指针变成双向箭头形状 ◀▶ 时，拖动控制点，可以等比例放大或缩小蒙版，如图8-78所示。

3. 调整蒙版羽化和扩展

单击并拖动外侧的圆形控制点，可以调整蒙版的羽化程度；单击并拖动外侧的菱形控制点，可以调整蒙版的扩展，如图8-79所示。

图8-78　　　　　　　　图8-79

4. 旋转蒙版

将鼠标指针移动到正方形控制点上，当其变成弯曲的双向箭头形状 ↻ 时，按住鼠标左键拖动控制点可旋转蒙版。在按住【Shift】键的同时拖动控制点，可以22.5°为单位进行旋

转，如图8-80所示。

5. 移动蒙版

将鼠标指针移动到蒙版区域中，当其变成形状时，按住鼠标左键拖动，可以调整蒙版的位置，如图8-81所示。

图8-80　　　　　　　图8-81

6. 改变蒙版形状

单击鼠标左键选择正方形控制点（控制点变为实心为选中状态，空心为未选中状态）并进行拖动，可改变蒙版形状。选择控制点时，可以按住鼠标左键并拖动鼠标框选多个控制点，或者按住【Shift】键单击选中多个控制点。要取消选中单个控制点，可直接单击已选中的控制点；要取消选中所有顶点，可在当前蒙版外的区域单击鼠标左键。

7. 添加或删除控制点

若需要添加蒙版上的控制点，则将鼠标指针置于蒙版边缘处，当其变成形状时单击鼠标左键；若要删除控制点，则在按住【Ctrl】键的同时，将鼠标指针置于该点处，当其变成形状时单击鼠标左键。

8. 转换控制点类型

蒙版中的控制点有角点和平滑点两种，角点连接可以生成直线和转角曲线，平滑点连接可以生成平滑的曲线，按住【Alt】键单击控制点可以将角点和平滑点相互转换。

9. 删除、复制和粘贴蒙版

在效果控件面板中选中"蒙版"栏，按【Delete】键或者单击鼠标右键，在弹出的快捷菜单中选择"清除"命令可删除蒙版；按【Ctrl+ C】组合键可以复制蒙版；按【Ctrl+V】组合键可以粘贴蒙版。

除此之外，也可以直接在效果控件面板中对蒙版的路径、羽化、不透明度等属性进行更加精细的设置，如图8-82所示。

图8-82

范例　制作人物定格分身特效视频

知识要点	蒙版的创建与应用
配套资源	素材文件\第8章\分身人物.mp4 效果文件\第8章\分身特效视频.prproj

扫码看视频

范例说明

本例提供了一个人物行走的视频素材，要求利用蒙版相关知识将该素材制作成一个具有创新性的特效视频，以吸引更多人观看。在制作时，可以创建蒙版将人物抠取出来，利用多个蒙版的组合制作出人物定格分身的效果。

扫码看效果

操作步骤

1 新建名为"分身特效视频"的项目文件，将"分身人物.mp4"素材导入项目面板中，并将其拖动到时间轴面板中的V1轨道上。

2 由于视频素材中的人物有部分被遮挡，因此可将被遮挡的部分剪切掉。使用剃刀工具分别在"00:00:03:00"和"00:00:08:00"位置剪切，将素材分为3段，然后波纹删除第1段和第3段素材。

3 将时间指示器移动到需要定格的位置，这里为"00:00:00:07"，然后按【M】键创建一个标记，以便后续查看。选择V1轨道上的素材，按住【Alt】键向上拖动进行复制。

4 选择V2轨道上的素材，单击鼠标右键，在弹出的快捷菜单中选择"添加帧定格"命令，让素材静止在这一

画面，然后删除V2轨道上的前半段素材，如图8-83所示。

图8-83

5 选择V2轨道上的素材，在效果控件面板展开"不透明度"栏，选择自由绘制贝塞尔曲线工具 。将节目面板中的素材放大显示，然后使用该工具将整个人物抠取出来，如图8-84所示。

图8-84

6 在效果控件面板的空白处单击，取消选中"蒙版"栏，在节目面板中预览视频，此时会出现一个人物分身，效果如图8-85所示。

图8-85

7 将V1轨道上的素材复制到V3轨道上，将时间指示器移动到"00:00:01:10"位置，选择V3轨道上的素材，添加帧定格，并删除V3轨道上的前半段素材，如图8-86所示。

8 使用相同的方法，将V3轨道上的人物抠取出来，如图8-87所示。

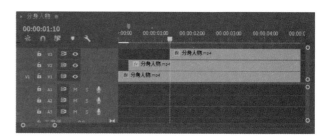

图8-86

图8-87

9 新建视频轨道，使用相同的方法在"00:00:03:00"位置再制作一个人物分身，如图8-88所示。

10 在节目面板中预览，效果如图8-89所示。现在画面中的特效是人物行走后会留下分身的特效，接下来需要制作出分身跟随人物行走后消失的特效。

图8-88

图8-89

11 选择V2~V4轨道上的素材，将素材的入点全部移动到"00:00:00:00"位置。将时间指示器移动到"00:00:00:07"位置，然后调整V2轨道上素材的出点到该位置，如图8-90所示。

图8-90

12 将时间指示器移动到"00:00:01:10"位置，使用相同的方法调整V3轨道上的素材；将时间指示器移动到"00:00:03:00"位置，使用相同的方法调整V4轨道上的素材，如图8-91所示。

图8-91

13 按空格键在节目面板中预览视频，效果如图8-92所示。确认无误后按【Ctrl+S】组合键保存文件，并将文件导出为MP4格式。

图8-92

8.3.3　跟踪蒙版

添加蒙版后，蒙版的位置通常是固定不变的，但使用蒙版的跟踪功能可以让蒙版跟随对象从一帧移动到另一帧。如在使用蒙版形状对人物面部添加马赛克后，Premiere可自动跟踪人物移动时各帧之间出现的蒙版面部的位置变化，而不用手动为每一帧的人物面部添加马赛克，有效提高了工作效率。

选择某个蒙版后，在效果控件面板中展开"蒙版"栏，使用其中的蒙版路径可对蒙版进行跟踪，如图8-93所示。通过"蒙版路径"中的一系列按钮，可设置一次跟踪一帧，或一直跟踪到序列结束等方式，单击按钮，在弹出的快捷菜单中可修改跟踪蒙版跟踪的方式。

图8-93

● 位置：跟踪从帧到帧的蒙版位置。

● 位置及旋转：在跟踪蒙版跟踪位置的同时，根据各帧的需要更改旋转情况。

● 位置、缩放及旋转：在跟踪蒙版跟踪位置的同时，随着帧的移动自动缩放和旋转。

● 预览：在跟踪蒙版跟踪时可以实时预览效果，但Premiere中的蒙版跟踪将会变慢，因此"预览"命令默认为禁用状态。

> **范例** 为视频中的人物制作马赛克跟踪效果

> **知识要点**　"跟踪蒙版"的添加和应用
>
> **配套资源**　素材文件\第8章\人物视频.mov
> 效果文件\第8章\人物马赛克.prproj
>
> 扫码看视频

范例说明

本例提供了一个人物视频素材，为保护人物肖像权，要求为人物面部添加马赛克效果。由于本例提供的素材是视频素材，若为视频的每一帧都手动添加马赛克效果将大大降低工作效率，因此可以使用蒙版的跟踪功能，将蒙版应用到人物面部后，让蒙版自动跟踪人物面部移动。

扫码看效果

操作步骤

1 新建名为"人物马赛克"的项目文件，将"人物视频.mov"素材导入项目面板中，并将其拖动到时间轴面板中。

2 将素材的音、视频分离并删除原始的音频素材。在效果控件面板中搜索并选择"马赛克"效果，将其拖曳

183

到VI轨道上，此时节目面板中的素材已经添加了"马赛克"效果。

3 在效果控件面板中展开"马赛克"栏，将"水平块"和"垂直块"均设置为"64"，然后选择创建椭圆形蒙版工具 ◯，如图8-94所示。

图8-94

4 此时节目面板中自动创建一个椭圆形蒙版。将时间指示器移到"00:00:00:27"位置（需要遮挡的人物面部出现的位置），调整蒙版形状至刚好能够遮挡住人物面部，如图8-95所示。

5 随着人物的移动，需要遮挡的人物面部的形状大小可能会发生变化，因此需要在效果控件面板中单击"蒙版路径"中的 ◣按钮，在弹出的快捷菜单中选择"位置、缩放及旋转"命令，然后单击"向前跟踪所选蒙版"按钮 ▶。待进度条完成后，随着人物的移动，蒙版会自动跟踪人物面部的位置，效果控件面板中也会自动创建蒙版路径关键帧，如图8-96所示。

图8-95

图8-96

6 按空格键在节目面板中预览视频，效果如图8-97所示。确认无误后按【Ctrl+S】组合键保存文件，并将文件导出为MP4格式。

图8-97

8.4 综合实训：合成"人与自然"科普宣传片

科普即科学普及，是将目前人类所掌握和获得的科学知识与技能加以传播的过程。科普宣传片是较为常见的宣传片类型，我们在日常生活中看到的防震减灾宣传片、网络安全宣传片、食品安全宣传片都属于科普宣传片。

8.4.1 实训要求

为了提高人们的环保意识，某机构提供了冰川融化和企鹅的视频素材，以及关于企鹅介绍的图片，要求制作一个以"大自然"为主题的科普宣传片，并将提供的素材运用在宣传片中，通过科普全球气候变暖、冰川融化给企鹅带来的影响，达到普及生态环境保护知识，提升人们的环保意识的目的。

科普宣传片充分利用了互联网的传播功能，向大众传播科学文化知识，拓宽大众的知识渠道，因此具有较强的科学性和知识性。因为科普宣传片的内容题材较为严谨、受众范围广，所以在制作科普宣传片时，需注意内容的正确性、严谨性与可观赏性。

设计素养

8.4.2 实训思路

（1）通过分析宣传片的相关资料，得出实训思路为：首先制作一个片头，并在片头中展现科普宣传片的主题以及宣传片的名称，力求简明易懂，体现出较强的说服力和艺术感染力。因此可将提供的"冰雪融化.mp4"视频素材运用在片头，这样视觉效果既美观，又能体现主题。在宣传片名称的效果展示上，为了提高创意性，可考虑运用Premiere的遮罩功能制作出镂空文字效果，这不仅美观时尚，还能与视频素材更好地结合。

（2）由于"冰雪融化.mp4"视频素材需要运用在视频的片头，且视频的时长不宜过长，否则会影响内容的观看，因此需要剪切素材，只留下需要的部分视频片段。剪切素材时可以借助Premiere中的剃刀工具 ，这也是视频剪辑中经常用到的工具。

（3）一般来说，科普宣传片并不只有片头，还有具体的内容。从实训要求和提供的素材来看，本实训需要重点展现冰川融化严重影响了企鹅的栖息环境的情节。为了让更多人关注企鹅，可对提供的"企鹅.mp4"视频素材进行抠像，将视频素材中的某只企鹅单独展现，突出重点。由于企鹅的外形并不规则，所以在抠取企鹅图像时，可使用钢笔工具 ，这样抠取的图像会更加细致。

（4）抠取企鹅后，可将提供的 "企鹅介绍.tif" 图片素材运用到视频中， 制作出缩放效果，并为素材添加阴影，使其成为焦点，让观看者对企鹅有更多的认识，起到科普、宣传的作用。

（5）结合前面所学的关键帧动画和视频特效等知识，在制作宣传片时可考虑让画面的展现具有动感，比如在制作片头时，可运用关键帧和"裁剪"视频效果制作具有电影感的黑幕开场效果；在展现抠取的企鹅时，可运用关键帧制作一个从小变大、从远变近的动画效果；在展现介绍企鹅的文字图片时，可运用关键帧制作一个类似于卷轴从左往右慢慢展开的动画效果。

扫码看效果

本实训完成后的参考效果如图8-98所示。

图8-98

8.4.3 制作要点

知识要点	视频的抠像与合成
配套资源	素材文件\第8章\企鹅.mp4、冰雪融化.mp4、企鹅介绍.tif 效果文件\第8章\"人与自然"科普宣传片.prproj

扫码看视频

本实训的主要操作步骤如下。

1. 新建名为"'人与自然'科普宣传片"的项目文件，将"企鹅.mp4""冰雪融化.mp4""企鹅介绍.tif"素材导入项目面板中，并将"冰雪融化.mp4"素材拖动到时间轴面板中。

2. 删除"冰雪融化.mp4"素材的原始音频素材。使用剃刀工具 分别在"00:00:26:10"和"00:00:34:23"位置将素材剪切为3段。

3. 将时间指示器移动到"00:00:00:00"位置，将"裁剪"视频效果拖动到V1轨道的素材上，在"顶部"和"底部"各添加一个关键帧。在"00:00:02:00"位置调整"顶部"为"40%"，"底部"为"20%"。

4. 选择V1轨道上的素材，按住【Alt】键，将素材复制并移动到V2轨道上，删除V2轨道上素材的"裁剪"效果。

5. 输入"人与自然"文字，设置文字大小为"117"，字体为"FZYunDongHeiS-B-GB"。输入"第2季 消失的企鹅"文字，设置字体为"HYChangSongJ"，文字大小为"47"。调整文字的位置，效果如图8-99所示。

图8-99

6. 将"轨道遮罩键"视频效果拖动到V2轨道上，在效果控件面板中设置遮罩为"视频3"。

7. 将"企鹅.mp4"素材拖动到V1轨道上的"00:00:08:13"位置，并将该素材"设为帧大小"。

8. 在"00:00:11:24"位置添加帧定格，将"企鹅.mp4"素材的第2段复制并移动到V2轨道上。

9. 选择复制的素材，在效果控件面板中选择"不透明度"栏中的自由绘制贝塞尔曲线工具 ，设置蒙版羽化为"0"，将画面中的一个企鹅抠取出来，如图8-100所示。

图8-100

10 将抠取的企鹅嵌套，嵌套名称为"企鹅介绍"。将"径向阴影"视频效果拖动到复制的素材上，设置"径向阴影"视频效果的阴影颜色为白色，光源为"743""482"，投影距离为"8"。

11 将"高斯模糊"视频效果拖动到V1轨道的"企鹅.mp4"素材上，设置模糊度为"50"，勾选"重复边缘像素"复选框。

12 为"企鹅介绍"序列分别创建一个位置关键帧和缩放关键帧，将时间指示器移动到"00:00:14:00"位置，设置"位置"为"144""222"，"缩放"为"169"。

13 将"企鹅介绍"序列向上移动到V3轨道上，将"企鹅介绍.tif"素材拖动到V2轨道上的时间指示器位置，并调整该素材的持续时间与整个视频的持续时间

一致。在效果控件面板中设置"企鹅介绍.tif"素材的"位置"为"754""360"。

14 为"企鹅介绍.tif"素材应用"裁剪"视频效果。在"右侧"栏添加一个关键帧，将时间指示器移动到"00:00:16:00"位置，设置"右侧"栏的参数为"0"。

15 在"00:00:08:13"位置输入介绍文字，设置字体为"FZYaSongS-DB-G，文字大小为"42"，出点位置为"00:00:11:23"。

16 为文字素材添加"裁剪"视频效果，将时间指示器移动到"00:00:08:13"位置，在"右侧"栏添加一个关键帧；将时间指示器移动到"00:00:11:23"位置，调整"右侧"栏的参数为"0"。

17 保存文件，并将文件导出为MP4格式。

 巩固练习

1. 制作水墨风格的旅游宣传视频

本练习将制作一个旅游宣传视频，要求能够结合提供的素材体现出传统的水墨风格。在制作时，可以利用"轨道遮罩键"视频效果进行合成。参考效果如图8-101所示。

配套资源　素材文件\第8章\水墨背景.jpg、水墨村庄.jpg、旅行图片.jpg、中国风背景音乐.mp4
效果文件\第8章\水墨风格旅游宣传视频.mp4

图8-101

2. 制作文字镂空的Vlog片头效果

本练习需要以视频素材为背景，将文字变成镂空效果，通过文字看到不断变化的视频，最终合成一个文字镂空的Vlog片头效果。要求镂空文字有一定的动画效果，如从小变大、从大变小等，也可以添加动感音乐作为背景音乐。参考效果如图8-102所示。

配套资源　素材文件\第8章\Vlog片头.mp4、Vlog音乐.mp3
效果文件\第8章\镂空文字Vlog片头效果.mp4、镂空文字Vlog片头效果.prproj

图8-102

3. 制作手机产品广告

本练习将制作一个手机产品广告，要求将提供的手机模型图片素材和背景视频素材运用到广告中，画面效果美观，并且突出手机的卖点。制作时，可使用键控抠像技术将手机边框抠取出来，便于显示出下方的背景视频；然后添加介绍手机卖点的文字，添加文字时，可为视频背景制作模糊效果，这样可以使文字更加清晰，便于识别；最后为手机边框和文字添加关键帧动画，让视频更有创意。参考效果如图8-103所示。

> **配套资源**
> 素材文件\第8章\日落.mp4、海洋.mp4、森林.mp4、手机模型.png
> 效果文件\第8章\手机产品广告.mp4

图8-103

蒙版在Premiere中除了用于抠图、遮挡外，还有一些其他的用法。

1.移除画面中的部分物体

使用蒙版可以移除画面中的部分物体，但这种方法适用于比较简单，且移除内容较少的视频画面。其操作方法为：在时间轴面板中复制素材，然后将这两个素材在视频轨道上下叠放，为上面的素材中需要移除的部分添加蒙版，并反转蒙版，再移动下面素材的位置，最后为蒙版设置合适的"羽化"参数，使抠取的部分在视频画面中融合得更加自然。图8-104所示为使用蒙版移除画面中部分物体前后的对比效果。

图8-104

2. 分区调色

使用蒙版也可以调整不同区域的色彩。其操作方法为：在时间轴面板中复制素材，将两个素材在视频轨道上下叠放，对上面的素材使用蒙版并调色。或者在时间轴面板中选择素材后，先为素材调色，再创建并反转蒙版，也可达到相同的效果。图8-105所示为使用蒙版分区调色前后的对比效果。

图8-105

第9章

视频后期调色技术

本章导读

在编辑视频时，经常需要通过调色对视频画面的色彩和光线有缺陷的地方进行修复，或者通过调色体现出视频不同的风格，也可以将视频中的元素融入画面中，使画面的整体氛围更加和谐，同时也为画面增添一定的艺术美感。

知识目标

- 了解色彩调整的基础知识
- 掌握色彩的基本概念和基本属性
- 熟悉色彩的分类
- 了解常见的色彩模式

能力目标

- 能够校正视频的色调
- 能够制作不同色调风格的视频效果
- 能够更改视频中的部分颜色
- 能够制作动态海报
- 能够制作趣味视频

情感目标

- 养成精益求精、提升效率的良好习惯
- 培养专业的调色思维，提高美学修养
- 积极探索视频调色的工作原理

9.1 色彩调整的基础知识

调色是Premiere中非常重要的功能。在使用Premiere进行颜色校正与调整前，需要对色彩的基础知识有所了解。

9.1.1 色彩的基本概念

色彩是不同波长的光刺激人的眼睛所引起的视觉反应，是人的眼睛和大脑对外界事物的感受结果，因此色彩既有其客观属性，又与人眼的构造有着密切的联系。自然界中绝大部分可见光谱都可以用红、绿、蓝3种光按照不同比例和强度的混合来表示，因此将红、绿、蓝这3种颜色混合可以制作出各种各样、更加丰富的色彩。

9.1.2 色彩的基本属性

色彩是突出画面风格，传达情感与思想的主要途径。人对色彩的感觉不仅由光的物理性质决定，也会受到周围事物的影响。人眼所能感知的所有色彩现象都具有色相、明度和纯度（又称饱和度）3个重要属性，它们也是构成色彩的基本属性。

1. 色相

色相是指色彩呈现出来的面貌，可简单理解为某种颜色的称谓，如红色、黄色、绿色、蓝色等色彩都分别代表一类具体的色相。

色相是色彩的首要特征，也是用来区别不同色彩的标准。图9-1所示的十二色相环中即包含了12种基本色相。

不同的色相往往会给人传递不同的色彩感受，但色彩本身并无冷暖的温度差别，人们对色彩冷暖的感觉是色彩通过视觉带给人的心理联想。根据人们对于色彩的主观感受，可以将色彩分为暖色、冷色和中性色3种色调。

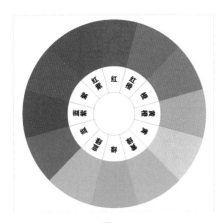

图9-1

人们在看到红、红橙、橙、黄橙等颜色后，容易联想到太阳、火焰、血液，产生温暖、热烈、危险等感觉，所以这些颜色又被称为"暖色"，图9-2所示为整体色调为暖色调的画面；看到蓝、蓝绿等颜色后，则很容易联想到太空、冰雪、海洋，产生寒冷、理智、平静等感觉，所以这些颜色又被称为"冷色"，图9-3所示为整体色调为冷色调的画面；而黑、白、灰等没有明显冷暖倾向的色彩则被称为"中性色"，中性色又称为无彩色，是黑色、白色及由黑白调和的各种深浅不同的灰色的集合。在为视频调色时，可以根据视频传达的氛围进行操作。

图9-2

图9-3

2. 明度

除了色相外，明度也是影响色彩感受的一大因素。明度是指色彩的明亮程度，即有色物体由于反射光量的区别而产生颜色的明暗强弱区别。

通俗地讲，在红色里添加的白色越多，色彩越明亮，明度越高，添加的黑色越多，色彩越暗，明度越低，如图9-4所示。因此白色为明度最高的色彩，黑色为明度最低的色彩。

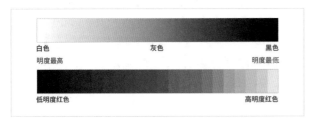
图9-4

色彩的明亮程度会影响人眼对色彩轻重的判断，比如看到同样重量的物体，黑色或者暗色系的物体会使人感觉偏重，白色或者亮色系的物体会使人感觉较轻。

3. 纯度

色彩的纯度（下文统称为饱和度）是指色彩的纯净或者鲜艳程度。饱和度越高，代表色彩越鲜艳，视觉冲击力越强。饱和度的高低取决于该色中含色成分和消色成分（灰色）的比例。含色成分越高，饱和度越高，消色成分越高，饱和度越低，如图9-5所示。若不断加入消色成分，则色彩最终会变成灰色。

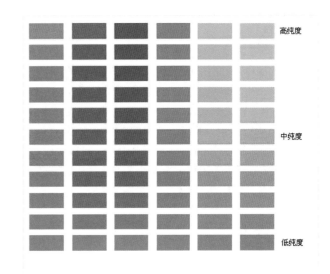

图9-5

9.1.3　色彩的分类

在千变万化的色彩世界中，人眼能够感受到的色彩非常丰富，可分为原色、间色和复色。

1. 原色

原色是指不能通过其他颜色的混合而调配出的颜色，是人眼在光的照射下所能感受到的最基本色彩。它们能与其他颜色混合得到几乎所有的颜色，因此也叫作基色。在不同的色彩空间中，有不同的原色组合，一般可以分为色光三原色和颜料三原色。

● 色光三原色：也叫加法三原色，是指光谱中人眼所能识别的最基本颜色，包括红（Red）、绿（Green）、蓝（Blue）3种颜色，如图9-6所示，对应RGB颜色模式。

● 颜料三原色：也叫减色三原色，是指利用减少光波的方式来产生颜色，包括青色（Cyan）、品红（Magenta）、黄色（Yellow）3种颜色，如图9-7所示，对应CMYK色彩模式。颜料三原色依靠介质接受光线照射表面，同时反射光线，物体所呈现的颜色是光线中被颜料吸收后的剩余部分。

的相互叠加来表现色彩的，这个标准几乎包括了人类视力所能感知的所有色彩。因此，HSL色彩模式的运用非常广泛。

图9-6　　　　　　　　　　图9-7

9.2　常用的视频调色方法

了解了色彩的基础知识后，就可以对视频的色彩进行调色了。在Premiere中进行视频调色的方法很多，本节主要讲解在"颜色"工作模式中直接进行调色的方法，这也是一种常用的视频调色方法。

2. 间色

间色也称二次色，是指由三原色中的某两种颜色互相混合而产生的颜色。如红、绿色混合，可以生成黄色；红、蓝色混合，可以生成紫色。

3. 复色

复色也称三次色，是指由任何两个间色或3个原色互相混合而产生的颜色。如红、蓝、绿色混合，可以生成白色；红、蓝、黄色混合，可以生成黑色。复色主要有红紫色、蓝紫色、蓝绿色、黄绿色、橙红色和橙黄色。

9.1.4　色彩模式

色彩模式是数字世界中表示颜色的一种算法，也可以称为一种记录颜色的方式。

1. RGB色彩模式

RGB色彩模式主要由红、绿、蓝3种色彩按不同的比例混合而成，也称真彩色模式，是常见的一种色彩模式。目前的显示器大多采用RGB色彩模式。

2. CMYK色彩模式

CMYK色彩模式是印刷时使用的一种色彩模式，主要由青、洋红、黄和黑4种色彩组成。为了避免和RGB三基色中的蓝色（Blue）混淆，其中的黑色（Black）用K表示。若在RGB色彩模式下制作的图像需要印刷，则必须将其转换为CMYK色彩模式。

3. YUV色彩模式

YUV色彩模式由RGB色彩模式衍生而来，这种色彩模式采用了亮度和色度来指定像素颜色，是被欧洲电视系统广泛采用的一种色彩编码方法。其中Y表示亮度，UV表示色度。

4. HSL色彩模式

HSL色彩模式又称为HLS色彩模式，它是工业界的一种色彩标准，其中H表示色调，S表示饱和度，L表示亮度。HSL色彩模式是通过这3个颜色通道的变化以及它们之间

9.2.1　Lumetri范围面板

Lumetri范围面板中包含了矢量示波器、直方图、分量和波形等波形显示图示工具（后文简称"波形图"），可将色彩信息以图形的形式直观展示，真实地反映视频中的明暗关系或色彩关系。通过这些图示工具，用户可以客观、高效进行调色工作。

1. 设置"颜色"工作模式

在对Premiere视频进行调色前，可以先将工作模式切换为"颜色"模式（本章所有操作都将在"颜色"工作模式下进行），其操作方法为：选择【窗口】/【工作区】/【颜色】命令。切换后的效果如图9-8所示。

2. 认识视频波形

Premiere可提供图形表示的色彩信息，模拟广播使用的视频波形。这些视频波形输出的图形可表示视频信号的色度（颜色和强度）与亮度（亮度值）。

若需要查看素材的波形图，则可选择【窗口】/【Lumetri范围】命令，或直接在"颜色"工作模式中单击"Lumetri范围"选项卡，在Lumetri范围面板中单击鼠标右键，在弹出的快捷菜单中选择"预设"命令，在打开的子菜单中选择不同的波形图，如图9-9所示。

（1）矢量示波器

矢量示波器表示与色相相关的素材色度，常用于辅助判定画面的色相与饱和度，着重监控色彩的变化。Premiere中有两种矢量示波器：矢量示波器（HLS）和矢量示波器（YUV），它们分别基于HSL色彩模式和YUV色彩模式产生，如图9-10所示。矢量示波器中显示了一个颜色轮盘，包括红色、洋红色、蓝色、青色、绿色和黄色（R、MG、B、Cy、G和YL）。

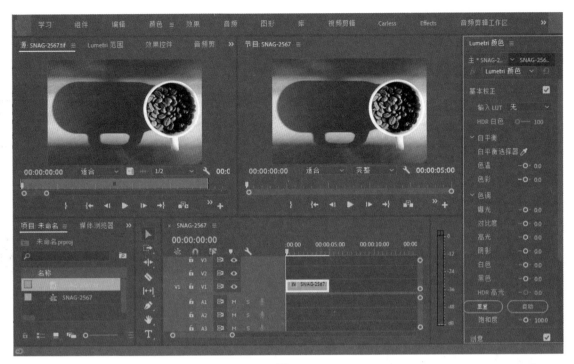

图9-8

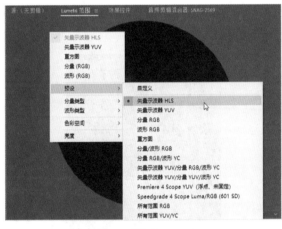

图9-9

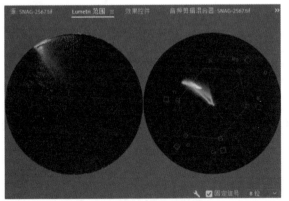

矢量示波器（HLS）　　矢量示波器（YUV）

图9-10

（2）直方图示波器

直方图示波器主要用于显示每个色阶像素密度的统计分析信息，其中纵轴表示色阶（通常是0~255色阶），0代表最暗的黑色区域，255代表最亮的白色区域，中间的数值表示不同亮度的灰色区域。由下往上表示从黑（暗）到白（亮）的亮度级别，横轴表示对应色阶的像素数，像素越多，数值越高。根据亮度的不同，直方图可分为5个区域，分别是黑色、阴影、中间调、高光和白色，如图9-11所示。

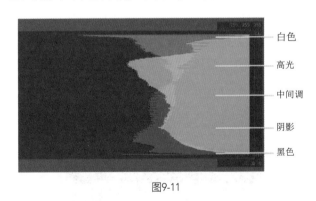

— 白色
— 高光
— 中间调
— 阴影
— 黑色

图9-11

（3）分量示波器

分量表示视频信号中的明亮度和色差通道级别的波形，常用于解决画面色彩平衡的问题。Premiere中的分量类型主要有RGB、YUV、RGB 白色和YUV 白色，这也是分量示波器的4种主要类型。在Lumetri范围面板中单击鼠标右键，在弹出的快捷菜单中选择"分量类型"命令，在打开的子菜单

191

中选择分离类型，此时在主菜单中就会显示选择该分量类型后的示波器，如图9-12所示。

图9-13所示为分量（RGB）示波器，其中显示了视频素材中的红色、绿色和蓝色级别的波形，以及色彩的分布方式，在调色时较为常用。

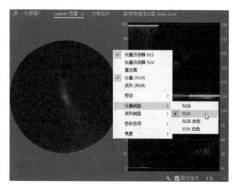

图9-12

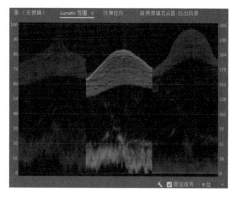

图9-13

（4）波形示波器

波形示波器有RGB、亮度、YC和YC无色度4种主要类型，如图9-14所示。波形示波器和分量示波器的形状整体上是相同的，只是波形示波器将分量示波器中分开显示的R（红）、G（绿）、B（蓝）进行了整合。波形示波器的选择方法与分量示波器相同，因此这里不做过多介绍。

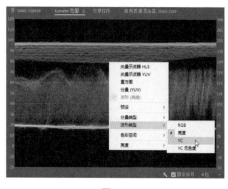

图9-14

图9-15所示为波形（YC）示波器。视频的色度以蓝色波形图表示，视频的亮度以绿色波形图表示，波形在图中的位置越靠上表示视频越亮，越靠下表示视频越暗。

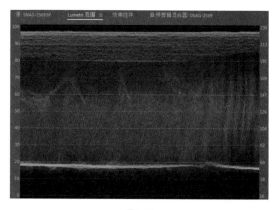

图9-15

9.2.2 Lumetri颜色面板

Lumetri颜色面板的每个部分侧重于颜色校正工作流程中的特定任务，可以搭配使用，快速完成视频的基本调色处理，如图9-16所示。

图9-16

9.2.3 基本校正

在对视频进行调色前，首先应查看画面是否存在偏色、曝光过度、曝光不足等问题，然后针对这些问题对画面进行颜色校正。使用"基本校正"功能可以校正或还原画面的颜色，修正其中过暗或过亮的区域，调整曝光与明暗对比等，如图9-17所示。

1. 输入LUT

LUT是Lookup Table（查询表）的缩写，通过LUT可以快速调整整个视频的色调。简单来说，LUT就是可应用于视频调色的预设效果。在"输入LUT"下拉列表框中可以任意选择一种LUT预设进行调色。图9-18所示为使用一种LUT预设前后的对比效果。

图9-17

图9-18

2. HDR白色

HDR白色也叫高动态范围,可以提升画面暗部和亮部的细节表现,制作出一种高光不过曝、暗部不欠曝的效果。HDR白色默认处于关闭状态,在Lumetri颜色面板中单击■按钮,在打开的下拉列表框中选择"高动态范围"选项后,"HDR白色"选项将被激活。

3. 白平衡

在前期拍摄视频时,可能会出现白平衡不准确的问题,导致画面存在偏色问题,此时可通过白平衡对视频画面进行调色。单击"白平衡选择器"后的吸管█工具,然后在画面中白色或中性色的区域单击吸取颜色,系统会自动调整白平

衡。若对画面效果不满意,则可以拖动色温和色彩中的滑块来进行微调。

● 色温:色温即光线的温度,如暖光或冷光。若是冷光,则说明色温高,画面偏蓝;若是暖光,则说明色温低,画面偏红。将色温滑块向左移动可使画面偏冷,向右移动可使画面偏暖。图9-19所示为调整画面色温前后的对比效果。

图9-19

● 色彩:微调色彩值可以补偿画面中的绿色或洋红色色彩,给画面带来不同的色彩表现。将色彩滑块向左移动可增加画面的绿色色彩,向右移动可增加洋红色色彩。图9-20所示为调整画面色彩前后的对比效果。

图9-20

4. 色调

色调是指画面中色彩的整体倾向,如红色调、蓝色调等。通过"色调"栏中的不同选项,可以调整画面的色调倾向。

● 曝光:用于设置画面的亮度。向右移动曝光滑块可以增加色调值并增强画面高光;向左移动滑块可以减少色调值并增强画面阴影。图9-21所示为调整画面曝光前后的对比效果。

图9-21

● **对比度**：用于增加或降低画面的对比度。增加对比度时，中间调区域到暗区变得更暗；降低对比度时，中间调区域到亮区变得更亮。图9-22所示为增加画面对比度前后的对比效果。

图9-22

● **高光**：用于调整画面的亮部，向左拖动滑块可使高光变暗，向右拖动滑块可在最小化修剪的同时使高光变亮，从而恢复高光细节。图9-23所示为画面高光变亮前后的对比效果。

图9-23

● **阴影**：用于调整画面的阴影，向左拖动滑块可在最小化修剪的同时使阴影变暗，向右拖动滑块可使阴影变亮并恢复阴影细节。图9-24所示为画面阴影变暗前后的对比效果。

图9-24

● **白色**：用于调整画面中最亮的白色区域，向左拖动滑块可减少白色，向右拖动滑块可增加白色。

● **黑色**：用于调整画面中最暗的黑色区域，向左拖动滑块可增加黑色，使更多阴影为纯黑色，向右拖动滑块可减少黑色。

● **HDR高光**：在HDR模式中调整高光，可增强高光细节。HDR高光默认处于关闭状态，选择"高动态范围"命令后才能激活。

● **重置**：单击 重置 按钮，Premiere会将之前调节的参数还原为原始设置。

● **自动**：单击 自动 按钮，Premiere会自动设置滑块进行调色。

5. 饱和度

饱和度是指色彩的鲜艳程度，也称色彩的纯度。该项可以均匀地调整画面中所有颜色的饱和度，向左拖动滑块可降低整体饱和度，向右拖动滑块可增加整体饱和度。图9-25所示为增加画面饱和度前后的对比效果。

图9-25

范例 校正日出风景视频的颜色

 知识要点 Lumetri颜色面板中"基本校正"功能的运用

 配套资源 素材文件\第9章\日出风景.mp4
效果文件\第9章\日出风景调色.prproj、日出风景.mp4

 扫码看视频

 范例说明

本例提供了一个偏色严重的视频素材，需要对其进行调色处理，要求调整为正常色彩即可。在制作时，可考虑使用Lumetri颜色面板中"基本校正"功能。

 扫码看效果

操作步骤

1 新建名为"日出风景调色"的项目文件，将"日出风景.mp4"素材导入项目面板中，并将其拖动到时间轴面板中。

2 打开Lumetri范围面板，调出分量（RGB）示波器的图示，如图9-26所示。

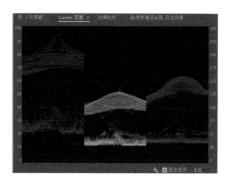

图9-26

3 从图9-26中可以看出红色的数值较高，导致整体画面偏红，所以第一步需要校正视频中的红色偏色。在对视频进行调色时，为了不影响原始素材，可以通过调整图层完成。在节目面板中单击"新建项"按钮 ，在弹出的快捷菜单中选择"调整图层"命令，打开"调整图层"对话框，保持默认设置并按【Enter】键，将新建的调整图层拖动到V2轨道上，调整其时长与V1轨道上素材的时长一致，如图9-27所示。

图9-27

4 打开Lumetri颜色面板，在"基本校正"栏中展开"白平衡"栏，将其中的"色温"滑块向左拖动至"-59.3"，减少画面中的红色，增加蓝色比重（调整时也可随时观察Lumetri范围面板中示波器的数值变化），此时节目面板中的素材效果如图9-28所示。

图9-28

5 结合示波器和素材可以看出，画面中的绿色数值较低，因此增加画面的绿色色彩。将"色彩"滑块向左移动至"-46.3"，此时节目面板中的素材效果如图9-29所示。

图9-29

6 当前画面整体比较偏暗，曝光不足，可调整素材的色调。在Lumetri颜色面板的"基本校正"栏中展开"色调"选项，调整其中的参数，如图9-30所示。节目面板中的素材效果如图9-31所示。

图9-30　　　　　　　　图9-31

7 当前画面整体还有点昏暗，可以再适当增加饱和度。继续在"基本校正"栏中调整饱和度为"150"，此时视频的调色已基本完成。在项目面板中双击"日出风景.mp4"素材，在源面板中查看原始素材效果，与节目面板中调整后的素材对比效果如图9-32所示。

图9-32

8 按空格键在节目面板中预览视频，效果如图9-33所示。确认无误后按【Ctrl+S】组合键保存文件，并将视频导出为MP4格式。

195

图9-33

小测 调色"下雨"视频素材

配套资源 \ 素材文件 \ 第 9 章 \ 下雨 .mp4
配套资源 \ 效果文件 \ 第 9 章 \ 下雨调色 .prproj

本例提供了一个小草被暴雨淋湿的视频素材，为了展现小草顽强的生命力，在进行调色处理时，可以将画面的整体亮度和小草的饱和度提高。调色前后的对比效果如图 9-34 所示。

图9-34

9.2.4 创意

使用"创意"功能可以进一步调整画面的色调，实现所需的颜色创意，从而制作出艺术效果，即风格化调色。"创意"功能的参数如图9-35所示。

图9-35

1. Look

Look类似于调色滤镜，"Look"下拉列表框中提供了多种创意的Look预设，在图像预览框中单击左右箭头，可以直观地预览应用不同Look预设后的效果，单击预览缩览图可将Look应用于素材中。图9-36所示为应用不同Look的效果。另外，效果控件面板的"Lumetri预设"素材箱还提供了多种预设效果。

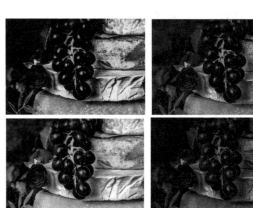

图9-36

技巧

在"Look"下拉列表框中选择"浏览"选项，在打开的"选择 Look 或 LUT"对话框中可以导入外部的 Look 预设。需要注意的是，基本校正中的"输入 LUT"主要是将原始视频调整为正常的色调，而创意中的"Look"主要是调整风格化色调，让视频更加具有创意性。

2. 强度

"强度"选项主要用于调整应用的Look效果的强度，向右拖动滑块可增强应用的Look效果，向左拖动滑块可减弱应用的Look效果。

3. 调整

"调整"选项主要用于对Look效果进行简单调整。

● 淡化胶片：向右拖动滑块，可降低画面中的白色，使画面产生一种暗淡、朦胧的薄雾效果，常用于制作怀旧风格的视频。图9-37所示为应用淡化胶片前后的对比效果。

图9-37

● 锐化：用于调整视频画面中像素边缘的清晰度，让视频画面更加清晰。向右拖动滑块可增加边缘清晰度，让细节更加明显；向左拖动滑块可减小边缘清晰度，让画面更加模糊。需要注意的是，过度锐化边缘会使画面看起来不自然。图9-38所示为运用锐化处理画面前后的对比效果。

图9-38

● 自然饱和度：智能检测画面的鲜艳程度，只控制饱和度低的颜色，对饱和度高的颜色影响较小，使原本饱和度足够的颜色保持原状，避免颜色过度饱和，尽量让画面中所有颜色的鲜艳程度趋于一致，从而使画面效果更加自然，常用于调整有人像的视频画面。图9-39所示为运用自然饱和度处理画面前后的对比效果，调整后，人像的肤色并没有发生太大变化，但画面中其他颜色的饱和度有所增强。

● 饱和度：用于均匀地调整画面中所有颜色的饱和度，使画面中色彩的鲜艳程度相同，调整范围为"0~200"。图9-40所示为用饱和度处理画面前后的对比效果。

● 阴影色彩轮和高光色彩轮：用于调整阴影和高光中的色彩值。单击并拖动色彩轮中间的十字光标可以添加颜色，色轮被填满表示已进行调整，空心色轮则表示未进行任何调整，双击色轮可将其复原，如图9-41所示。

图9-39

● 色彩平衡：用于平衡画面中多余的洋红色或绿色。运用色彩平衡可以校正画面的色偏问题，使画面达到色彩平衡的效果。图9-42所示为运用色彩平衡处理画面前后的对比效果。

图9-40

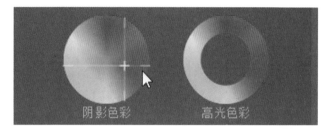

图9-41

图9-42

 范例　制作"彩色山林"视频效果

 知识要点　Lumetri颜色面板中"创意"功能的运用

 配套资源　素材文件\第9章\山林.mp4
效果文件\第9章\彩色山林.prproj、彩色山林.mp4

扫码看视频

 范例说明

　　本例提供了一个"山林"视频素材，由于拍摄时天气不佳，整个视频饱和度低、画面暗淡，所以需要使用Premiere对其进行调色处理，要求在保证视频画面正常色调的基础上进行风格化调色，提高视频素材的美观度。

扫码看效果

Premiere Pro CC视频编辑与特效制作核心技能一本通（移动学习版）

操作步骤

1 新建名为"彩色山林"的项目文件，将"山林.mp4"素材导入项目面板中，并将其拖动到时间轴面板中。在节目面板中可以看到该素材色彩饱和度低，画面较为灰暗，如图9-43所示。

图9-43

技巧

在对视频进行创意调色前，首先要使用"基本校正"功能将视频恢复至正常色彩，这样可以使调色的最终效果更好。

2 对素材进行基本校正。新建调整图层，并将新建的调整图层拖动到V2轨道上，调整其时长与V1轨道上素材的时长一致，如图9-44所示。

图9-44

3 由于画面中展现的是云雾在山林间飘动的画面，因此可考虑为视频画面增添冷色调。在Lumetri颜色面板的"基本校正"栏中展开白"平衡"栏，将其中的"色温"滑块向左拖动至"-9.6"，使画面色温偏冷，继续将"色彩"滑块向左拖动至"-3.7"，此时节目面板中的素材如图9-45所示。

图9-45

4 当前画面整体比较偏暗，可继续在"基本校正"栏中调整素材的色调和饱和度，参数如图9-46所示。在节目面板中预览素材，效果如图9-47所示。

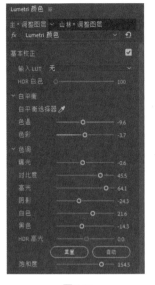

图9-46　　　　　　　　　图9-47

5 此时已基本校正好视频颜色，还需要对视频进行风格化调色，使其产生彩色山林的效果。在Lumetri颜色面板的"创意"栏中展开"调整"栏，拖动"自然饱和度"滑块至"60.0"，拖动"饱和度"滑块至"150"，此时节目面板中的素材如图9-48所示。

图9-48

6 山林中白雾的颜色变成了绿色，效果不美观，因此还需要再调整阴影和高光的色彩。单击并拖动阴影色彩轮和高光色彩轮中的十字光标，如图9-49所示。在节目面板中预览素材，效果如图9-50所示。

图9-49

图9-50

7 此时画面风格的调色已基本完成，但画面中的绿色较多，可以对画面的色彩平衡进行调整，拖动色彩平衡滑块到"-37.5"。完成后按空格键在节目面板中预览视频，效果如图9-51所示。确认无误后按【Ctrl+S】组合键保存文件，并将视频导出为MP4格式。

图9-51

  本例提供了一个秋季风景摄影的视频素材，该素材存在饱和度低、昏暗、曝光不足等问题，需要对其进行调色处理，要求使处理后的画面效果具有秋季暖色调的特征，并且更加美观。调色前后的对比效果如图9-52所示。

图9-52

9.2.5 曲线

  调整曲线可以快速和精确地调整视频的色调范围，以获得更加自然的视觉效果。Premiere 的Lumetri颜色面板中的曲线主要有RGB曲线和色相饱和度曲线两种类型。

1. RGB曲线

  RGB曲线一共有4条曲线，主曲线为一条白色的对角线，主要控制画面亮度，其余3条分别为红、绿、蓝通道曲线，可以对选定的颜色范围进行调整。调整RGB曲线的方法为：在相应曲线上单击并拖动控制点，如图9-53所示。

  调整RGB曲线前，需要先在曲线上方选择一个颜色通道，即单击对应的圆形颜色块，之后就可在下方调整对应的曲线。

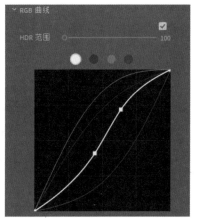

图9-53

2. 色相饱和度曲线

  除了调整RGB曲线，还可以调整色相饱和度曲线进一步处理视频的色调范围。色相饱和度曲线中有5条曲线，并分为5个可单独控制的选项卡，每个选项卡中都有吸管工具🖊，使用吸管工具🖊可以设置需要调整的颜色区域，然后在相应的曲线上通过拖动控制点来调整这个区域内的颜色。

  色相饱和度曲线中控制点的使用方法为：打开其中一个颜色曲线选项卡，单击吸管工具🖊，在节目面板中单击某种颜色进行取样，曲线将自动添加3个控制点，向上或向下拖动中间的控制点可升高或降低选定范围的色相饱和度输出值，左右两边的控制点是控制范围，如图9-54所示（这里以"色相与饱和度"曲线为例）。

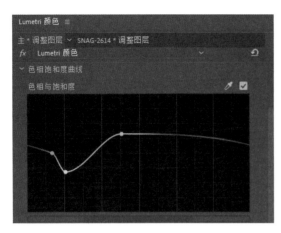

图9-54

色相饱和度曲线包括以下几种。

● 色相与饱和度：用于调整所选色相的饱和度。调整该曲线增加画面中蓝色色相的饱和度前后的对比效果如图9-55所示。

图9-55

技巧

按住【Ctrl】键，将鼠标指针移动到某控制点上单击可以删除该控制点，双击可删除该曲线上的所有控制点。

● 色相与色相：用于将选择的色相更改至另一色相。调整该曲线改变背景颜色前后的对比效，如图9-56所示。

图9-56

● 色相与亮度：用于调整所选色相的亮度。调整该曲线增加黄色色相的亮度前后的对比效果如图9-57所示。

● 亮度与饱和度：可根据画面的色调（而非色相）调整画面的饱和度。调整该曲线后增加对应亮度范围内的饱和度前后的对比效果如图9-58所示。

图9-57

图9-58

● 饱和度与饱和度：用于选择饱和度范围并提高或降低其饱和度，只要画面中色彩的饱和度相同，调整该曲线时就会发生改变。图9-59所示为调整该曲线增加蓝色墙体的饱和度前后的对比效果，调整时并未影响到画面中具有相同的蓝色色相但饱和度不同的人物服装的颜色。

图9-59

范例 制作春秋景色变换视频

 知识要点　Lumetri颜色面板中"曲线"功能的运用

 配套资源　素材文件\第9章\春季景色.mp4
效果文件\第9章\春秋景色变换.prproj、春秋景色变换.mp4

扫码看视频

 范例说明

本例提供了一个"春季景色"视频素材，需要制作一个春秋景色变换的创意视频，要求画面色调自然、效果美观。这里可以通过调整红色通道的曲线来制作秋季景色，然后在不同季节变换的视频片段之间添加过渡效果。

扫码看效果

图9-62

操作步骤

1　新建名为"春秋景色变换"的项目文件，将"春季景
色.mp4"素材导入项目面板中，并将其拖动到时间轴
面板中。在节目面板中查看素材，如图9-60所示。

图9-60

2　可以看到该素材中的黄色薄雾较多，画面不干净、不
通透，稍显暗淡，因此需要先在"基本校正"栏中对
素材进行简单调整，参数如图9-61所示。调整后的效果如图
9-62所示。

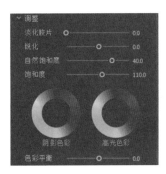　　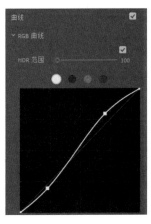

图9-63　　　　　　　　　图9-64

5　此时春季景色的画面已经制作完成，接下来需
要制作秋季景色的画面。将时间指示器移动到
"00:00:20:24"位置，使用剃刀工具 ▧ 将其剪切。选择剪切
后的第2段视频，在Lumetri颜色面板的"曲线"栏中展开"色
相饱和度曲线"栏，因为这里需要对素材进行变色，所以使
用"色相与色相"曲线。

6　单击"色相与色相"曲线中的吸管工具 ✍，在节目面
板中单击树木的深绿色区域进行取样，如图9-65所示。

图9-61

3　在Lumetri颜色面板的"创意"栏中展开"调整"栏，
调整素材的自然饱和度与饱和度，参数如图9-63所示。

4　在Lumetri颜色面板的"曲线"栏中展开"RGB曲线"
栏，拖动主曲线调整整个素材的亮度，如图9-64所示。

图9-65

7　此时"色相与色相"曲线上已经有3个控制点，选择
中间的控制点向上拖动，直到节目面板中的画面出现
红色，效果如图9-66所示。

Premiere Pro CC视频编辑与特效制作核心技能一本通（移动学习版）

图9-66

8 继续向上拖动左右两边的控制点，增大红色范围，效果如图9-67所示。

图9-67

9 此时该素材中还有一部分绿色树叶，不太美观，因此需要进行细节部分的调整。在"色相与色相"曲线左侧单击创建一个控制点，然后向下拖动控制点，如图9-68所示。

10 为了使画面效果更加和谐，可适当增加画面中红色的饱和度。展开"RGB曲线"栏，单击红色圆形，拖动红色曲线，如图9-69所示。

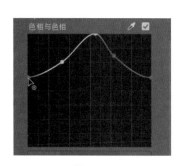

图9-68　　　　　　　图9-69

11 秋季景色的画面已经制作完成，但两段视频之间的过渡过于突兀，可以添加一个视频过渡效果。在效果控件面板中展开"视频过渡"栏，在"擦除"视频过渡组中选择"径向擦除"视频过渡，将其拖动到两段视频的中间，如图9-70所示。

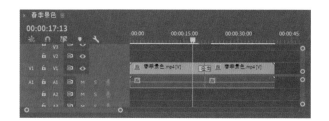

图9-70

12 在时间轴面板中选择"径向擦除"视频过渡，在效果控件面板中调整持续时间为"00:00:03:09"。

13 按空格键在节目面板中预览，效果如图9-71所示。确认无误后按【Ctrl+S】组合键保存文件，并将视频导出为MP4格式。

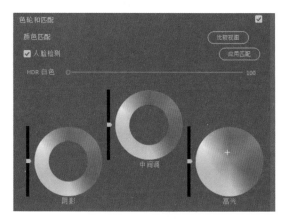

图9-71

9.2.6　色轮和匹配

使用Lumetri 颜色面板中的"色 轮和匹配"功能可以更加精确地对视频进行调色，如图9-72所示。

图9-72

1. 颜色匹配

在进行视频后期调色时，可能会出现画面颜色或亮度不统一的情况，而利用Premiere中的"颜色匹配"功能可自动匹配一个画面或多个画面中的颜色和光线外观，使画面效果更加协调。

其操作方法为：单击Lumetri颜色面板中的 比较视图 按钮，切换到"比较视图"模式，拖动"参考"窗口下方的滑块或单击"转到上一编辑点"按钮▐◀和"转到下一编辑点"按钮▶▌，在编辑点之间跳转选择参考帧；将时间指示器定位到要与参考对象匹配的画面上，选择当前帧，如图9-73所示。单击 应用匹配 按钮，Premiere将自动应用Lumetri颜色面板中的色轮匹配当前帧与参考帧的颜色。如图9-74所示，当前帧的风景画面为冷色调，自动匹配了参考帧中黄色汽车画面的暖色调。

图9-73

图9-74

2. 人脸检测

默认"人脸检测"复选框呈勾选状态，如果在参考帧或当前帧中检测到人脸，则着重于匹配人物面部颜色。此功能可提高皮肤的颜色匹配质量，但计算匹配所需的时间会延长，颜色匹配速度会变慢。因此，如果素材中不含有人脸，则可取消勾选"人脸检测"复选框，以加快颜色匹配速度。

3. 色轮

Premiere提供了3种色轮，分别用于调整阴影、中间调、高光的颜色及亮度。

在色轮中应用颜色的方法与阴影色彩轮、高光色彩轮相同。不同的是，这里的色轮还可以通过增加（向上拖动色轮左侧滑块）和减少（向下拖动色轮左侧滑块）数值来调整应用强度，如向上拖动阴影色轮左侧的滑块可使阴影变亮，向下拖动高光色轮左侧的滑块可使高光变暗。

★ 范例　制作蓝调电影感片头视频

知识要点　Lumetri颜色面板中"色轮和匹配"功能的运用

配套资源　素材文件\第9章\片头视频.mp4、蓝调图片.tif、背景音乐1.mp3
效果文件\第9章\蓝调电影感片头.prproj、蓝调电影感片头.mp4

扫码看视频

范例说明

本例提供了视频和图片素材，现需要对"片头视频"视频素材进行风格化调色，要求将画面的整体色彩调整为一种阴郁、干净的蓝调影片风格，可将"蓝调图片"素材中的颜色应用到"片头视频"视频素材中，再添加一些文案，丰富画面效果。

扫码看效果

操作步骤

1 新建名为"蓝调电影感片头"的项目文件，将"片头视频.mp4""蓝调图片.tif"素材导入项目面板中。

2 将"片头视频.mp4"素材拖动到时间轴面板中，取消该素材的音、视频链接，删除原始音频。按住【Ctrl】键，将项目面板中的"蓝调图片.tif"素材拖动到V1轨道上的"片头视频.mp4"素材前面，如图9-75所示。

图9-75

3 在Lumetri颜色面板展开"色轮和匹配"栏，单击 比较视图 按钮，拖动时间指示器，使节目面板中的"当前"窗口显示"片头视频.mp4"素材，如图9-76所示。

4 单击 应用匹配 按钮，Premiere将自动匹配"蓝调图片.tif"素材中的颜色，应用匹配后的效果如图9-77所示。再

203

次单击 比较视图 按钮，退出"比较视图"模式。

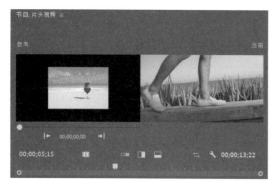

图9-76

图9-77

5 为了让电影感氛围更强，这里还需要调整素材的色调。在Lumetri颜色面板中展开"基本校正"栏，调整其中的参数，如图9-78所示。调整后的效果如图9-79所示。

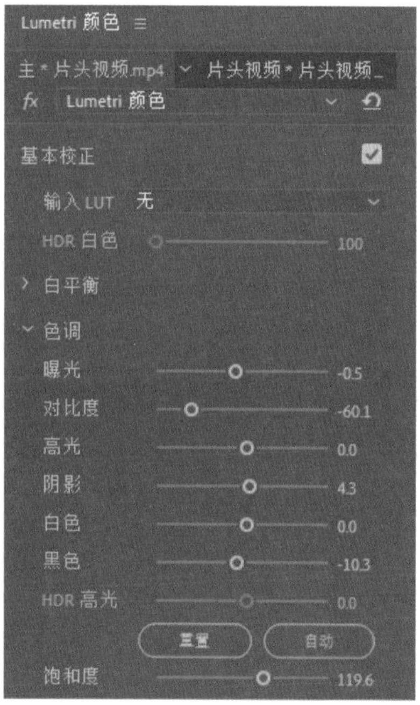

图9-79

6 在Lumetri颜色面板中展开"色轮和匹配"栏，在高光色轮中增加一点黄色，在阴影色轮中增加一点蓝色，让画面产生复古的氛围感，拖动色轮左侧的滑块，调整应用强度，如图9-80所示。

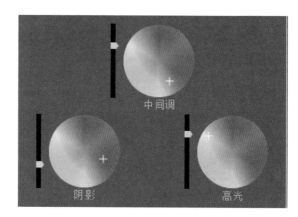

图9-80

7 视频调色已基本完成，接下来需要添加一些文字。选择文字工具 T.，在素材上单击输入文字"适合一个人看的电影"，并使用选择工具调整文字位置，效果如图9-81所示。

图9-81

8 在节目面板中选择文字素材，在效果控件面板的"文本"栏中设置文本的字体和间距，如图9-82所示。

9 设置文字的入点在"00:00:05:12"位置，文字的出点在"00:00:12:28"位置，然后在V2轨道上添加一个"交叉溶解"视频过渡效果。

图9-78

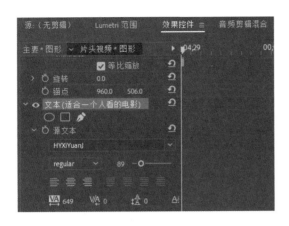

图9-82

10 在文字的入点位置添加一个缩放关键帧和不透明度关键帧，将数值均设置为"0%"；在文字的出点位置添加相同的关键帧，将数值恢复至原始状态，如图9-83所示。

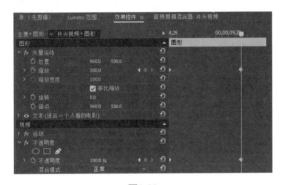

图9-83

11 将V1轨道上的"蓝调图片.tif"素材波纹删除，为V1轨道上的"片头视频.mp4"素材添加一个"黑场过渡"视频过渡效果。

12 将"背景音乐1.mp3"素材导入项目面板中，并将其拖动到时间轴面板中的A1轨道上，调整素材的入点与文字的入点至相同，在"00:00:08:21"位置剪切音频素材，并将剪切后的后半段音频素材删除，如图9-84所示。

图9-84

13 按空格键在节目面板中预览视频，效果如图9-85所示。确认无误后按【Ctrl+S】组合键保存文

件，并将视频导出为MP4格式。

图9-85

9.2.7　HSL辅助

"HSL辅助"功能可精确调整某个特定颜色，而不会影响画面的其他颜色，因此适用于局部细节调色。如在为人物视频调色时，人物皮肤常会因为环境的变化而失真，此时就可使用"HSL辅助"功能只对人物皮肤进行调色，而不影响画面中的其他部分。

1. 键

通过"键"栏可以提取画面中的局部色调、亮度和饱和度范围内的像素。在Lumetri颜色面板中展开"HSL辅助"中的"键"栏，如图9-86所示。

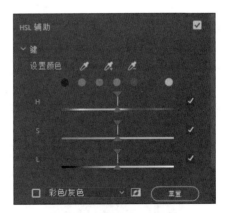

图9-86

在"设置颜色"选项右侧有3个吸管工具：吸管工具用于吸取主颜色；吸管工具用于添加吸取的主颜色；吸管工具用于减去吸取的主颜色。选择对应的吸管工具后，在画面中单击鼠标左键即可吸取颜色。此时，并不能在节目

面板中查看吸取的颜色范围，需要勾选"键"栏中的"彩色/灰色"复选框，效果如图9-87所示。

图9-87

如果颜色还没有完全吸取，则可以再次使用 吸管工具进行添加；如果吸取的颜色过多，则可以再次使用 吸管工具减去不需要的颜色范围。

如果吸管工具不能很好地达到要求，则还可以拖动下方的"H""S""L"滑块进行调整。其中"H"表示色相，"S"表示饱和度，"L"表示亮度，拖动相应的滑块可以调整选取颜色的相应范围。

2. 优化

颜色范围选取完毕，可以通过"优化"栏调整颜色边缘，如图9-88所示。

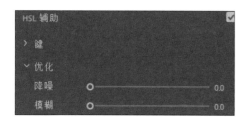

图9-88

● 降噪：用于调整画面中的噪点。

● 模糊：用于调整被选取颜色边缘的模糊程度。

3. 更正

展开"更正"栏，在色轮中单击可以将吸取的颜色修改为另一种颜色，拖动色轮下方的滑块可以调整吸取颜色的色温、色彩、对比度、锐化和饱和度，如图9-89所示。

图9-89

9.2.8 晕影

"晕影"功能可以通过调整画面边缘变亮或者变暗，从而突出画面主体。Lumetri颜色面板中"晕影"功能的相关参数如图9-90所示。

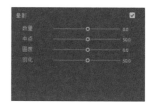

图9-90

● 数量：用于使画面边缘变暗或变亮，向左拖动滑块可使画面变暗，向右拖动滑块可使画面变亮，效果如图9-91所示。

数量为-3　　　　　　　　　数量为3

图9-91

● 中点：用于选择晕影范围，向左拖动滑块可使晕影范围变大，向右拖动滑块可使晕影范围变小，效果如图9-92所示。

中点为0　　　　　　　　　中点为100

图9-92

● 圆度：用于调整画面4个角的圆度大小，向左拖动滑块可使圆角变小，向右拖动滑块可使圆角变大，效果如图9-93所示。

圆度为-60　　　　　　　　圆度为100

图9-93

● 羽化：用于调整画面边缘晕影的羽化程度，羽化值越大，晕影的羽化程度越高。向左拖动滑块羽化值变小，向右拖动滑块羽化值变大，效果如图9-94所示。

羽化为0　　　　　　　　羽化为50

图9-94

 范例说明

　　本例提供了一个水果视频素材，需要对其进行后期调色处理，要求提高画面的饱和度和亮度并单独将瓜瓤中泛白的地方调整为红色，更能引起观众的食欲。

扫码看效果

操作步骤

1　新建名为"水果视频调色"的项目文件，将"水果.mp4"素材导入项目面板中，将其拖动到时间轴面板中。

2　预览图9-95所示视频，发现视频中西瓜瓜瓤部分泛白，不够美观，没有吸引力。

图9-95

3　在Lumetri颜色面板中展开"基本校正"栏中的"白平衡"栏，向右拖动"色温"滑块至"30.8"，为画面增加暖色调，然后继续调整色调和饱和度，如图9-96所示。

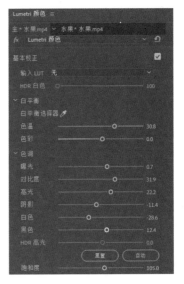

图9-96

4　在Lumetri颜色面板中展开"曲线"中的"RGB曲线"栏，调整主曲线，增加画面的对比度，如图9-97所示。

5　在Lumetri颜色面板中展开"HSL辅助"栏中的"键"栏，选择吸管工具 ，在西瓜瓜瓤部分单击鼠标左键吸取颜色，如图9-98所示。

6　勾选"键"栏中的"彩色/灰色"复选框，可看到画面中的西瓜瓜瓤部分没有被完全选中，而不需要调整的桌面部分却被选中，如图9-99所示。因此需要再次调整颜色范围。

7　取消勾选"键"栏中的"彩色/灰色"复选框，选择添加吸管工具 ，继续在没有选中颜色的西瓜瓜瓤部分吸取颜色。重复多次，直到西瓜瓜瓤部分基本被选中为止，如图9-100所示。

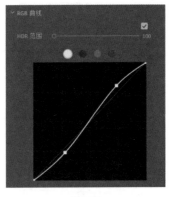

图9-97

图9-98

图9-99

8 此时还需要去除桌面部分的颜色范围，勾选"键"栏中的"彩色/灰色"复选框，选择减去吸管工具![吸管]，在桌面部分处吸取颜色，如图9-101所示。

图9-100

图9-101

9 在"优化"栏中设置模糊为"3"，取消勾选"键"栏中的"彩色/灰色"复选框。展开"更正"栏，设置其中的参数，如图9-102所示。

图9-102

10 单击色轮上方的图标![图标]，调整阴影、高光和中间调色轮的颜色为红色，然后向下拖曳3个色轮左侧的滑块，使西瓜瓜瓤部分的颜色更深，如图9-103所示。

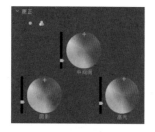
图9-103

11 按空格键在节目面板中预览视频，效果如图9-104所示。确认无误后按【Ctrl+S】组合键保存文件，并将视频导出为MP4格式。

图9-104

9.3 "图像控制"视频调色效果

效果控件面板中的"图像控制"类视频调色效果主要用于对素材进行色彩处理，以产生特殊的视觉效果，其中包括5种用于调色的视频效果。

9.3.1 灰度系数校正

"灰度系数校正"视频效果是在不改变画面高亮区域和低亮区域的情况下，使画面变亮或者变暗。应用"灰度系数校正"视频效果后，在效果控件面板中可以调整"灰度系数"数值，如图9-105所示。

图9-105

通过灰度系数可以调整画面的灰度效果，向左拖动滑块可减小数值，使画面变亮；向右拖动滑块可增大数值，使画面变暗。图9-106所示为减小"灰度系数"和增大"灰度系数"的对比效果。

图9-106

9.3.2 颜色平衡（RGB）

"颜色平衡（RGB）"视频效果可通过RGB值调节画面中三原色的数量值。应用该效果后，效果控件面板中的参数如图9-107所示。

● 红色：用于调整画面中的红色数量。图9-108所示为不同"红色"数量的对比效果。

图9-107

红色为80　　　　　　　　　红色为130

图9-108

● 绿色：用于调整画面中的绿色数量。图9-109所示为不同"绿色"数量的对比效果。

绿色为80　　　　　　　　　绿色为130

图9-109

● 蓝色：用于调整画面中的蓝色数量。图9-110所示为不同"蓝色"数量的对比效果。

蓝色为80　　　　　　　　　蓝色为130

图9-110

9.3.3 颜色替换

"颜色替换"视频效果可以用新的颜色替换掉在原素材中取样选中的颜色以及与取样颜色有一定相似度的颜色。

应用该效果后，效果控件面板中的参数如图9-111所示。

图9-111

● 相似性：用于设置目标颜色的容差值。
● "纯色"复选框：勾选该复选框后，替换颜色将变为纯色。
● 目标颜色：用于设置素材中的取样颜色。
● 替换颜色：用于设置"目标颜色"替换后的颜色。
● 图9-112所示为应用"颜色替换"视频效果前后的对比效果。

图9-112

1 新建名为"更换产品颜色"的项目文件，将"产品.tif"素材导入项目面板中，将其拖动到时间轴面板中。

2 新建一个调整图层，并将其拖动到V2轨道上。在效果面板中搜索"颜色替换"效果，并将其拖动到V2轨道上的调整图层中。

3 在效果控件面板中选择"目标颜色"后的吸管工具，然后将吸管移动到笔记本封面上，单击鼠标左键，笔记本封面将被替换为"替换颜色"中设置的颜色，如图9-113所示。

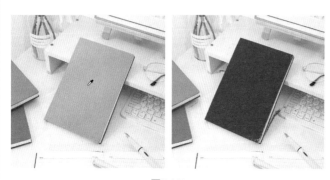

图9-113

4 在效果控件面板中单击"替换颜色"中的色块，打开"拾色器"对话框，在其中设置"替换颜色"为"#FACCFD"，单击 确定 按钮，如图9-114所示。

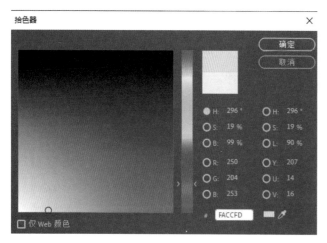

图9-114

5 由于笔记本封面中有部分颜色没有被选中，因此还需要调整目标颜色的选取范围。在效果控件面板中不断调整"颜色替换"栏中的"相似性"数值，直到笔记本封面的颜色全部被替换，如图9-115所示。

6 由于相似性过大，笔记本的画面背景受到了影响，此时可以使用蒙版将被影响的部分遮住。在效果控

件面板中单击"颜色替换"栏中的钢笔工具，然后在节目面板中将笔让本部分抠取出来，如图9-116所示。

图9-115

图9-116

7 此时笔记本封面的颜色已经替换完成，在效果控件面板中的空白处单击，取消显示路径，在节目面板中预览效果，如图9-117所示。确认无误后按【Ctrl+S】组合键保存文件。

图9-117

9.3.4 颜色过滤

"颜色过滤"视频效果可以将画面转换为灰度色，但被选中的色彩区域可以保持不变。应用该效果前后的对比效果如图9-118所示。

图9-118

应用"颜色过滤"视频效果后，在效果控件面板中可调整相关参数。其中，相似性主要用于设置保留颜色的容差值；颜色主要用于设置需要保留的颜色，如图9-119所示。

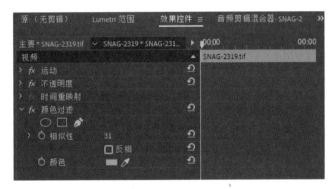

图9-119

9.3.5 黑白

"黑白"视频效果可以直接将彩色画面转换成灰度画面。应用该效果前后的对比效果如图9-120所示。

图9-120

知识要点 "颜色过滤"视频效果的运用

配套资源
素材文件\第9章\晴天.mp4
效果文件\第9章\晴天变阴天视频效果.prproj

扫码看视频

📽 范例说明

本例提供了一个"晴天"视频素材，要求利用该素材制作一个"晴转阴"的特效视频。可将该视频素材分为晴天和阴天两个阶段处理，晴天需要增加画面亮度和饱和度，阴天则相反。注意在调整"阴天"阶段的视频时，需要将视频中的天空颜色变为灰色，这样更符合阴天的天气氛围，而不是将整体画面变为灰色，使画面失去细节。

扫码看效果

📋 操作步骤

1 新建名为"晴天变阴天视频效果"项目文件，将"晴天.mp4"素材导入项目面板中，并将其拖曳到时间轴面板中。

2 分析画面，发现画面的曝光和饱和度有点不足，导致画面有点偏暗，不符合晴天的特征，因此首先需要对其进行基本校正。在Lumetri颜色面板中展开"基本校正"栏，向右拖动"色温"滑块至"30.0"，让画面具有阳光照射的温暖氛围，然后增加画面的曝光、高光和饱和度，如图9-121所示。

3 将时间指示器移动到"00:00:01:20"位置，使用剃刀工具▧在该处剪切"晴天.mp4"素材。

4 在效果面板中搜索"颜色过滤"效果，并将其拖动到V1轨道上的第2段素材中。在效果控件面板中选择"颜色"后的吸管工具▧，然后将吸管移动到绿色的草地处，如图9-122所示。

5 单击鼠标左键，在效果控件面板的"颜色过滤"栏中不断调整相似性，如图9-123所示。直到草地变为原始颜色，且天空变成灰色，效果如图9-124所示。

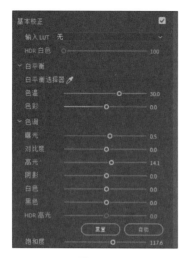

图9-121

图9-122

图9-123

图9-124

6 为了让阴天氛围更加浓厚，可以在Lumetri颜色面板中展开"基本校正"栏，向左拖动"色温"滑块至

"–24.7"，调整画面至色温偏冷，然后在"色调"栏中调整画面，让画面符合阴天的氛围，如图9-125所示。

7 在Lumetri颜色面板中展开"曲线"栏，再展开"RGB曲线"栏，调整主曲线，如图9-126所示。

图9-125　　　　　　　　　图9-126

8 此时的阴天效果已基本制作完成，为了让晴天与阴天之间过渡自然，可以在两段视频间添加视频过渡效果。在效果控件面板中搜索"交叉溶解"视频过渡效果，并将其拖动到V1轨道上的两段素材之间，同时将视频过渡效果的持续时间设置为"00:00:02:13"，让过渡更加缓慢，如图9-127所示。

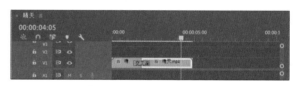

图9-127

9 按空格键在节目面板中预览视频，效果如图9-128所示。确认无误后按【Ctrl+S】组合键保存文件。

图9-128

9.4 "过时"视频调色效果

效果控件面板中的"过时"类视频调色效果主要用于对素材进行专业的色彩校正和颜色分级，其中包括12种用于调色的视频效果。

9.4.1 RGB曲线

"RGB曲线"视频效果主要通过调整曲线的方式来修改视频素材的主通道和红、绿、蓝通道的颜色，以此改变视频的画面效果。它与Lumetri颜色面板 "曲线" 栏中的 "RGB曲线" 功能相同。应用 "RGB曲线" 视频效果后，在效果控件面板的4个相应的曲线图中单击创建控制点并拖动控制点，即可调整画面的颜色，如图9-129所示。应用该效果前后的对比效果如图9-130所示。

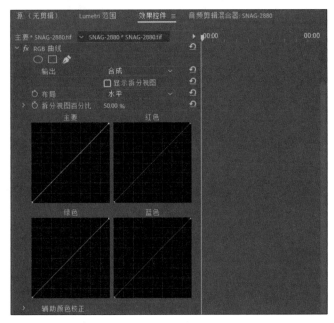

图9-129

原图

调整红色曲线

调整绿色曲线

调整蓝色曲线

图9-130

● 输出：在该下拉列表框中可以选择允许在节目面板中查看调整后的最终效果。勾选 "显示拆分视图" 复选框，

可以分屏预览。

● 布局：用于设置分屏预览的布局。

● 拆分视图百分比：用于设置分屏预览布局的比例。

● 主要、红色、绿色、蓝色曲线图：分别用于设置其对应通道的颜色。

● 辅助颜色校正：用于对色彩的色相、饱和度和亮度等进行设置，以辅助颜色校正，如图9-131所示。

图9-131

9.4.2 RGB颜色校正器

"RGB颜色校正器"视频效果能对素材的R、G、B 3个通道中的参数进行设置，以修改素材的颜色。应用该效果前后的对比效果如图9-132所示。

图9-132

应用该效果后，效果控件面板中的参数如图9-133所示。

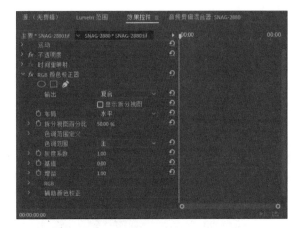

图9-133

● 色调范围定义：用于选择色调调整的区域，在 "色

调范围"下拉列表框中包含了"主""高光""中间调""阴影"4个选项。

● 灰度系数：用于设置灰度的级别。

● 基值：用于增加或降低特定的偏移像素值，通常与"增益"参数结合使用，提高画面亮度。

● 增益：用于增加画面的像素值，使画面变亮。

● RGB：单击该选项前的 ▶按钮，在展开的列表中可对红色、绿色、蓝色3个通道的灰度系数、基值和增益参数进行设置，如图9-134所示。

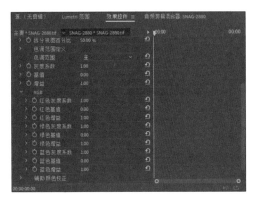

图9-134

 制作"夜幕降临"延迟拍摄视频效果

 "RGB颜色校正器"视频效果的运用、蒙版的创建与运用

素材文件\第9章\白天.mp4

 效果文件\第9章\夜幕降临.prproj、夜幕降临.mp4

扫码看视频

 范例说明

本例提供了一个拍摄白天场景的视频素材，要求运用"RGB颜色校正器"视频效果制作出黑夜渐临的延迟拍摄效果，且要让白天和黑夜阶段的视频画面的对比更加强烈。制作时，除了需要调整画面色彩外，也可以考虑增加一些文字内容，以丰富画面，还可以使用蒙版为文字制作渐入渐出的效果。

扫码看效果

1 新建名为"夜幕降临"的项目文件，将"白天.mp4"素材导入项目面板中，并将其拖曳到时间轴面板中。

2 分析画面，发现画面饱和度较低，因此需要对其进行基本校正。在Lumetri颜色面板中展开"基本校正"栏，调整画面的曝光、对比度和饱和度，如图9-135所示。调整前后的对比效果如图9-136所示。

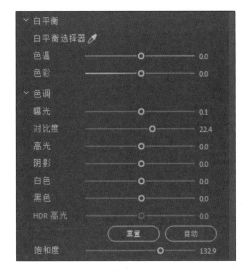

图9-135

图9-136

3 在效果面板中搜索"RGB颜色校正器"效果，并将其拖动到V1轨道上的素材中。

4 在效果控件面板中展开"RGB颜色校正器"栏，分别单击"灰度系数"和"增益"栏中的"切换动画"按钮 ，添加关键帧。

5 将时间指示器移动到"00:00:18:17"位置，在效果控件面板中展开"RGB颜色校正器"栏，单击"灰度系数"栏中的"添加/移除关键帧"按钮 ，添加一个关键帧，然后设置其参数为"0.25"；单击"增益"栏中的"添加/移除关键帧"按钮 ，添加一个关键帧，然后设置其参数为"0.10"，如图9-137所示。

6 此时夜幕降临效果制作完成，可以再添加一些文字。将时间指示器移动到"00:00:09:00"位置，选择垂直文字工具 ，在画面右侧单击，输入图9-138所示的文字。

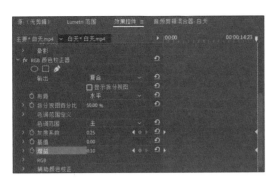

图9-137

图9-138

7 在节目面板中选择文字,在效果控件面板中设置文字的属性,如图9-139所示。

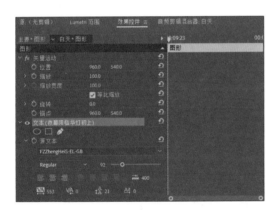

图9-139

8 在节目面板中调整文字的位置,效果如图9-140所示。

图9-140

9 将文字调整完毕,可以利用蒙版制作文字的渐隐效果。在时间轴面板中设置文字的持续时间与视频素材的持续时间一致。在效果控件面板中展开"不透明度"栏,并单击其中的"创建4点多边形蒙版"按钮 ▣ ,在节目面板中调整蒙版的位置和形状;在效果控件面板中调整蒙版的扩展和羽化,如图9-141所示。

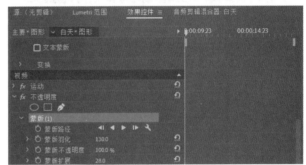

图9-141

10 单击"蒙版路径"栏中的"切换动画"按钮 ▣ ,添加关键帧。将时间指示器移动到"00:00:18:10"位置,在节目面板中调整蒙版的位置,如图9-142所示。

图9-142

11 按空格键在节目面板中预览视频,效果如图9-143所示。确认无误后按【Ctrl+S】组合键保存文件,并将视频导出为MP4格式。

图9-143

9.4.3　三向颜色校正器

"三向颜色校正器"效果可通过调节"阴影""中间调""高光"色盘的颜色，从而调整色彩的平衡。应用该效果前后的对比效果如图9-144所示。

图9-144

应用该效果后，效果控件面板的参数如图9-145所示。

图9-145

● "主要"复选框：勾选该复选框，将只能使用主轮（第1个色轮）或同时使用3个色轮对色彩进行调整。

● "阴影"色轮：用于调整画面中阴影的颜色。

● "中间调"色轮：用于调整画面的中间调颜色。

● "高光"色轮：用于调整画面的高光颜色。

● 输入色阶：用于调整红、绿、蓝色调的值。

● 输出色阶：用于设置画面的对比度值。

● 色调范围定义：用于对色调范围进行自定义设置。

● 饱和度：单击该选项前的▶按钮，在展开的列表中

可对整个画面，或画面中的阴影、中间调和高光的色彩强度进行调整，如图9-146所示。

图9-146

● 自动色阶：单击该选项前的▶按钮，在展开的列表中可单击 自动黑色阶 自动对比度 自动白色阶 按钮自动设置色阶、对比度，也可以通过下方的黑色阶、灰色阶和白色阶吸管手动设置，如图9-147所示。

图9-147

● 阴影：与"阴影"色轮功能相同，单击该选项前的▶按钮，在展开的列表中可对阴影的色相角度、平衡数量级、平衡增益和平衡角度进行设置，如图9-148所示。

图9-148

● 中间调：与"阴影"选项类似，可对中间调的色相角度、平衡数量级、平衡增益和平衡角度进行设置。调整该数值时，"中间调"色轮也会变化。

● 高光：单击该选项前的▶按钮，在展开的列表中可对高光的色相角度、平衡数量级、平衡增益和平衡角度进行设置。调整该数值时，"高光"色轮也会变化。

● 主要：单击该选项前的▶按钮，在展开的列表中可对主要的色相角度、平衡数量级、平衡增益和平衡角度进行设置。

● 主色阶：单击该选项前的▶按钮，在展开的列表中可对黑、灰、白色阶的输入、输出值进行设置，如图9-149所示。

图9-149

9.4.4 亮度曲线

"亮度曲线"视频效果可对素材的亮度进行调整，使暗部区域变亮，或使亮部区域变暗。应用该效果前后的对比效果如图9-150所示。

图9-150

应用该效果后，在效果控件面板中可以调整"亮度波形"曲线图，如图9-151所示。

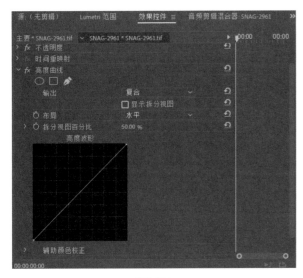

图9-151

9.4.5 亮度校正器

"亮度校正器"视频效果可对素材的亮度进行校正。应用该效果前后的对比效果如图9-152所示。

图9-152

应用该效果后，效果控件面板的参数如图9-153所示。在"亮度"数值框中可以调整素材的亮度；在"对比度"数值框中可以调整素材色调的对比度；在"对比度等级"数值框中可以设置其级别。

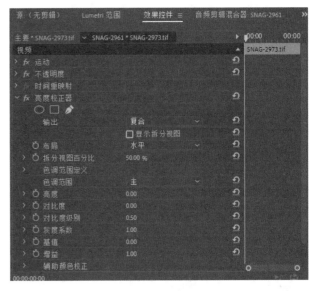

图9-153

9.4.6 快速模糊

"快速模糊"视频效果可快速调整素材画面的模糊程度。应用该效果前后的对比效果如图9-154所示。

应用该效果后，在效果控件面板中可以对该效果的相关参数进行调整，如图9-155所示。

图9-154

● 模糊度：用于更改画面的模糊程度。

● 模糊维度：用于调整模糊的方向，其下拉列表框中包含"水平和垂直""水平"和"垂直"3个选项。

● "重复边缘像素"复选框：勾选该复选框，画面的边缘将保持清晰，而不会产生灰暗的晕影。

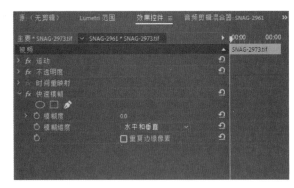

图9-155

9.4.7 快速颜色校正器

"快速颜色校正器"视频效果能对素材的色彩进行快速校正。应用该效果前后的对比效果如图9-156所示。

图9-156

应用该效果后，效果控件面板的参数如图9-157所示。

● 白平衡：用于设置白平衡的颜色。

图9-157

● 色相平衡和角度：在色轮上单击可出现控制手柄，拖

动手柄可以直接使用其中的颜色来调整色调平衡和角度，控制手柄的端点越接近色轮中心，调整效果越接近原始画面。

● 色相角度：用于设置色相的角度，即色轮的转动角度，如图9-158所示。

● 平衡数量级：用于设置平衡的数量。

● 平衡增益：用于设置白平衡。

● 平衡角度：用于设置白平衡。的角度，如图9-159所示。

图9-158

● 饱和度：用于设置画面颜色的饱和度。

● 输入色阶：用于设置输入的颜色级别，拖动滑动条中的3个滑块，可以对"输入黑色阶""输入灰色阶""输入白色阶"3个参数产生影响。

图9-159

● 输出色阶：用于设置输出的颜色级别，拖动滑动条中的两个滑块，可以对"输出黑色阶"和"输出白色阶"两个参数产生影响。

● 输入黑色阶：用于设置黑色输入时的级别。向右拖动"输入黑色阶"滑块，可使画面变暗；向左拖动"输出黑色阶"滑块，将使画面变亮。

● 输入灰色阶：用于设置灰色输入时的级别。向右拖动"输入灰色阶"滑块，可使画面变亮；向左拖动"输出灰色阶"滑块，将使画面变暗。

● 输入白色阶：用于设置白色输入时的级别。向右拖动"输入白色阶"滑块，可使画面变亮；向左拖动"输入白色阶"滑块，将使画面变暗。

● 输出黑色阶：用于设置黑色输出时的级别。

● 输出白色阶：用于设置白色输出时的级别。

> **技巧**
>
> 应用"快速色彩校正器"效果校正颜色时，需要先设置"输出"下拉列表框中的选项，以确定校正的方式。

范例 制作潮流风格街拍短片

 知识要点 "三向颜色校正器"视频效果的运用

 配套资源 素材文件\第9章\街拍.mp4
效果文件\第9章\潮流街拍视频.prproj、潮流街拍短片.mp4

扫码看视频

范例说明

街拍是一种比较具有时代性的潮流表达方式。本例提供了一个"街拍"视频素材，要求将该视频制作成一个有个性、有特色的潮流风格街拍短片。为了达到要求，需要对视频进行风格化调色，并添加适合的文案。

扫码看效果

操作步骤

1 新建名为"潮流街拍视频"的项目文件，将"街拍.mp4"素材导入项目面板中，并将该素材拖曳到时间轴面板中。

2 在Lumetri颜色面板中展开"基本校正"栏，调整画面的色温、曝光、对比度、高光和饱和度，如图9-160所示。调整前后的对比效果如图9-161所示。

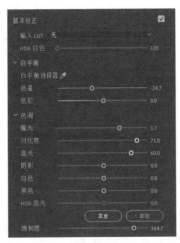

图9-160

3 在效果面板中搜索"RGB曲线"效果，并将其拖动到V1轨道的素材上，调整红色、绿色和蓝色曲线，如图

9-162所示。减少画面的红色，增加画面的绿色和蓝色，效果如图9-163所示。

图9-161

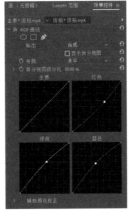

图9-162　　　　　　　　图9-163

4 在效果面板中搜索"三向颜色校正器"效果，并将其拖动到V1轨道的素材上，调整其中的"阴影"色轮、"中间调"色轮和"高光"色轮，如图9-164所示。调整后的画面效果如图9-165所示。

5 将时间指示器移动到"00:00:06:00"位置，选择文字工具 **T**，在画面中单击，输入图9-166所示的文字。

图9-164　　　　　　　　图9-165

图9-166

第9章 视频后期调色技术

219

6 在节目面板中选择文字，在效果控件面板中设置文字的属性，如图9-167所示。在节目面板中调整文字的位置，效果如图9-168所示。

图9-167　　　　　图9-168

7 在时间轴面板中设置文字的持续时间与视频素材的持续时间一致。在效果控件面板中搜索"快速模糊"效果，并将其拖动到V1轨道的素材上，在效果控件面板的"模糊度"栏中添加一个关键帧，将时间指示器移动到"00:00:14:07"位置，继续添加一个相同属性的关键帧，设置其参数如图9-169所示。

图9-169

8 在效果控件面板中搜索"快速颜色校正器"效果，并将其拖动到V2轨道的素材上，拖动"色相平衡和角度"色轮上的控制手柄，调整文字颜色，如图9-170所示。调整后的画面效果如图9-171所示。

图9-170　　　　　图9-171

9 按空格键在节目面板中预览视频，效果如图9-172所示。确认无误后按【Ctrl+S】组合键保存文件，并将

视频导出为MP4格式。

图9-172

小测　制作怀旧风格短视频

配套资源＼素材文件＼第9章＼怀旧视频.mp4
配套资源＼效果文件＼第9章＼怀旧风格短视频.prproj

本例提供了一个视频素材，需要将其调整为怀旧风格，让整个画面具有温馨感，营造怀旧的氛围。调色时，可为画面增加暖色调和模糊效果，带给观赏者更加柔和的感觉。本例制作前后的对比效果如图9-173所示。

图9-173

9.4.8　自动对比度、自动色阶、自动颜色

"自动对比度"视频效果可以自动调整素材的对比度。应用该效果前后的对比效果如图9-174所示。

图9-174

"自动色阶"视频效果可以自动调整素材的色阶。应用该效果前后的对比效果如图9-175所示。

图9-175

"自动颜色"视频效果可以自动调整素材的颜色。应用该效果前后的对比效果如图9-176所示。

图9-176

上述3种视频效果在效果控件面板中的参数都十分相似，这里以"自动颜色"效果的效果控件面板中的参数为例进行介绍，如图9-177所示。

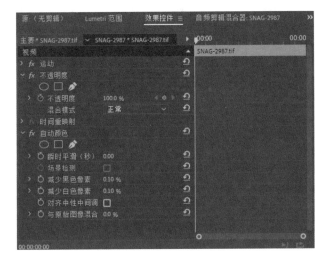

图9-177

● 瞬时平滑（秒）：用于控制素材的平滑时间。

● 场景检测：可以根据"瞬时平滑（秒）"参数自动检测每个场景，并进行色彩处理。

● 减少黑色像素：用于控制画面中暗部区域所占的比例。

● 减少白色像素：用于控制画面中亮部区域所占的比例。

● 对齐中性中间调：勾选该复选框后，Premiere 将自动使颜色接近中间色调，从而有效解决色偏问题。

● 与原始图像混合：用于控制素材的混合程度。

9.4.9　视频限幅器

"视频限幅器（旧版）"视频效果可以调整素材的高光、中间调和阴影，以达到改变素材色彩的目的。应用该效果前后的对比效果如图9-178所示。

应用该效果后，效果控件面板中的参数如图9-179所示。

● 信号最小值：是指画面中最小的视频信号，用于调整画面中暗部区域的接收信号情况。

图9-178

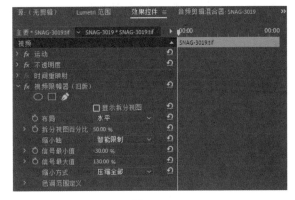

图9-179

● 信号最大值：是指画面中最大的视频信号，用于调整画面中亮部区域的接收信号情况。

● 缩小方式：在该下拉列表框中可以选择压缩特定的色调范围，也可以对整个画面的色调进行均匀压缩，如图9-180所示。

图9-180

9.4.10　阴影/高光

"阴影/高光"视频效果可以调整素材的阴影和高光部分。应用该效果前后的对比效果如图9-181所示。

图9-181

应用该效果后，效果控件面板中的参数如图9-182所示。

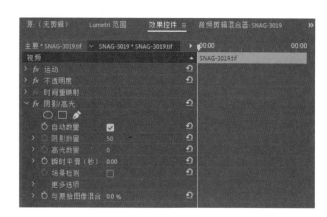

图9-182

● 自动数量：勾选该复选框后，Premiere将自动调整素材中的阴影和高光部分，并且下方的"阴影数量""高光数量"栏将被禁用。

● 阴影数量：用于控制素材中阴影的数量。

● 高光数量：用于控制素材中高光的数量。

● 更多选项：对素材的阴影、高光、中间调等参数进行更加精细的调整，如图9-183所示。

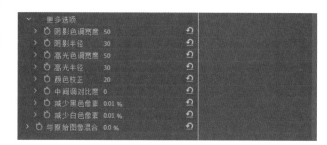

图9-183

9.5 "颜色校正"视频调色效果

效果控件面板中的"颜色校正"类视频调色效果主要是对素材进行色彩校正处理，以恢复素材原本的色彩，其中包括12种用于调色的视频效果。

9.5.1 ASC CDL

"ASC CDL"视频效果可以调整素材的红、绿、蓝3种色相及饱和度。应用该效果后，效果控件面板中的参数如图9-184所示。应用该效果前后的对比效果如图9-185所示。

图9-184

图9-185

9.5.2 Lumetri颜色

"Lumetri颜色"视频效果可以对素材进行颜色的基本校正和特殊调色，其功能与Lumetri颜色面板的功能相同，因此这里不做过多介绍。

9.5.3 亮度与对比度

"亮度与对比度"视频效果可用于调整素材的亮度和对比度。应用该效果前后的对比效果如图9-186所示。

图9-186

9.5.4 保留颜色

"保留颜色"视频效果可以选择一种需要保留的颜色范围，而将其他颜色的饱和度降低。应用该效果前后的效果如图9-187所示。

图9-187

应用该效果后，效果控件面板中的参数如图9-188所示。

图9-188

● 脱色量：用于设置色彩的脱色强度，该值越大，饱和度越低。

● 要保留的颜色：用于设置需要保留的颜色。

● 容差：用于设置颜色的容差度。

● 边缘柔和度：用于设置素材边缘的柔和的程度。

● 匹配颜色：用于设置颜色的匹配模式。

 制作"节约用水"公益动态海报

 "保留颜色"视频效果的运用

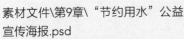 素材文件\第9章\"节约用水"公益宣传海报.psd

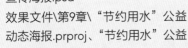 效果文件\第9章\"节约用水"公益动态海报.prproj、"节约用水"公益动态海报.mp4

扫码看视频

 范例说明

党的二十大报告要求推进美丽中国建设，指出推动经济社会发展绿色化、低碳化是实现高质量发展的关键环节。为帮助人们提升环保意识，本例将制作一个"节约用水"公益动态海报，要求突出海报主题。这里可先将画面调整为黑白色调，只保留局部（水）区域的色彩，增强画面的冲击感，然后添加

扫码看效果

关键帧制作水滴缓缓落下，画面也渐渐恢复原本彩色调的动态效果，表现水带来了生命和色彩，呼应海报主题"节约用水"。

操作步骤

1 新建名为"'节约用水'公益动态海报"的项目文件，将"'节约用水'公益宣传海报.psd"素材以"序列"的方式导入项目面板中。

2 展开"'节约用水'公益宣传海报"素材箱，双击"'节约用水'工艺宣传海报"序列素材。

3 在节目面板中预览海报画面，接下来需要将画面中除"水"区域外的其他区域全部变成灰色。在效果控件面板中搜索"保留颜色"效果，并将其拖动到V1轨道的素材上。在效果控件面板的"脱色量""要保留的颜色""容差"栏中分别添加一个关键帧。选择"要保留的颜色"后的吸管工具 ，在水处单击吸取水的颜色，调整参数设置，如图9-189所示。调整后的画面效果如图9-190所示。

图9-189

图9-190

4 将时间指示器移动到"00:00:03:20"位置，在效果控件面板中再添加3个与步骤3相同属性的关键帧，参数恢复为默认值，如图9-191所示。

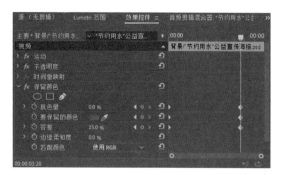

图9-191

5 选择V2轨道上的"水滴"素材，将时间指示器移动到"00:00:00:00"位置，在效果控件面板中展开"运动"栏，分别添加一个位置关键帧和一个缩放关键帧，并设"置位"和"缩放"参数，如图9-192所示。

图9-192

6 将时间指示器移动到"00:00:03:20"位置，并调整参数，如图9-193所示。

图9-193

7 预览画面，发现变色后的画面不够明亮和突出，需要调整亮度和对比度。在效果控件面板中搜索"亮度与对比度"效果，并将其拖动到V1轨道的素材上，在效果控件面板中设置亮度为"16"，并对比度为"7"。调整后的画面效果如图9-194所示。

8 将时间指示器移动到"00:00:04:00"位置，选择文字工具 **T**，在画面中单击输入文字"节约每一滴水珍爱

生命之源"。

图9-194

9 在节目面板中选择文字，在效果控件面板中设置文字的属性，如图9-195所示。在节目面板中调整文字的位置，效果如图9-196所示。

图9-195

图9-196

10 在时间轴面板中将文字的持续时间调整为与V1
轨道和V2轨道上素材的持续时间一致。此时文
字的出现稍显突兀，可以为其添加一个视频过渡效果。在
效果控件面板中搜索"交叉溶解"效果，并将其拖动到V2
轨道上素材的入点位置，同时设置该视频过渡效果的持续
时间为"00:00:00:15"，如图9-197所示。

图9-197

11 按空格键在节目面板中预览效果，如图9-198所
示。确认无误后按【Ctrl+S】组合键保存文件，
并将视频导出为MP4格式。

图9-198

9.5.5　均衡

"均衡"视频效果可以改变素材的像素值并对其颜色进
行平均化处理。应用该效果后，可以在效果控件面板中设置
相应的参数，在"均衡"下拉列表框中可以设置色彩平均化
的方式，包括"RGB""亮度""Photoshop样式"3个选项，
也可以在"均衡量"数值框中设置亮度值的分布程度，如
图9-199所示。应用该效果前后的对比效果如图9-200所示。

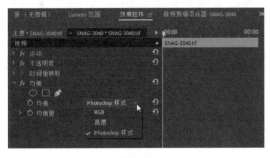

图9-199

图9-200

9.5.6　更改为颜色

"更改为颜色"视频效果可以使用色相、饱和度和亮度
快速将选择的颜色更改为另一种颜色。对一种颜色进行修改
时，不会影响到其他颜色。应用该效果前后的对比效果如
图9-201所示。

图9-201

应用该效果后，效果控件面板中的参数如图9-202所示。

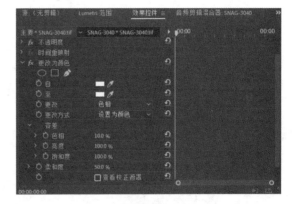

图9-202

● 自：单击"自"色块或选择吸管工具 🖋，可以设置

一种颜色，作为更换的颜色样本。

● 至：单击"至"色块或选择吸管工具 ，可以设置一种颜色，作为最终更换的颜色。

● 更改：用于设置想要变化的色相、亮度、饱和度的组合，在其下拉列表框中有"色相""色相和亮度""色相和饱和度""色相、亮度和饱和度"4个选项。

● 更改方式：其下拉列表框中有"设置为颜色"和"变换为颜色"两个选项。选择"设置为颜色"选项，可直接对颜色进行修改。选择"变换为颜色"选项，可设置介于"自"和"至"颜色之间的差值以及宽容度值。

● 容差：用于设置色相、亮度和饱和度。

● 柔和度：用于创建"自"和"至"颜色之间的平滑过渡。

● "查看校正遮罩"复选框：勾选该复选框，可在节目面板中以黑白蒙版的形式预览素材，查看转换颜色受影响的区域。黑色区域为不受影响的区域，白色区域为受影响的区域，灰色区域为部分受影响的区域。

9.5.7　更改颜色

"更改颜色"视频效果与"更改为颜色"视频效果相似，都可将素材中指定的一种颜色变为另一种颜色。应用该效果前后的对比效果如图9-203所示。

图9-203

应用该效果后，效果控件面板的参数如图9-204所示。

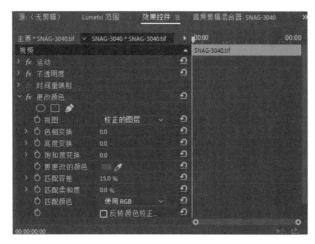

图9-204

● 视图：用于选择查看的方式，其下拉列表框中有"校正的图层"和"颜色校正遮罩"两个选项。选择"校正的图层"选项，将显示应用后的画面效果。选择"颜色校正遮罩"选项，将显示应用后所产生的蒙版效果。

● 色相变换：用于设置指定颜色的色相。

● 明度变换：用于设置指定颜色的亮度。

● 饱和度变换：用于设置指定颜色的饱和度。

● 要更改的颜色：单击其色块或选择吸管工具 可设置要更改的颜色。

● 匹配容差：用于设置要应用颜色的相似度，该值越大，选择的颜色范围越大。

● 匹配柔和度：用于设置颜色范围边缘的柔化程度。

● 匹配颜色：用于选择匹配颜色的模式，其下拉列表框中包括"使用RGB""使用色相""使用色度"3个选项。

● "反转颜色校正蒙版"复选框：勾选该复选框，可以将当前指定颜色反转。

9.5.8　色彩

"色彩"视频效果用于调整素材中包含的颜色信息。应用该效果前后的效果如图9-205所示。

图9-205

应用该效果后，效果控件面板的参数如图9-206所示。

图9-206

● 将黑色映射到：用于将黑色变为指定的颜色，单击其色块或选择吸管工具 ，可选择需要的颜色。

● 将白色映射到：用于将白色变为指定的颜色，单击其色块或选择吸管工具 ，可选择需要的颜色。

● 着色量：用于设置染色后画面和原始画面的混合程度。图9-207所示分别是着色量为"0"和"100%"的对比效果。

图9-207

图9-209

9.5.9 视频限制器

"视频限制器"视频效果可以将视频的亮度和色彩限制在广播允许的范围内，若素材超出了该范围，则会出现警告。为素材添加"视频限制器"效果后，在效果控件面板中可对该效果的相关参数进行调整，如图9-208所示。

图9-208

● 剪辑层级：在其下拉列表框中可选择不同的剪辑等级。

● 剪切前压缩：用于设置剪切前的压缩程度。

● 色域警告：勾选该复选框，可开启色域警告。

● 色域警告颜色：用于设置色域警告的显示颜色。

9.5.10 通道混合器

"通道混合器"视频效果可以对素材的红、绿、蓝通道之间的颜色进行调整，以改变素材的颜色，用于创建颜色特效，将彩色颜色转换为灰度或浅色等效果。应用该效果前后的对比效果如图9-209所示。

应用该效果后，可以在效果控件面板中设置对应的参数，如图9-210所示。

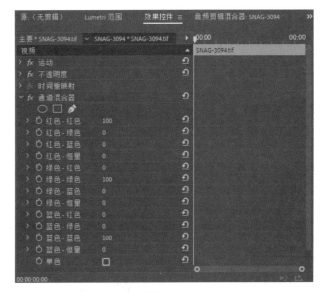

图9-210

9.5.11 颜色平衡

"颜色平衡"视频效果可以对素材的RGB色彩进行调整，以得到需要的效果。应用该效果前后的对比效果如图9-211所示。

图9-211

应用该效果后，可以在效果控件面板中设置对应的参数，如图9-212所示。

图9-212

● 阴影红色平衡、阴影绿色平衡、阴影蓝色平衡：用于调整素材中阴影部分的红、绿、蓝颜色平衡情况。

● 中间调红色平衡、中间调绿色平衡、中间调蓝色平衡：用于调整素材中间调部分的红、绿、蓝颜色平衡情况。

● 高光红色平衡、高光绿色平衡、高光蓝色平衡：用于调整素材中高光部分的红、绿、蓝颜色平衡情况。

9.5.12 颜色平衡（HLS）

"颜色平衡（HLS）"视频效果可以对素材的色相、明度、饱和度进行调整，改变素材的颜色，达到色彩均衡的效果。应用该效果前后的对比效果如图9-213所示。

图9-213

应用该效果后，可以在效果控件面板中设置对应的参数，如图9-214所示。

● 色相：用于调整素材的颜色偏向。

● 亮度：用于调整素材的明亮程度，该值越大，画面灰度越高。

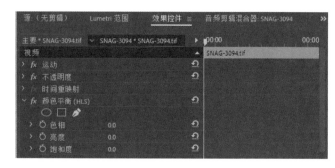

图9-214

● 饱和度：调整素材的饱和度强度，该值为"-100时"，画面为黑白效果。

范例 制作分屏调色视频

知识要点 "色彩""均衡""通道混合器""颜色平衡"视频效果和"划出"视频过渡效果的运用

配套资源 素材文件\第9章\分屏视频.mp4

效果文件\第9章\分屏调色视频.prproj、分屏视频.mp4

扫码看视频

范例说明

本例提供了一个视频素材，要求将该视频制作为分屏效果，并使分屏画面对比强烈。制作时，可将该视频分为两个画面：一个画面色彩饱和度高、色彩艳丽；另一个画面为无彩色。另外还可以为两个画面添加视频过渡效果，让分屏效果更加自然。

扫码看效果

操作步骤

1 新建名为"分屏调色视频"的项目文件，将"分屏视频.mp4"素材导入项目面板中，并将其拖曳到时间轴面板中。

2 删除视频素材的原始音频。将时间指示器移动到画面需要分屏的位置，这里为"00:00:03:02"位置，然后

使用剃刀工具 切割素材。

3 在效果控件面板中搜索"色彩"效果，并将其拖动到切割后的第1段视频素材中，保持参数默认设置，使画面变为无彩色，效果如图9-215所示。

图9-215

4 为了增强画面的对比度，这里可以调整第1段视频素材的亮度与对比度。在效果控件面板中搜索"亮度与对比度"效果，并将其拖动到切割后的第1段视频素材中，在效果控件面板中调整参数，如图9-216所示。

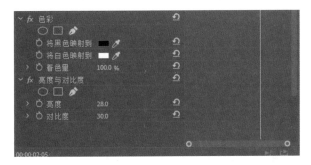

图9-216

5 接下来调整第2段视频素材的色彩。在效果控件面板中搜索"均衡"效果，并将其拖动到V1轨道上的第2段视频素材中，保持参数默认设置，平衡画面的色彩，调色效果如图9-217所示。

图9-217

6 为了让画面更加风格化，可以再将第2段视频素材调整为一个带有独特风格的色调，这里将其调整为蓝色复古色调。在效果控件面板中搜索"通道混合器"效果，并将其拖动到V1轨道上的第2段视频素材中，在效果控件面板中调整参数，增强画面中的蓝色，如图9-218所示。调色后的效果如图9-219所示。

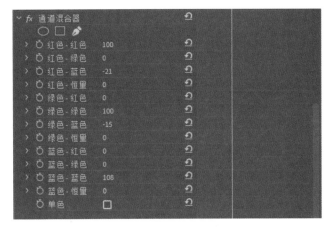

图9-218

图9-219

7 在效果控件面板中搜索"颜色平衡"效果，并将其拖动到V1轨道上的第2段视频素材中，在效果控件面板中调整参数，减少中间调和高光中的蓝色，增加阴影中的蓝色，突出人物主角，如图9-220所示。

图9-220

8 此时两个画面已经调整完成，接下来需要制作分界线效果。在效果控件面板中搜索"划出"视频过渡效果，并将其拖动到V1轨道上的两段视频素材之间，在效果控件面板中设置过渡效果的持续时间为"00:00:05:00"，使画面产生慢慢划出的过渡效果。

9 继续在效果控件面板中设置过渡效果的边框宽度为"10"，边框颜色为白色，如图9-221所示。

图9-221

10 按空格键在节目面板中预览视频，效果如图9-222所示。确认无误后按【Ctrl+S】组合键保存文件，并将视频导出为MP4格式。

图9-222

9.6 综合实训：制作公益广告后期调色视频

公益广告是不以营利为目的，而为社会提供免费服务的非商业性广告，如防火防盗、环境保护、敬老爱幼、节约用水等广告宣传均属于公益广告的性质。公益广告是社会公益事业的重要部分，对社会公众的道德和思想教育发挥了重要作用。

9.6.1 实训要求

为更好地发挥公益广告对弘扬社会主义核心价值观的积极作用，某公益组织准备制作一个与领养流浪动物有关的公益广告，并提供了视频素材，要求整个公益广告以温馨、自然为基调，并将提供的视频素材运用在广告中，使广告画面更加生动，同时还要求对广告主题进行美化与展

现，以直观的文字来传递广告主题，激发观众的思想共鸣。

> 公益广告作为一种现代信息传播方式，有着潜移默化的影响力和感染力，对社会主义精神文明建设能够起到一定的引导和促进作用。因此我们要重视公益广告的社会导向作用，通过公益广告引导公众形成正确的价值观，提升全民综合素质。

设计素养

9.6.2 实训思路

（1）通过分析提供的视频素材，发现视频的整体色调偏暗，整个画面暗淡，因此需要先对视频画面的色彩进行校正，如提高画面的亮度、高光、曝光度等，使画面颜色更加生动、自然。此外，还需要进行风格化调色处理，为广告营造温馨自然的氛围，可以为画面增加黄色调，并添加一些模糊效果，制作出柔和的朦胧感。注意在调色时，如果黄色调太多，则可增加草地的绿色，与画面中的黄色中和，使画面的色彩更加平衡。

（2）公益广告的文案可以根据公益广告的画面节奏来展示，主要包括广告主题、组织信息两个方面的内容，文案力求简明易懂，能够体现出较强的说服力和艺术感染力。由于"领养流浪动物"本身是一个比较认真、严肃的话题，所以可将文案放置于画面中心，字体颜色选择白色，与黑色的视频画面形成强烈对比，这样既能强调主体，又能使广告显得更加正式、稳重。

（3）为了提高公益广告的传播效果，可以在广告中添加一些关键帧动画和背景音乐，让广告视频更具感染力和创意性。

扫码看效果

本实训完成后的参考效果如图9-223所示。

图9-223

9.6.3　制作要点

扫码看视频

本实训的主要操作步骤如下。

1. 调色处理

1 新建名为"公益广告后期调色"的项目文件，将"公益广告素材.mp4"素材导入项目面板中，并将其拖曳到时间轴面板中。

2 在Lumetri颜色面板中调整画面的色温为暖色调，调整阴影、曝光、对比度和高光，调整前后的画面对比效果如图9-224所示。

图9-224

3 继续在lumetri颜色面板中调整淡化胶片为"71"，在"曲线"栏中使用"色相"与色相曲线中的吸管工具吸取草地的绿色，然后调整曲线，如图9-225所示。

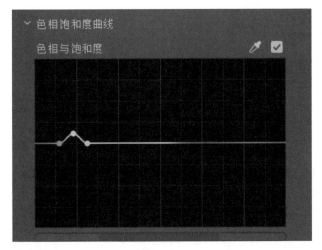

图9-225

4 将"三向颜色校正器"效果拖动到V1轨道的素材上，调整其中的"阴影"色轮、"中间调"色轮和"高光"色轮，如图9-226所示。

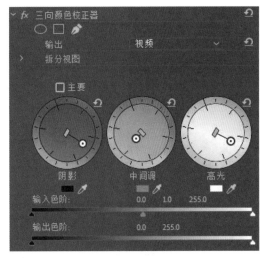

图9-226

5 将"颜色平衡（HLS）"效果拖动到V1轨道的素材上，调整色相为"355.0"。

2. 为画面添加动画和文字

1 将"裁剪"效果拖动到V1轨道的素材上，将时间指示器移动到"00:00:01:16"位置，在"顶部"和"底部"栏各添加一个关键帧；将时间指示器移动到"00:00:06:10"位置，将"顶部"和"底部"均设置为"50"。

2 将时间指示器移动到"00:00:03:00"位置，输入广告主题文字，设置字体为"FZZJ-LJDFONT"，大小为"192"，调整文字的时长与整个视频的时长一致。

3 输入英文文字，设置字体为"HYFangSongJ"，大小为"80"，颜色、文字间距和时长与上一个字幕一致。

4 将V2轨道和V3轨道上的文字素材嵌套，选择嵌套素材，在效果控件面板中的"00:00:03:00"位置和"00:00:06:10"位置各创建一个位置关键帧，第1个"位置"不变，第2个"位置"设置为"960""400"。

5 在"00:00:06:10"位置输入活动内容介绍，设置字体为"HYFangSongJ"，各大小为"54"。

3. 为文字添加动画

1 在V2和V3轨道上素材的入点处都添加一个"交叉溶解"视频过渡效果。

2 将"音乐.mp3"素材导入项目面板中，将其拖曳到A1轨道上，并调整其时长与整个视频的时长一致。

3 保存文件，并将其导出为MP4格式。

巩固练习

1. 制作夏日小清新风格的短片片头

本练习将制作一个夏日清新风格的短片片头，要求让画面呈现出明亮、干净的清新感。制作前可以对视频素材进行调色处理，最后添加手写效果的文字表达短片主题。参考效果如图9-227所示。

素材文件\第9章\树叶.mp4
效果文件\第9章\小清新风格调色视频.mp4、小清新风格调色.prproj

图9-227

2. 制作励志视频片头

本练习将利用提供的"朝霞"视频素材，制作励志视频的片头。制作前可以对视频进行个性化调色，如将视频制作为漫天朝霞的效果，代表青年人朝气蓬勃的精神面貌，最后添加励志文案，展示主题。参考效果如图9-228所示。

素材文件\第9章\朝霞.mp4
效果文件\第9章\励志视频片头.mp4、励志视频片头.prproj

图9-228

3. 美食视频后期调色处理

本练习将对一个美食视频进行调色处理，要求使调色后的食物看上去更加精致。一般来说，明朗轻快的色调更能引起人们的食欲，因此在调色时，可以先将画面的色温调整为冷色调，然后增加画面的整体亮度和对比度，最后调整饱和度，让食物的颜色饱和度更高，增强

其吸引力。参考效果如图9-229所示。

素材文件\第9章\美食视频.mp4
效果文件\第9章\美食视频后期调色处理.mp4、美食视频后期调色处理.prproj

图9-229

4. 海边风光摄影后期调色

本练习先调整海边风光摄影视频，然后为视频添加主题文字。由于该视频素材色彩偏黄，大海的蓝色和树木的绿色部分偏灰，画面效果不佳，因此需要先进行调色。在调色时，可以针对画面本身存在的问题展开，如画面灰暗，可提高画面的亮度、对比度和饱和度；画面中蓝色和绿色元素多，可将画面色温调整为冷色调，参考效果如图9-230所示。

素材文件\第9章\视频.mp4
效果文件\第9章\海边风光视频调色.mp4、海边风光视频调色.prproj

图9-230

5. 更改人物服装颜色

本练习将使用"更改颜色"视频效果为人物服装换色，要求换色时注意色彩范围的选取，不能影响到其他颜色。在设置颜色的匹配容差时，如果所选颜色超出人物服装范围，可运用蒙版来进行调整。更改前后的效果如图9-231所示。

图9-231

技能提升

在Premiere中进行视频后期调色时，可以先借助Lumetri颜色面板中的波形图同步观察图示变化，然后进行调色，从而让调色范围更加精确，调色效果更好。下面以4个常用的波形图为例介绍利用波形图为视频调色的方法。

1. 矢量示波器（YUV）

矢量示波器（YUV）是检测画面颜色变化和分布的重要工具。在矢量示波器（YUV）中可以看到每种颜色的框线相互连接，形成一个范围，一旦超出这个范围，则代表颜色超出了安全值，需要进行调色处理。颜色轮盘中间的白雾状轨迹在哪个色彩范围中越密，就表示画面中这种色彩的像素越多。如果轨迹从中心点向外延伸，则说明画面中色彩的饱和度从0%开始逐渐增加；如果轨迹都集中在中心点，则说明画面中几乎无色彩。图9-232所示为某画面和反映该画面的矢量示波器（YUV）。

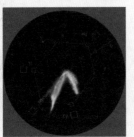

图9-232

从波形图中可以看出，颜色轮盘中间的白雾状轨迹集中在绿色（G）和青色（Cy）中间，说明画面中的色彩偏绿、偏青，而且已经超出了安全范围，此时可以通过调色增加红、黄色彩，使轨迹靠近中心点，从而达到校正色彩的目的。图9-233所示为校正后的画面和反映该

画面的矢量示波器（YUV）。

需要注意的是：由于矢量示波器（YUV）不包含亮度信息，因此可以与波形（亮度）示波器配合使用。

2. 波形（亮度）示波器

波形（亮度）示波器以波形的外观显示出画面的明暗关系与明暗程度。在波形（亮度）示波器中，Y轴代表画面对应的明亮程度，数值范围为"0~100"；X轴代表对应画面中从左到右的区域。图9-234所示为某画面和反映该画面的波形（亮度）示波器。

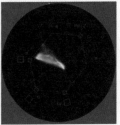

图9-233

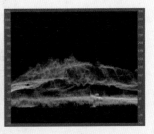

图9-234

从波形图中可以看出，暗部集中在画面最下方，亮部集中在画面中间位置，整体画面的波形形状比较偏下，说明整体画面的亮度偏低，即画面存在曝光不足的问题，此时可以调整画面中的曝光度和对比度。图9-235所示为校

正后的画面和反映该画面的波形（亮度）示波器。

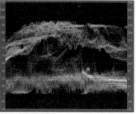

图9-235

3. 波形（RGB）示波器

波形（RGB）示波器反映了画面的亮度和色彩的饱和度。X轴表示波形分布从左到右，对应画面中从左到右的区域；Y轴的顶部表示高光区域，底部表示阴影区域。图9-236所示为某画面和反映该画面的波形（RGB）示波器。

图9-236

从波形图中可以看出，画面中红色的亮度明显高于蓝色和绿色，因此画面应该存在严重的偏色问题，并且波形图中蓝色和绿色的波形都堆积在示波器的下方，说明画面中蓝色和绿色区域的曝光度不足，此时可以调整曲线减少画面中的红色，并提高画面的曝光度。图9-237所示为校正后的画面和反映该画面的波形（RGB）示波器。

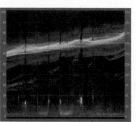

图9-237

4. 分量（RGB）示波器

分量（RGB）示波器与波形（RGB）示波器的形状大致相同，但波形（RGB）示波器将三原色的波形混合显示，而分量（RGB）示波器将波形按照R（红）、G（绿）、B（蓝）三原色分离出来独立显示。

一般来说，色彩平衡的画面，其分量（RGB）示波器中3个通道的波形在阴影和高光位置是对齐的，形状也大致相同。而如果RGB三个通道的波形在高光和暗部位置没有对齐、波形形状不统一，则说明画面存在明显的偏色情况。图9-238所示为某画面和反映该画面的分量（RGB）示波器。

图9-238

从波形图中可以看出，R波形和B波形明显偏高，G波形明显偏低，说明画面存在色偏，色彩不平衡，并且三原色的暗部区域（底部）比较偏下，说明画面曝光不足，此时可以通过调色工具减少画面中的红色和蓝色，提高曝光度，使波形的暗部和高光尽量保持在同一水平线上。图9-239所示为校正后的画面和反映该画面的分量（RGB）示波器。

图9-239

第 10 章　制作字幕与图形

本章导读

字幕是视频的重要组成部分，视频的标题、人物或场景的介绍、不同片段之间的衔接及结束语等都可以通过字幕来展现。图形也是视频的重要组成部分，可用于丰富视频的画面效果，增强视频画面的视觉美感。在编辑视频时，可以将字幕与图形组合使用，这样既能传递画面信息，又能使画面变得美观。

知识目标

- 了解字幕文字的排版与设计
- 熟悉文字的不同字体
- 掌握字幕与图形的创建方法
- 掌握字幕与图形的编辑方法

能力目标

- 能够为视频创建开放式字幕
- 能够制作简约标题动画效果
- 能够制作短片滚动字幕效果
- 能够为视频添加动态图形模板
- 能够为视频创建动态路径字幕
- 能够制作立体糖果文字效果
- 能够制作电子相册滚动效果

情感目标

- 提高对特效字体的创造能力与审美能力
- 培养使用不同类型字体准确表达画面情感、凸显画面主题的能力
- 积极探索字幕与图形在视频画面中的融合方式

10.1　认识字幕文字与图形

合适的文字与图形设计能够增强视频画面的视觉效果，影响视频信息的展现与传递。因此了解字幕文字和图形的相关知识，有助于在视频编辑中更好地进行视频画面的视觉设计。

10.1.1　文字的排版与设计

文字可以说明和引导视频内容，有助于更好地传递信息。对文字进行合理的排版和设计，能够使视频画面更加美观。

1. 文字的排版

在添加文字时，可以通过不同的文字排版方式来构建不同的视觉效果。

● 左对齐和右对齐：左对齐符合大多数人从左到右的阅读习惯，也符合大众的审美观，在视频编辑中较为常用。一般来说，左对齐的文字主要放置在画面的左侧（标题文字除外），如图10-1所示。右对齐虽然与人的视线正好相反，但颇具创意和个性。一般来说，右对齐的文字主要放置在画面的右侧（标题文字除外），如图10-2所示。

图10-1

图10-2

● 居中对齐：居中对齐是指使文字整齐地向中间集中，即所有文字都显示在画面中间，具有突出重点、集中视线的作用，如视频的片头字幕、电影或电视剧的片尾字幕。居中对齐有横向居中和纵向居中两种方式，它们都能使视频传递的信息一目了然，并能起到很好的装饰作用，因此在视频编辑中都较为常用，如图10-3所示。

横向居中对齐

纵向居中对齐

图10-3

● 两端对齐：两端对齐是指使用不同文字大小、间距等方式将文字的左右两端对齐，其版式比较严谨、工整，而且能增强视频效果，尤其适用于多行文字的排版，如图10-4所示。

图10-4

● 底端对齐和顶端对齐：底端对齐是指将文字全部向底部对齐；顶端对齐则正好相反。这两种对齐方式常用于视频中字幕较多的画面，如视频的正文字幕，也可以运用在

同一个视频画面中。如图10-5所示，画面中的主题文字"醒狮"和正文文字应用了顶端对齐的方式，整体文字显得端正、整齐。

图10-5

2. 文字的对比

文字的对比主要包括大小、疏密、粗细、色彩等方面的对比。文字通过不同的对比方式和对比程度，将在画面中产生位置、大小、排版效果等差异，从而塑造出不同风格的视觉效果。

● 文字的大小对比：当画面空间有限时，需要通过不同大小的文字来表现重要的信息，即对主要信息、次要信息进行区别。通常情况下，在进行文字大小的设置时，要突出显示重要信息，缩小显示次要信息，减少其他不必要信息对重要信息的干扰，以便用户快速将视线锁定在重要信息上，加快对信息的接收速度。而且，大小对比合适的文字更能体现画面的层次感，增强视觉上的设计美感，如图10-6所示。

图10-6

● 文字的疏密对比：文字疏密是指字间距和行间距。要区分文字所表现的信息，需将不同字体、字号和颜色的文字分类隔开，让信息的呈现更加清晰、层次更加分明，从而更好地引导用户进行阅读与接收，如图10-7所示。否则很容易模糊主题，误导用户，造成用户信息接收障碍。

图10-7

● 文字的粗细对比：文字的粗细对比与文字的大小对比具有一定的共性，都能够起到强调信息的作用。文字的粗细对比还能使画面更加精致、高级。需要注意的是：文字的粗细对比在画面中不可运用过多，否则会让画面的主要文字不够突出。文字的粗细对比应该根据画面的整体版面合理运用，如图10-8所示。

图10-8

● 文字的色彩对比：文字的色彩对比是指两种或两种以上不同颜色的文字形成对比。画面中的文字色彩会直接影响用户的视觉感受，对画面中不同的色彩进行合理对比，可以有效增强画面的动感和视觉吸引力，如图10-9所示。

图10-9

10.1.2　文字的字体选择

选择合适的字体可以增加视频画面的美感。不同内容和风格的视频使用的字体也会有所不同，可根据视频具体的需求来选择。

1. 中文字体

中文字体的类型较多，常用的有以下5种。

● 宋体：宋体是应用非常广泛的字体，其笔画横细竖粗，起点与终点有额外的装饰部分，且外形纤细优雅、美观端庄，能体现出浓厚的文艺气息，经常用于纪录片、文艺片和时尚片等视频中，如图10-10所示。

● 艺术体：艺术体是指一些非常规的特殊印刷字体，其笔画和结构一般都进行了一些形象方面的再加工。在视频中使用艺术体可以提升视频的设计感，如图10-11所示。

图10-10　　　　　　　　图10-11

● 书法体：书法体是指具有书法风格的字体，如楷书、行书、草书等，其字形自由多变、顿挫有力。不同的书法体适用于不同风格的视频，如纤细清秀的小楷字体常用在文艺、小清新风格的视频中；大楷、草书、行书等字体常用在传统、古典、庄严和复古，或者有强烈风格的视频中，如图10-12所示。

图10-12

● 黑体：黑体字形端庄，笔画横平竖直、粗壮有力，笔迹粗细基本一致，结构严密，易于阅读，虽然没有强烈的风格，却是最为常用的字体之一，如图10-13所示。

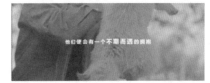

图10-13

● 手写体：手写体是一种使用硬笔或者软笔手工书写出的文字。手写体文字大小不一、错落有致，非常具有创意和个性，如图10-14所示。

图10-14

中国汉字又称中文、中国字，是世界上最古老的文字之一，已有六千多年的历史，也是迄今为止持续使用时间最长的文字。中国汉字是传承中华文化的重要载体，对中华文化的记录与传播有着极其重要的作用。

设计素养

2. 英文字体

英文字体主要分为衬线体和无衬线体。

● 衬线体：衬线体在文字的笔画末端有额外的装饰，而且笔画的粗细也会有所不同，该字体给人一种优雅的感觉，如图10-15所示。

图10-15

● 无衬线体：无衬线体的笔画没有额外的装饰，笔画的粗细也大致相同，给人以简洁、规整的感受，在视频中属于非常百搭的字体，如图10-16所示。

图10-16

10.1.3 认识图形

Premiere中的图形是指由外部轮廓线条构成的矢量图形，如矩形、圆形、直线，或者不规则的其他形状。图形在视频编辑中非常常用，如制作节目包装、片头片尾图形动画、画面装饰图形、动态Logo展示等。图形还可以用作文字的底纹，不仅能丰富画面，还能使文字信息更加显眼、集中，进而增强文字的可读性，如图10-17所示。

图10-17

10.2 创建字幕与图形

字幕与图形是视频重要的组成部分，创建字幕与图形是视频编辑中必须掌握的操作，其主要通过字幕设计器、字幕面板、基本图形面板来完成。

10.2.1 创建旧版标题字幕

旧版标题字幕可以生成具有艺术字效果的文字，常用于制作视频标题。其创建方法为：选择【文件】/【新建】/【旧版标题】命令，打开"新建字幕"对话框，如图10-18所示。在该对话框中可以设置宽度、高度、时基、像素长宽比和名称，一般情况下保持默认设置，使字幕与视频的属性相匹配。单击 确定 按钮确认设置，即可打开字幕设计器进一步编辑处理字幕。

图10-18

10.2.2 创建开放式字幕

开放式字幕可以制作对白形式的文字，常用于制作电影、电视剧中人物的对话，不采用任何多余的特效。其创建方式为：选择【文件】/【新建】/【字幕】命令，或在项目面板中单击鼠标右键，在弹出的快捷菜单中选择【新建项目】/【字幕】命令，或在项目面板中单击"新建项"按钮 ，在弹出的快捷菜单中选择"字幕"命令，打开"新建字幕"对话框，如图10-19所示。

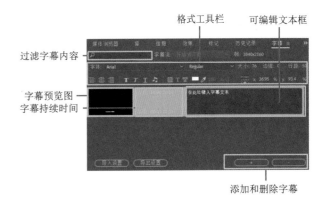

图10-19

在"新建字幕"对话框的"标准"下拉列表中有5种字幕选项。

● CEA-608和CEA-708：CEA-608和CEA-708是北美和欧洲地区电视类节目传输的字幕标准，需要播放设备控制才能显示出来。两者的区别在于CEA-608是非嵌入式字幕，视频和字幕在不同的轨道上；CEA-708是嵌入式字幕，可嵌入视频内部。

● 图文电视：图文电视是20世纪70年代在英国发展起来的一种信息广播系统。在Premiere中，图文电视是隐藏式字幕。

● 开放字幕：开放字幕通常出现在视频中人物的下方，其中会包含声音和音乐描述，但开放字幕的字体大小、颜色、背景颜色、透明度等参数都是固定的，均不可设置。

● 澳大利亚：澳大利亚是指澳大利亚的隐藏式CC字幕标准。

● 开放式字幕：开放式字幕是可以在视频中直接显示的字幕，并且字幕的字体大小、颜色、背景颜色、透明度等参数都可以重新设置。

以上这5种字幕中，除了开放式字幕，其他都属于隐藏类型字幕，欧美地区的国家使用较多。而在我国，视频中直接显示的通常是开放式字幕。在"新建字幕"对话框中单击 确定 按钮，在项目面板中会生成字幕文件，如图10-20所示。

图10-20

双击字幕文件可以打开字幕面板，如图10-21所示。

图10-21

● 过滤字幕内容：在搜索框中输入文字可以对字幕内容进行过滤。

● 字幕预览图：用于预览输入的文本在视频画面中的位置、大小和颜色。

● 字幕持续时间：用于设置字幕出现的时间和消失的时间。

● 格式工具栏：用于设置字幕的格式，如字体、大小、位置、对齐方式和背景颜色等。

● 可编辑文本框：用于输入字幕内容，单击文本框可以在其中反复修改内容。

● 添加和删除字幕：用于添加和删除字幕，调整字幕的数量。

完成字幕的设置后，选择字幕文件，将其拖动至时间轴面板中，使用选择工具 ▶ 将其移动到视频画面中合适的位置即可添加字幕，如图10-22所示。

图10-22

技巧

创建开放式字幕时，也可以在项目面板中生成字幕文件后，先将其拖动到时间轴面板中的合适位置，然后在时间轴面板中选择并双击字幕文件，打开字幕面板编辑字幕。

10.2.3 创建基本字幕

基本字幕是比较常用的字幕类型，操作起来较为简单和便捷。其创建方式为：选择文字工具 T ，在节目面板中单击可以创建点文字，单击并拖动鼠标可以在文本框中创建段落文字，或在基本图形面板中单击"编辑"选项卡中的"新建图层"按钮 ，在弹出的快捷菜单中选择"文本"或"直排文本"命令，在基本图形面板中创建一个新的文本图层，如图10-23所示。

图10-23

要修改字幕文字的字体样式、大小、间距、颜色等属性，可先选择轨道上的字幕文件，然后在效果控件面板中展开"文本"栏，在其中设置文字的各项参数，如图10-24所示。

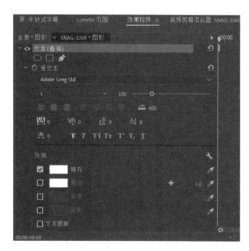

图10-24

除了可以在效果控件面板中设置文字的参数外，还可以在基本图形面板的"文本"和"外观"栏中调整字幕文字的属性。其操作方法为：在节目面板中选择文字，切换到"图形"工作模式，或者选择【窗口】/【基本图形】命令，打开基本图形面板。然后单击基本图形面板中的"编辑"选项卡，在"文本"栏中可以调整文字的属性，如字体、大小、间距等；在"外观"栏中可以调整文字的外观属性，如文字填充颜色、描边颜色和宽度等，其参数与效果控件面板中的参数大致相同，如图10-25所示。

图10-25

实战 为视频创建开放式字幕

知识要点 开放式字幕的创建与应用

配套资源 素材文件\第10章\街拍.mp4
效果文件\第10章\街拍.mp4、开放式字幕视频.prproj

 扫码看视频

操作步骤

1 新建名为"开放式字幕视频"的项目文件，切换到"图形"工作模式，将"街拍.mp4"素材导入项目面板中，并将其拖曳到时间轴面板中。

2 在项目面板中单击鼠标右键，在弹出的快捷菜单中选择【新建项目】/【字幕】命令，打开"新建字幕"对话框，在"标准"下拉列表中选择"开放式字幕"选项，单击 确定 按钮，如图10-26所示。

3 在项目面板中将开放式字幕素材拖动到时间轴面板的V2轨道上，调整开放式字幕的时长与整个视频的时长一致，如图10-27所示。

图10-26

图10-27

4 在时间轴面板中双击字幕素材，打开字幕面板，在可编辑文本框中的入点处输入图10-28所示文字。在节目面板中发现画面中已经出现了文字，效果如图10-29所示。

图10-28

图10-29

5 在字幕面板的格式工具栏中单击"背景颜色"色块■，在后方设置不透明度为"0"，即取消文字的背景颜色；单击"边缘颜色"按钮■，再单击后面的颜色色块，打开"拾色器"对话框，设置文字的边缘颜色为"#E8AF10"；在上方设置边缘为"2"，大小为"50"，单击"打开位置字幕块"形状■中的中心方块，使其变为■形状，可调整字幕至画面的中心位置，如图10-30所示。调整后的画面效果如图10-31所示。

图10-30

图10-31

技巧

对于开放式字幕的位置，也可以通过"打开位置字幕块"形状■后面的"X"（水平位置）和"Y"（垂直位置）数值框进行更加精细的调整。

6 在字幕面板中设置字幕的入点和出点分别为"00:00:01:17"和"00:00:07:06"，字幕会自动对齐视频的入点和出点，如图10-32所示。或直接在时间轴面板中选择字幕，左右拖动字幕的入点和出点来调整入点和出点，如图10-33所示。

图10-32

图10-33

7 在字幕面板中单击"添加字幕"按钮 ，创建一个新的可编辑文本框，在其中输入第2句字幕，并调整第2句字幕的出点为"00:00:12:15"，如图10-34所示。

图10-34

8 此时开放式字幕已经添加完成，按空格键在节目面板中预览视频，效果如图10-35所示。确认无误后按【Ctrl+S】组合键保存文件，并将视频导出为MP4格式。

图10-35

10.2.4 创建和编辑动态图形

在Premiere中不仅可以创建文字字幕，还可以创建简单的动态图形，以便于制作节目的包装、图形动画等。

1. 创建基本图形

将素材拖动到时间轴面板中后，打开基本图形面板，单击"编辑"选项卡中的"新建图层"按钮 ，在弹出的快捷菜单中选择相应的命令，或选择【图形】/【新建图层】命令，在打开的子菜单中选择相应命令，可在节目面板中创建基本图形。除此之外，也可以通过工具面板中的矩形工具 、椭圆工具 和钢笔工具 来创建基本图形。其操作方法为：在工具面板中选择相应的工具后，在节目面板中直接绘制（按住【Shift】键可等比例绘制），如图10-36所示。

图10-36

2. 编辑基本图形

创建图形后，可以在效果控件面板或基本图形面板中进行编辑。

（1）在效果控件面板中编辑图形

在时间轴面板或节目面板中选择图形素材，打开效果控件面板中的"形状"栏，在其中可调整图形的路径、外观等参数，如图10-37所示。使用这种方式编辑图形可以方便、快捷地为图形制作关键帧动画效果。

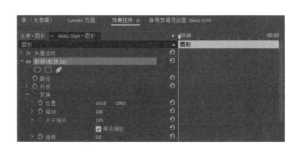

图10-37

（2）在基本图形面板中编辑图形

在节目面板中选择图形素材，单击基本图形面板中的"编辑"选项卡可以编辑单个图形的基本属性，如图10-38所示。

● "新建图层"按钮 ：通过该按钮不仅可以创建横排文字、直排文字、椭圆、矩形等图层，还可以创建剪辑图层。其操作方法为：单击"新建图层"按钮 ，在弹出的快捷菜单中选择"来自文件"命令，打开"导入"对话框，可将图像、视频、音频等多种文件导入基本图形中；或在时间轴面板中选择基本图形素材，然后在项目面板中将视频或图像拖动到基本图形面板的图层窗格中，自动创建一个剪辑图层，如图10-39所示。

图10-38　　　　　　　　图10-39

● 创建图层组：在制作复杂的图形动画时，可对不同的图层进行分组，以提高制作效率。其操作方法为：单击"创建组"按钮■，可自动创建一个新组，然后将图层窗格中的图层拖动到组中；或在基本图形面板的图层窗格中选择多个图层，然后单击"创建组"按钮■（或单击鼠标右键，在弹出的快捷菜单中选择"创建组"命令），这些图层会自动进入一个新的图层组中，如图10-40所示。

图10-40

● 固定到：在"固定到"下拉列表中可以让当前活动图层随所选图层产生位置、旋转、缩放等变换。如图10-41所示，将形状图层固定到文字图层后，形状将随文字发生变化。

图10-41

● 对齐与变换：调整图层的对齐：当在图层窗格中仅选择一个图层时，可通过"对齐与变换"栏中的"垂直居中对齐"按钮■和"水平居中对齐"按钮■将形状、文本或剪辑图层对齐到视频帧，其他按钮可用于多个图层间的对齐与分布。需要注意的是，水平或垂直分布图层需要选择3个或3个以上的图层，否则"水平均匀分布"按钮■和"垂直均匀分布"按钮■将被禁用。调整图层的变换：可通过"对齐与变换"栏下方的"切换动画的位置"按钮■、"切换动画的锚点"按钮■、"切换动画的比例"按钮■、"切换动画的旋转"按钮■和"切换动画的不透明度"按钮■来调整位置、锚点、缩放、旋转、不透明度等变换属性。

● 外观：与字幕文字一样，在基本图形面板中的"外观"栏中也可以调整图形的填充、描边、背景和阴影，还可以添加形状蒙版（字幕文字是添加文字蒙版）。

3. 制作基本图形的动态效果

在基本图形面板中编辑图形时，不仅可以对图形进行基础编辑，还可以制作图形的动态效果。

（1）添加关键帧动态效果

在基本图形面板的"对齐与变换"栏中可以看到位置、

锚点、缩放等变换属性的按钮默认呈灰色显示，单击后按钮将变为蓝色，表示已经激活，可以设置关键帧，与效果控件面板中的"切换动画"按钮■的效果相同。

在基本图形面板中添加关键帧的方法为：在基本图形面板的图层窗格中选择需要添加关键帧的图层，在"对齐与变换"栏中单击属性按钮（这里以"切换动画的位置"按钮■为例），如图10-42所示。激活该按钮后，将时间指示器移动到需要变换的位置，然后调整属性参数，如图10-43所示。

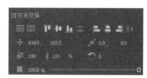

图10-42　　　　　　　图10-43

在节目面板中可以预览图形的动态效果，如图10-44所示。

图10-44

添加关键帧之后，有时还需要调整运动速率，但这一操作在基本图形面板中不能实现。由于在基本图形面板中添加的关键帧也会显示在效果控件面板中，因此可以通过效果控件面板中的速率表或时间轴面板调整图形的运动速率，如图10-45所示。

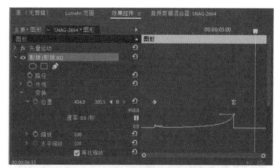

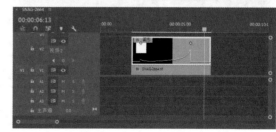

图10-45

（2）添加响应式动态效果

Premiere基本图形面板中还有一个比较常用的响应式设计功能，它能够在改变剪辑的持续时间后，让剪辑两端的一个或多个关键帧始终保持在剪辑两端，而不会被剪辑，并创建滚动字幕。

其操作方法为：选择时间轴面板中轨道上的图形素材（需确保在基本图形面板的图层窗格中未选中任何单个图层），基本图形面板的"编辑"选项卡中会出现"响应式设计-时间"栏，如图10-46所示。在"开场持续时间"数值框和"结尾持续时间"数值框中可设置剪辑的开始和结束位置，在效果控件面板中可看到这些时间范围内的关键帧被灰色部分覆盖（被固定），如图10-47所示。当图形剪辑整体的持续时间被拉长或缩短时，只会影响到没有被灰色部分覆盖的区域，从而保证图形的开场和结尾动画不会被影响。

图10-46   图10-47

选中"响应式设计-时间"栏下方的"滚动"复选框可以为画面创建垂直移动的滚动字幕。勾选"滚动"复选框，将会出现"滚动"复选框的各项参数，如图10-48所示。

此时节目面板右侧会出现一个透明的蓝色滚动条，如图10-49所示。 拖动滚动条可预览滚动效果。

图10-48   图10-49

● "启动屏幕外"复选框：勾选该复选框，可以使滚动或游动效果从屏幕外开始。

● "结束屏幕"复选框：勾选该复选框，可以使滚动或游动效果到屏幕外结束。

● 预卷：用于设置在动作开始之前使字幕静止不动的帧数。

● 过卷：如果希望在动作结束后文字静止不动，则可在该数值框中输入数值，以设置文字在动作结束之后静止不动的帧数。

● 缓入：用于设置字幕滚动或游动的速度逐渐增加到正常播放速度，在该数值框中输入加速过程中的帧数，可让字幕的滚动速度慢慢变大。

● 缓出：用于设置字幕滚动或游动的速度逐渐减小直至静止不动，在该数值框中输入减速过程中的帧数，可让字幕的滚动速度慢慢减小。

技巧

设置滚动效果时，可以通过图形剪辑的长度（持续时间）来调整滚动的速度，图形剪辑越长，滚动速度就越慢。

范例 制作简约标题动画效果

知识要点 动态图形的创建与编辑

配套资源 素材文件\第10章\云景图.tif
效果文件\第10章\简约标题动画效果.prproj、简约标题动画效果.mp4

扫码看视频

范例说明

本例提供了一个动图素材，要求以该动图素材为背景，制作一个视频标题。为了让标题更有吸引力，可考虑利用基本图形面板中的关键帧为标题添加动画效果。

扫码看效果

操作步骤

1 新建名为"简约标题动画效果"的项目文件，切换到"图形"工作模式，将"云景图.tif"素材导入项目面板中，然后新建序列文件，序列参数如图10-50所示。完成后按【Enter】键确认。

2 在工具面板中选择椭圆工具 ，按住【Shift】键在节目面板中等比例绘制一个圆形。

3 此时基本图形面板的"编辑"选项卡中自动出现一个形状图层。将项目面板中的"云景图.tif"素材拖动到基本图形面板的图层窗格中，选中"云景图"剪辑图层，在下方的"对齐并变换"栏中调整图像的比例为"123"，使图像铺满整个屏幕，效果如图10-51所示。

图10-50

图10-51

4 在图层窗格中选中"形状01"形状图层，在下方的"对齐并变换"栏中单击"切换动画的位置"按钮 和"切换动画的比例"按钮 分别创建一个关键帧，并调整"位置"参数；在"外观"栏中勾选"形状蒙版"复选框，如图10-52所示。

5 将时间指示器移动到"00:00:00:05"位置，然后调整"位置"为"0""0"；将时间指示器移动到"00:00:00:15"位置，然后调整"位置"为"110""146"；将

时间指示器移动到"00:00:00:25"位置，然后调整"位置"为"360""201"；将时间指示器移动到"00:00:01:05"位置，然后调整"位置"为"293""254"，调整"缩放"为"110"；将时间指示器移动到"00:00:01:28"位置，然后调整"位置"为"516""166"。在节目面板中将图形的锚点移动到图形的中心位置，然后在基本图形面板中调整"缩放"为"562"，如图10-53所示。

图10-52　　　　　　　　图10-53

6 此时第一层图形动画制作完成，在节目面板中预览效果，如图10-54所示。在图层窗格中选择这两个图层，然后单击"创建组"按钮 ，将其创建为一个图层组。

图10-54

7 将时间指示器移动到"00:00:01:28"位置，在时间轴面板轨道上的空白处单击，取消选中时间轴面板中的任何素材。在图层窗格中单击"新建图层"按钮 ，在弹出的快捷菜单中选择"矩形"命令，在节目面板中调整矩形的位置和大小，在外观栏中调整其颜色如图10-55所示。

8 使用相同的方法再创建一个矩形，并在"外观"栏中为该矩形设置与上一个矩形不同的颜色，以便于区分（这里设置为白色），然后单击"切换动画的位置"按钮 ，调整"位置"参数，并依次勾选"形状蒙版"和"反转"复选框，如图10-56所示。

第10章　制作字幕与图形

245

9 将时间指示器移动到"00:00:02:13"位置，在节目面板中调整第2个矩形的位置，如图10-57所示。

10 再次创建一个白色矩形，调整矩形位置和大小，如图10-58所示。将时间指示器移动到"00:00:01:28"位置，单击"切换动画的不透明度"按钮，设置不透明度为"0"；将时间指示器移动到"00:00:02:13"位置，设置不透明度为"100"。

图10-55　　　　　　　　　　图10-56

图10-57　　　　　　　　　　图10-58

11 再次创建一个非白色的彩色矩形，这里设置为棕色，调整矩形位置和大小，如图10-59所示。依次勾选"形状蒙版"和"反转"复选框，然后在基本图形面板中创建一个位置关键、一个缩放关键和一个不透明度关键帧，并设置不透明度为"0"，此时画面效果如图10-60所示。

图10-59　　　　　　　　　　图10-60

12 将时间指示器移动到"00:00:02:14"位置，并设置不透明度为"100"。

13 将时间指示器移动到"00:00:03:17"位置，在基本图形面板中调整"缩放""位置"参数，如图10-61所示。画面效果如图10-62所示。

图10-61　　　　　　　　　　图10-62

14 接下来添加文字的动画效果。先将之前V2轨道图形素材上的图层合并为一个图层组。将时间指示器移动到"00:00:03:20"位置，在图层窗格中新建一个文本图层，在节目面板中输入文本内容，调整文字的位置，如图10-63所示。

图10-63

15 选中文本图层，在基本图形面板的图层窗格中将其拖动到图层组的下方，在"外观"栏中设置填充为"#972A2A"，勾选"描边"复选框，设置颜色为白色，然后单击"描边"复选框后方的加号图标➕，再添加一条描边，设置颜色为"#972A2A"，如图10-64所示。此时的画面效果如图10-65所示。

图10-64　　　　　　　　　图10-65

技巧

在调整文本样式时，利用主样式时间轴中不同图形的多个文本图层可以快速应用相同的文本样式。其操作方法为：将文本的字体、颜色和大小等文本样式设置完成后，在"主样式"下拉列表中选择"创建主文本样式"选项，将该文本样式定义为预设，然后选择需要调整的文本图层，在"主样式"下拉列表中选择需要的文本样式。

16 再次新建2个相同大小的矩形，调整两个矩形的大小和位置，如图10-66所示。调整形状图层、文字图层与图层组的层级关系，如图10-67所示。

图10-66　　　　　　　　　图10-67

17 按住【Shift】键，全选步骤16中绘制的两个形状图层，然后单击"切换动画的位置"按钮，为这两个矩形各创建一个位置关键帧，并依次勾选"形状蒙

版"复选框和"反转"复选框。

18 接下来为两个矩形分别创建位移动画。将时间指示器移动到"00:00:04:05"位置，选择上面的矩形，设置"位置"参数如图10-68所示；选择下面的矩形，设置"位置"参数如图10-69所示。

图10-68　　　　　　　　　图10-69

19 在时间轴面板中将V2轨道上图形素材的持续时间设置为与V1轨道上图形素材的持续时间一致。

20 此时整个效果制作完成，按空格键在节目面板中预览视频，效果如图10-70所示。确认无误后按【Ctrl+S】组合键保存文件，并将视频导出为MP4格式。

图10-70

小测 制作人物介绍字幕条

配套资源\素材文件\第10章\人物.mp4
配套资源\效果文件\第10章\人物介绍字幕条.prproj

　　本例提供了一个人物正在讲话的视频素材，需要为其添加一些动态图形和文字，介绍人物的职业和姓名，要求效果美观，符合实际需求。其参考效果如图10-71所示。

图10-71

范例 制作短片滚动字幕效果

知识要点 滚动字幕的添加

配套资源 素材文件\第10章\海边漫步.mov、背景音乐.mp3
效果文件\第10章\滚动字幕.prproj、滚动字幕.mp4

扫码看视频

范例说明

　　本例提供了一个海边漫步场景的视频素材，要求将其制作为一个励志主题的短片。该视频素材的画面色彩暗淡，效果不美观，可先对其进行调色处理，然后添加常见的滚动字幕效果，在提高画面美观度的同时点明短片主题。

扫码看效果

操作步骤

1 　新建名为"滚动字幕"的项目文件，切换到"图形"工作模式。将"海边漫步.mov"素材导入项目面板中，并将其拖曳到时间轴面板中，如图10-72所示。

图10-72

2 　由于该视频素材的画面不够明亮，色彩饱和度较低，画面效果不佳，因此需要先在Lumetri颜色面板中对素材进行基础调色处理，如图10-73所示。

3 　在图层窗格中单击"新建图层"按钮■，在弹出的快捷菜单中选择"文本"命令，在节目面板中输入文本内容，将文本垂直对齐于画面，设置文字大小、字体样式、间距、颜色等参数，如图10-74所示。

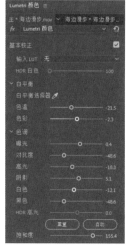

图10-73

图10-74

4 　在时间轴面板中调整文字图层的时长与整个视频的时长一致。为了让文字在滚动时有一些特殊的变化，这里可以为文字添加渐变效果。在效果控件面板中选择"渐变"视频效果，并将其拖动到V2轨道的文字素材上，在效果控件面板中展开"渐变"栏，设置起始颜色为"#92C8EC"，画面效果如图10-75所示。

图10-75

5 　再次新建一个文本图层，输入文本后，设置该文本的字体大小为"60"，其余属性与上一个文本相同，在图层窗格中选中所有图层，依次单击"水平对齐"按钮■和"水平居中对齐"按钮■，将文字全部居中显示，效果如图10-76所示。

图10-76

6 选择英文文本图层，在"固定到"下拉列表中选择中文文本图层所在的选项，在右侧选择固定方式，单击中间的方块即可居中固定，此时四周线条呈高亮显示，如图10-77所示。

7 在图层窗格中将"渐变"效果图层拖动到所有图层的最上面，这样会影响下面的所有文本图层，如图10-78所示。

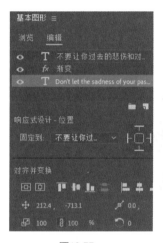

图10-77

图10-78

8 取消选中图层窗格中的任何图层，选择时间轴面板中轨道上的图形，在右侧基本图层面板中勾选"滚动"复选框。

9 将"背景音乐.mp3"素材导入项目面板中，并将其拖曳到A1轨道上，然后在视频结束处剪切音频素材，并删除剪切后的后半段音频素材。

10 此时整个效果已经制作完成，按空格键在节目面板中预览视频，效果如图10-79所示。确认无误后按【Ctrl+S】组合键保存文件，并将其导出为MP4格式。

图10-79

10.2.5　应用和管理动态图形模板

为了便于用户简单高效地应用动态图形，Premiere还提供了动态图形模板。该模板是一种可以在After Effects或Premiere中创建的文件类型，可被重复使用或分享，文件后缀名为".mogrt"。

1．动态图形模板的应用

在基本图形面板中单击"浏览"选项卡，在"我的模板"选项卡中可以浏览Premiere提供的动态图形模板，如图10-80所示。

图10-80

单击"Adobe Stock"选项卡，可以从Adobe Stock中免费获取或购买动态图形模板。在下方的搜索框中输入搜索词，可快速筛选需要的动态图形模板。或者单击搜索框右侧的收藏图标★，快速筛选出收藏的模板（单击常用模板右下角的收藏图标★即可收藏该模板）。

选择动态图形模板，将其拖动到序列的视频轨道上，即可应用该模板。应用Premiere动态图形模板后，也可以在"编辑"选项卡中调整动态图形模板的参数，使其更符合实际需求，如图10-81所示。

如果缺少该模板中的字体，则可以在视频轨道上选择该模板，然后选择【图形】/【替换项目中的字体】命令，打开"替换项目中的字体"对话框，在其中选择需要替换的字体，单击 确定 按钮，如图10-82所示。

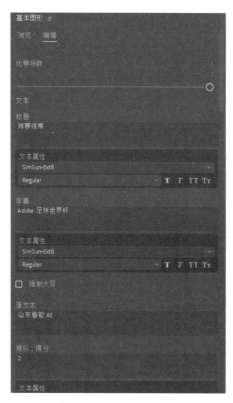

图10-81

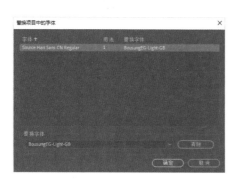

图10-82

需要注意的是，在应用一些动态图形模板前需要安装After Effects软件。

2. 动态图形模板的导入

在Premiere中还可以导入外部的动态图形模板，获得更多、更精彩的图形效果，其操作方法也较为简单。

（1）导入单个动态图形模板

● 单击基本图形面板中"浏览"选项卡底部的"安装动态图形模板"按钮 ，在打开的对话框中选择"MOGRT"格式的模板文件。完成后，该模板会自动添加到本地模板文件夹中。

● 直接将需要的动态图形模板文件拖动到基本图形面板的"浏览"选项卡中，当出现"复制"文字时释放鼠标左

键即可导入模板，如图10-83所示。

图10-83

（2）导入整个动态图形模板文件夹

单击基本图形面板右侧的 按钮，在弹出的下拉菜单中选择"管理更多文件夹"命令，打开"管理更多文件夹"对话框，单击 添加 按钮，打开"选择文件夹"对话框，在其中选择需要的动态图形模板文件夹，按【Enter】键确认后，在"管理更多文件夹"对话框中单击 确定 按钮，如图10-84所示。

图10-84

在基本图形面板中单击"浏览"选项卡，在"我的模板"选项卡中的"本地"下拉列表中显示了导入的动态图形模板文件夹，如图10-85所示。

图10-85

（3）动态图形模板的管理

选择动态图形模板，单击鼠标右键，在弹出的快捷菜单中可选择相关命令对模板进行重命名、复制、删除等操作。

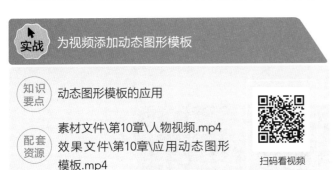

实战 为视频添加动态图形模板

知识要点 动态图形模板的应用

配套资源
素材文件\第10章\人物视频.mp4
效果文件\第10章\应用动态图形模板.mp4

扫码看视频

操作步骤

1 新建名为"应用动态图形模板"项目文件，切换到"图形"工作模式，将"人物视频.mp4"素材导入项目面板中，并将其拖曳到时间轴面板中。

2 取消"人物视频.mp4"素材的音、视频链接，删除原始的音频素材。打开基本图形面板，单击"浏览"选项卡，将"游戏图形叠加"动态图形模板拖动到V2轨道上，效果如图10-86所示。

图10-86

3 在时间轴面板中选择"游戏图形叠加"模板，在基本图形面板的"编辑"选项卡中重新输入源文本为"新闻"，设置主颜色为"#4693C7"，勾选"右对齐"复选框，如图10-87所示。此时的画面效果如图10-88所示。

图10-87

图10-88

4 继续将"浏览"选项卡中的"游戏下方三分之一靠左"动态图形模板拖动到V3轨道上。

5 在时间轴面板中选择"游戏下方三分之一靠左"动态图形模板，在基本图形面板中修改该模板的文字内容，如图10-89所示。完成后的画面效果如图10-90所示。

图10-89

图10-90

6 此时整个效果已经制作完成，按空格键在节目面板中预览视频，效果如图10-91所示。确认无误后按【Ctrl+S】组合键保存文件，并将视频导出为MP4格式。

图10-91

10.3 在字幕设计器中编辑字幕与图形

字幕与图形创建完成后，可对字幕文本与图形进行编辑和修饰，使其达到预期效果。本节主要讲解在字幕设计器中编辑字幕与图形的方法。

10.3.1 认识字幕设计器

字幕设计器是Premiere中用于创建视频文字和图形，以及编辑字幕的场所。通过创建旧版标题字幕的操作即可打开字幕设计器，如图10-92所示。

1. 字幕工作区

字幕工作区位于字幕设计器的中心，主要用于制作字幕和绘制图形。字幕工作区在默认情况下会显示两个白色的矩形框，其中内框是字幕安全框，外框是字幕活动安全框。

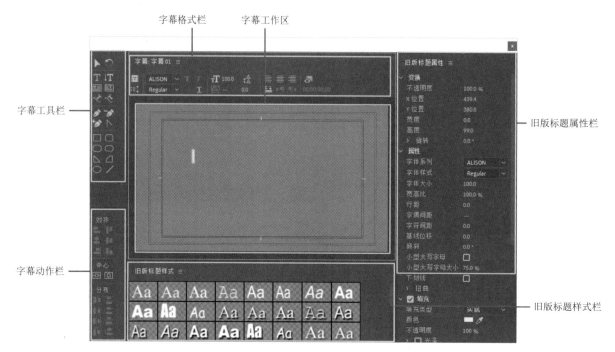

字幕格式栏　字幕工作区

字幕工具栏

字幕动作栏

旧版标题属性栏

旧版标题样式栏

图10-92

用户在创建字幕时，最好将文字和图形都放置在字幕安全框之内，如果放置在字幕安全框之外，则部分内容可能不会显示出来。需要注意的是，字幕工作区以外的内容不会在画面中显示。

2. 字幕格式栏

字幕格式栏主要用于设置字幕的格式，包括字体、字号等。

● "字幕"下拉列表框 字幕:字幕01 ：在创建多个字幕时，可进行字幕窗口之间的选择切换。

● "基于当前字幕新建字幕"按钮：单击该按钮，将打开"新建字幕"对话框，可在当前字幕对象的基础上新建一个字幕对象。

● "字体"下拉列表框 汉仪_ ：用于设置字幕的字体类型。

● "粗体"按钮：单击该按钮，可对当前选择的文字进行加粗操作。

● "斜体"按钮：单击该按钮，可对当前选择的文字进行斜体操作。

● "大小"按钮：调整后方的数字可以更改字体的大小。

● "行距"按钮：用于设置字体的行距。

● "左对齐"按钮、"居中对齐"按钮、"右对齐"按钮：用于设置文字的对齐方式。

● "显示背景视频"按钮：用于设置是否显示视频的背景，默认为显示状态。

● "滚动/游动选项"按钮：单击该按钮，将打开"滚动/游动选项"对话框，在其中可以设置字幕的滚动类型，如图10-93所示。通过该按钮不仅可以创建与基本图形面板中相同的滚动效果，还可以创建向左或向右游动的效果。

● "字形"下拉列表框 regular ：用于设置字幕的字形。

● "下划线"按钮：单击该按钮，可为当前选择的文字添加下划线。

● "字偶间距"按钮：用于设置文字之间的间距。

● "制表位"按钮：单击该按钮，将打开"制表位"对话框，其中的"左对齐制表位"按钮用于设置制表符后的字符为左对齐；"居中对齐制表位"按钮用于设置制表符后的字符为居中对齐；"右对齐制表位"按钮用于设置制表符后的字符为右对齐，如图10-94所示。

图10-93　　　　　　　图10-94

3.　字幕工具栏

字幕工具栏提供了制作文字与图形的常用工具，通过这些工具，可以进行添加标题及文本、绘制几何图形及定义文本样式等操作。

● 选择工具 ：用于选择字幕工作区中的对象，包括图形和字幕。选择某个对象后，在对象的周围会出现带有8个控制手柄的矩形，拖曳控制手柄可以调整对象的大小和位置（按住【Shift】键可等比例调整）。

● 旋转工具 ：用于对所选对象进行旋转操作。使用旋转工具 时，必须先使用选择工具 选择对象，然后使用旋转工具 ，单击并按住鼠标左键拖曳鼠标来旋转对象。

● 文字工具 ：用于输入或修改水平文本。

● 垂直文字工具 ：用于输入或修改垂直文本。

● 区域文字工具 ：用于在字幕工作区中创建文本框，然后输入多行水平文本。

● 垂直区域文字工具 ：与上一个工具用法相同，主要用于输入多行垂直文本。

● 路径文字工具 ：使用该工具可先绘制一条路径，然后输入文字，使文字沿路径进行输入和显示。

● 垂直路径文字工具 ：使用该工具可先绘制一条路径，然后输入垂直的文字。

● 钢笔工具 ：用于创建路径或调整路径。将钢笔工具 置于路径的定位点或手柄上，可以调整定位点的位置和路径的形状。

● 删除锚点工具 ：用于在已创建的路径上删除定位点。

● 添加锚点工具 ：用于在已创建的路径上添加定位点。

● 转换锚点工具 ：用于调整路径的形状，将平滑定位点转换为角定位点，或将角定位点转换为平滑定位点。

● 矩形工具 ：使用该工具可以绘制矩形。

● 圆角矩形工具 ：使用该工具可以绘制圆角矩形。

● 切角矩形工具 ：使用该工具可以绘制切角矩形。

● 楔形工具 ：使用该工具可以绘制三角形。

● 弧形工具 ：使用该工具可以绘制圆弧，即扇形。

● 椭圆工具 ：使用该工具可以绘制椭圆形。

● 直线工具 ：使用该工具可以绘制直线。

4.　字幕动作栏

字幕动作栏主要用于设置对象的对齐和分布方式。

● 对齐：主要以选择的文字或图形为基准进行对齐，要想使用该栏中的按钮，至少需要选择两个对象。

● 中心：用于设置选择的文字或图形的对齐方式为屏幕水平居中或屏幕垂直居中。

● 分布：单击其中对应的按钮，可在选择的文字或图形的基础上，以对应的方式来分布文字或图形。但使用该栏中的按钮时，至少需要选择3个对象。

5.　旧版标题属性栏

旧版标题属性栏主要用于编辑字幕的变换、属性、填充、描边、阴影和背景属性。

6.　旧版标题样式栏

旧版标题样式栏位于字幕设计器的底部，它包含了Premiere预设的各种美观的文字样式，应用样式时操作简便。旧版标题样式的管理和应用将在后面的章节中详细介绍。

★ 范例　**为"香水"视频广告创建动态路径字幕**

知识要点　路径文字和动态字幕的运用

配套资源　素材文件\第10章\香水1.mp4、香水2.mp4、香水广告词.txt
效 果 文 件\第10章\香水视频广告.prproj、香水视频广告.mp4

扫码看视频

🎬 范例说明

在香水广告中添加动态字幕，不仅可以丰富视频画面的视觉效果，还可以配合画面，起到解释说明的作用。制作时，可先在字幕面板中输入路径文字，然后在字幕编辑区内设置文字属性，最后通过"滚动/游动"按钮 完成动态字幕的制作。

扫码看效果

1 新建名为"香水视频广告"的项目文件，切换到"图形"工作模式，将"香水1.mp4""香水2.mp4"素材导入项目面板中，并将"香水1.mp4"素材拖曳到时间轴面板中。

2 选择V1轨道上的"香水1.mp4"素材，打开"速度/持续时间"对话框，在其中设置速度为"200%"，单击 确定 按钮，如图10-95所示。

3 将"香水2.mp4"素材拖曳到V1轨道上"香水1.mp4"素材的后面，并为其调整相同的速度，如图10-96所示。

图10-95　　　　　　图10-96

4 为了让视频的过渡效果更加柔和，这里可以在效果控件面板中搜索"白场"，选择"白场过渡"视频过渡效果，分别将其应用在"香水1.mp4"素材的入点位置和"香水2.mp4"素材的出点位置，如图10-97所示。

5 在效果控件面板中设置两个"白场过渡"视频过渡效果的持续时间为"00:00:04:00"。

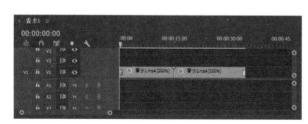

图10-97

6 再次在效果控件面板中搜索"交叉"，选择"交叉溶解"视频过渡效果，将其应用在"香水1.mp4"素材和"香水2.mp4"素材的中间位置，并设置视频过渡效果的持续时间为"00:00:05:00"。

7 接下来开始制作片头的字幕效果。选择【文件】/【新建】/【旧版标题】命令，打开"新建字幕"对话框，在"名称"文本框中输入"片头"，单击 确定 按钮，创建字幕文件，打开字幕设计器。

8 在字幕设计器的字幕工具栏中选择路径文字工具 ，将鼠标指针放在"字幕工作区"中，此时鼠标指针变为 形状，在字幕工作区的左侧单击，添加一个锚点，然

后在该锚点右下方单击，再添加一个锚点，并拖动锚点，激活锚点的控制柄，如图10-98所示。

9 将鼠标指针放在锚点的控制柄上，当鼠标指针变为 形状时，拖动鼠标调节控制柄，使路径弯曲的弧度更加平缓，如图10-99所示。

10 在字幕工作区的中间单击，添加一个锚点，拖动鼠标调节路径曲线，效果如图10-100所示。在字幕工作区的右侧单击，添加一个锚点，拖动鼠标调节路径曲线，效果如图10-101所示。

 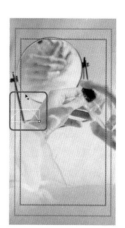

图10-98　　　　　　图10-99

图10-100　　　　　　图10-101

11 在字幕工具栏中选择文字工具 ，在路径的起始点处单击，定位文本输入点，然后输入"香水广告词.txt"素材中的第1句香水广告词，在格式栏中设置文字字体为"方正宋三简体"，在旧版标题属性栏中设置字幕填充为"#1F1717"。

12 使用选择工具 移动字幕的位置，使字幕位于可见范围内，效果如图10-102所示。

13 预览效果，发现路径上的文字间距较为紧凑，可以将其稍微调大。全选路径中的文字，在字

幕格式栏中设置"字偶间距"为"3"，效果如图10-103所示。

14 在字幕格式栏中单击"滚动/游动"按钮 ▥，打开"滚动/游动选项"对话框，单击选中"向右游动"单选项并勾选"开始于屏幕外"复选框，在"缓入""缓出"数值框中输入"30"，单击 **确定** 按钮，如图10-104所示。

图10-102　　　　图10-103

图10-104

技巧

在制作滚动字幕时，可拖动字幕工作区下方的滚动条将字幕延伸到外面，制作连续滚动播放的字幕效果。

15 关闭字幕设计器，可看到创建的片头字幕文件已经放置在项目面板中。将片头字幕文件拖动到时间轴面板中V2视频轨道上视频文件的开头位置，调整其时长，如图10-105所示。

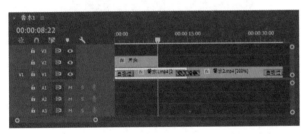

图10-105

16 为了让字幕产生动态的视觉效果，可以在效果面板中搜索"湍流"，选择"湍流置换"视频过渡效果，将其应用在V2轨道上的片头字幕文件中，然后在效果控件面板中展开"湍流置换"选项栏，在"置换"下拉列表中选择"水平置换"命令，如图10-106所示。

图10-106

17 接下来可以在片头字幕文件的基础上制作片中和片尾字幕，以减少不必要的重复操作，有效提高工作效率。选择片头字幕文件对其进行复制和粘贴操作，将新字幕文件的名称修改为"片中"。双击片中字幕文件，在打开的字幕设计器中修改字幕内容和属性。

18 使用相同的方法制作片尾字幕，效果如图10-107所示。

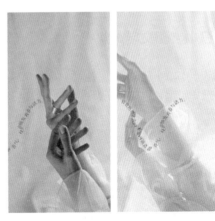

图10-107

19 返回Premiere中的项目面板，将片中字幕文件拖动到V2视频轨道上的"00:00:12:15"位置，并调整字幕时长；将片尾字幕文件拖动到时间轴面板中V2视频轨道上视频素材的结尾处，并调整字幕时长，如图10-108所示。

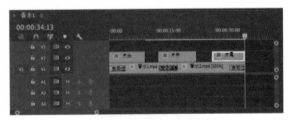

图10-108

20 为了让字幕的动态效果更加统一，需要为其应用相同的视频过渡效果。将"湍流置换"视频过渡效果应用到片中字幕文件和片尾字幕文件中，并设置相同的属性。

21 此时整个效果制作经完成，按空格键在节目面板中预览视频，效果如图10-109所示。确认无误后按【Ctrl+S】组合键保存文件，并将其导出为MP4格式。

图10-109

10.3.2 编辑字幕文字对象

在字幕设计器的旧版标题属性栏中可对字幕文字的变换、属性、填充、描边、阴影和背景等外观属性进行编辑。

1. 变换

"变换"栏主要用于设置不透明度、位置、宽度、高度、旋转等参数，如图10-110所示。

图10-110

- 不透明度：用于设置对象的不透明度。
- X位置：用于设置对象在X轴上的位置。
- Y位置：用于设置对象在Y轴上的位置。
- 宽度：用于设置对象的水平宽度。
- 高度：用于设置对象的垂直高度。
- 旋转：用于设置对象的旋转度数。

2. 属性

"属性"栏主要用于设置字体的大小、间距、倾斜和扭曲等参数（与字幕格式栏中相关按钮的作用相同），如图10-111所示。

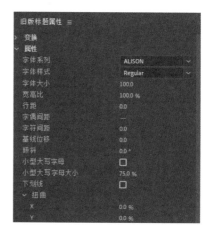

图10-111

- 字体系列：用于设置当前所选文字的字体。
- 字体样式：用于设置当前所选文字的样式。
- 字体大小：用于设置当前所选文字的大小。
- 宽高比：用于设置文字的长宽比。
- 行距：用于设置文字的行间距和列间距。
- 字偶间距：用于设置文字的字间距。
- 字符间距：用于在设置字间距的基础上进一步设置字距。
- 基线位移：用于设置文字的基线位置。
- 倾斜：用于设置文字的倾斜度。
- 小型大写字母：用于设置英文字母。
- 小型大写字母大小：用于设置大写字母的大小。
- 下划线：用于为所选的文字添加下划线。
- 扭曲：用于设置文字在X轴或Y轴上的扭曲变形。

3. 填充

"填充"栏主要用于对所选对象进行填充操作，如图10-112所示。

图10-112

（1）填充类型

打开"填充类型"下拉列表，可对文字或图形进行填充处理（默认填充为灰色），如图10-113所示。

图10-113

● 实底：可为对象填充某种单一的颜色。

● 线性渐变：可为对象填充两种颜色，并沿垂直或水平方向渐变。在"填充类型"下拉列表中选择"线性渐变"选项后，在"填充"栏中可以调整渐变颜色的不透明度和角度，如图10-114所示。填充后的效果如图10-115所示。

图10-114　　　　　　　图10-115

● 径向渐变：可让填充的两种颜色由中心向四周（从内到外）进行圆形渐变，效果如图10-116所示。

● 四色渐变：四色渐变效果与线性渐变效果类似，不同的是它可以设置4种颜色，效果如图10-117所示。

图10-116　　　　　　　图10-117

● 斜面：可为对象添加斜面浮雕效果。

● 消除：用于消除文字的填充。

● 重影：将文字的填充去除，与"消除"选项作用类似。

（2）光泽

勾选"光泽"复选框后，可以为工作区中的文字或图形添加光泽效果，如图10-118所示。

图10-118

● 颜色：用于设置文字光泽的颜色。

● 不透明度：用于设置文字光泽的不透明度。

● 大小：用于设置文字光泽的大小。

● 角度：用于设置文字光泽的旋转角度。

● 偏移：用于设置文字光泽的位置。

（3）纹理

勾选"纹理"复选框后，可以为工作区中的文字或图形添加纹理效果，如图10-119所示。

图10-119

● 随对象翻转：勾选该复选框，可将填充的纹理跟随对象一起翻转。

● 随对象旋转：勾选该复选框，可将填充的纹理跟随对象一起旋转。

● 缩放：用于设置文字在X轴和Y轴的水平或垂直缩放效果。

● 对齐：用于设置文字在X轴和Y轴的位置的对齐效果，可通过偏移或对齐的方式调整纹理的位置。

● 混合：可对填充色或纹理进行混合操作。

4. 描边

"描边"栏主要用于设置文本或图形对象的边缘，包括内部描边和外部描边两种形式，单击"描边"栏中的"添加"超链接，将出现参数面板，如图10-120所示。

图10-120

（1）内描边

内描边主要用于在文字的内侧添加描边效果。

● 类型：用于设置描边类型，如深度、边缘、凹进。

● 大小：用于设置描边宽度。图10-121所示为不同描边宽度的对比。

大小为"10"　　　　　大小为"30"

图10-121

（2）外描边

外描边主要用于在文字的外侧添加描边效果，与内描边的功能和用法相同。

> **技巧**
>
> 在设置描边效果时，多次单击"内描边"和"外描边"中的"添加"超链接可添加多个内部描边和外部描边效果；单击某描边效果后的"删除"超链接可删除该描边效果；若添加了多个描边效果，可单击描边效果后的"上移""下移"超链接调整描边效果的排列顺序。

5. 阴影

"阴影"栏主要用于为文本或图形对象设置各种阴影，使效果更加美观，如图10-122所示。

图10-122

- 颜色：用于设置阴影的颜色。
- 不透明度：用于设置阴影的不透明度。
- 角度：用于设置阴影的角度。
- 距离：用于设置阴影与文字素材之间的距离。
- 大小：用于设置阴影的大小。
- 扩展：用于设置阴影的扩展程度。

6. 背景

"背景"栏主要用于设置字幕的背景，可以设置纯色、渐变色或图像背景，如图10-123所示。

图10-123

- 填充类型：在该下拉列表中可选择背景填充类型，

与"填充"选项中的类型相同。

- 颜色：用于设置背景的填充颜色。
- 不透明度：用于设置背景填充色的不透明度。

★范例　制作立体糖果文字效果

知识要点　字幕设计器中文字的添加和编辑

配套资源　素材文件\第10章\糖果背景.tif
效果文件\第10章\糖果文字效果.prproj

扫码看视频

范例说明

文字既可以传递信息，也可以作为画面的装饰。本例将以提供的图片素材为背景，制作立体的糖果文字效果。制作时，建议选择具有圆润感的字体，以贴合糖果的可爱风格，同时具有立体感的文字也可以让文字的视觉冲击力更强。

扫码看效果

操作步骤

1 新建名为"糖果文字效果"的项目文件，切换到"图形"工作模式，将"糖果背景.tif"素材导入项目面板中，并将其拖动到时间轴面板中。

2 选择【文件】/【新建】/【旧版标题】命令，打开"新建字幕"对话框，在"名称"文本框中输入"糖果字幕"，单击 确定 按钮，创建字幕文件，打开字幕设计器，如图10-124所示。

3 在字幕设计器的字幕工具栏中选择文字工具 T ，将鼠标指针放在字幕工作区中，然后输入文字"SWEET"，在旧版标题属性栏中展开"属性"栏，设置文字属性，如图10-125所示。

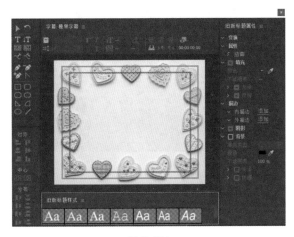

图10-124

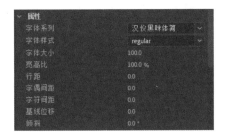

图10-125

4 展开"填充"栏，设置填充类型为"斜面"，分别在"高光颜色"和"阴影颜色"色块中设置其颜色为"#FFFFFF"和"#F699BC"；勾选"变亮"和"管状"复选框，增强斜面效果，其他参数设置如图10-126所示。此时的画面效果如图10-127所示。

图10-126

图10-127

5 为了增强文字的光感，这里可以再为其添加光泽。继续在"填充"栏中勾选"光泽"复选框，设置其中的参数，如图10-128所示。

图10-128

6 为了让文字更加突出，还可为文字添加阴影效果。展开"阴影"栏，勾选"阴影"复选框，设置阴影颜色为"#690808"，其他参数设置如图10-129所示。

图10-129

7 关闭字幕设计器，返回Premiere中的项目面板，将字幕文件拖动到V2视频轨道上，如图10-130所示。

8 此时发现节目面板中的字幕过大，可选择V2视频轨道上的字幕文件，在效果控件面板中调整"缩放"为"55"。

图10-130

9 此时整个立体糖果文字效果制作完成，按空格键在节目面板中预览视频，效果如图10-131所示。确认无误后按【Ctrl+S】组合键保存文件。

图10-131

小测 制作霓虹灯闪烁特效文字

配套资源 \ 素材文件 \ 第 10 章 \ 夜市背景 .png
配套资源 \ 效果文件 \ 第 10 章 \ 霓虹灯文字效果 .prproj

本例提供了一张赛博朋克风格的图片素材，需要为其添加主题文字，要求文字效果符合画面氛围，给人视觉冲击感。因此，可使用比较炫酷的霓虹灯效果制作特效文字，并为文字添加"闪光灯"视频效果，制作出颜色的闪烁效果。其参考效果如图 10-132 所示。

图10-132

10.3.3 编辑图形对象

在Premiere中不仅可以创建文字字幕，还可以创建简单的规则图形或不规则图形。

1. 创建和编辑规则图形

绘制规则图形的方法很简单，只需在"字幕工具栏"中选择相应的几何图形工具，然后在编辑区中拖动鼠标即可，如图10-133所示。按住【Shift】键，可以等比例绘制图形，即可以绘制正圆、矩形等图形；按住【Alt】键，可以从中心向外创建图形。

图10-133

在Premiere中绘制图形之后，通过字幕设计器中的旧版标题属性栏可以设置"变换""属性""填充""描边""阴影""背景"等属性，其方法与设置文字字幕对象的方法类似。与字幕不同的是，在图形的"属性"栏中选择"图形类型"选项，可使创建的图形快速更换为所选的图形类型，如图10-134所示。

图10-134

2. 创建和编辑不规则图形

在Premiere中不仅可以绘制规则图形，还可绘制不规则图形。在字幕工具栏中选择钢笔工具来绘制基本的形状，然后结合删除锚点工具、添加锚点工具，以及转换锚点工具来对图形进行编辑，以绘制出任意形状的图形。

（1）绘制直线段

选择钢笔工具，在字幕工作区的合适位置单击鼠标左键建立锚点，在工作区中移动鼠标指针至新的位置，按住【Shift】键并单击建立新的锚点，此时会出现一条连接两个锚点的直线，如图10-135所示。

（2）绘制曲线段

使用钢笔工具在字幕工作区中建立第1个锚点，在工作区中移动鼠标指针至新的位置，单击建立第2个锚点并拖动鼠标，使直线变为弧线，如图10-136所示。

图10-135 图10-136

（3）将尖角转换为圆角

在绘制图形时，如果遇到尖角的图形形状，则用户可根据需求，将尖角转换为圆角。其操作方法为：选择转换锚点工具，单击锚点进行转换，然后拖动鼠标，此时锚点上出现控制柄，拖动控制柄可调整线条的弧度。图10-137所示为将尖角转换为圆角前后的对比效果。

图10-137

3. 插入图形

在输入文字的过程中，可以在文字中插入图形，以丰富文字的内容，或直接在字幕对象中插入一张图形作为标记。其操作方法为：在字幕工作区中单击鼠标右键，在弹出的快捷菜单中选择【图形】/【插入图形】命令，打开"导入图形"对话框，在其中选择需要的图形文件，然后单击 打开(O) 按钮即可插入图形。

 范例 制作电子相册滚动效果

 知识要点 字幕设计器中图形的绘制和编辑

配套资源 素材文件\第10章\"电子相册滚动效果"文件夹
效果文件\第10章\电子相册滚动效果.mp4

 扫码看视频

 范例说明

本例提供了多张图片素材，要求利用这些图片素材制作一个具有滚动效果的电子相册。制作时，可在字幕设计器中使用绘图工具对纹理进行设置，使之呈现出相框的效果，再结合运动和不透明度的关键帧，制作出相册的滚动效果。

 扫码看效果

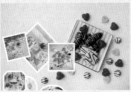

操作步骤

1 新建名为"电子相册滚动效果"的项目文件，切换到"图形"工作模式，将"电子相册滚动效果"素材文件夹中的"背景.tif"素材导入项目面板中，并将其拖动到时间轴面板中。

2 选择【文件】/【新建】/【旧版标题】命令，打开"新建字幕"对话框，在"名称"文本框中输入"电子相册"，单击 确定 按钮，创建字幕文件，打开字幕设计器。

3 在字幕工具栏中选择矩形工具 ，将鼠标指针放在字幕工作区中，单击并拖动鼠标绘制矩形，如图10-138所示。

4 在"旧版标题属性"栏中展开"填充"栏，勾选"纹理"复选框，单击"纹理"属性后的方块，打开"选择纹理图像"对话框，选择"电子相册滚动效果"素材文件夹中的"6.tif"素材，单击 打开(O) 按钮，效果如图10-139所示。

图10-138　　　　　　　　图10-139

5 展开"描边"栏，单击"内描边"中的"添加"超链接，设置描边颜色为"白色"，大小为"10"，如图10-140所示。

图10-140

6 将鼠标指针移动到图形右上角的控制点上，向左下拖动鼠标，按住【Shift】键等比例调整图形大小，并调整图形的位置和旋转角度，如图10-141所示。

7 保持该图形的选中状态，按【Ctrl+C】组合键复制图形，按【Ctrl+V】组合键粘贴图形。在右侧"属性"栏的"图形类型"下拉列表中选择"椭圆"选项，将矩形转换为圆形。在"填充"栏中重新设置纹理为"1.jpg"素材，效果如图10-142所示。

图10-141　　　　　　　　图10-142

8 在字幕格式栏中单击"滚动/游动"按钮 ，打开"滚动/游动选项"对话框，单击选中"滚动"单选项并勾选"开始于屏幕外"复选框，单击 确定 按钮，如图10-143所示。

9 单击"基于当前字幕新建字幕"按钮▣，在当前字幕对象的基础上新建一个名为"电子相册2"的字幕对象，更改当前字幕中的图形形状、位置、大小和填充纹理，效果如图10-144所示。

图10-143

10 使用相同的方法再创建一个"电子相册3"的字幕对象，并更改其中的图形形状、位置、大小和填充纹理，效果如图10-145所示。

图10-144   图10-145

11 关闭字幕设计器，在项目面板中依次将3个字幕文件拖动到V2、V3和V4轨道上，并调整所有轨道上素材的入点、出点和持续时间，如图10-146所示。

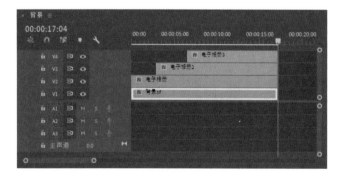

图10-146

12 此时电子相册的滚动效果已经制作完成，按空格键在节目面板中预览视频，效果如图10-147所示。确认无误后按【Ctrl+S】组合键保存文件，并将视频导出为MP4格式。

图10-147

10.3.4　应用和管理字幕样式

字幕样式是Premiere中文字的各种字体、填充、描边及投影等效果的预设样式。在Premiere字幕设计器中的旧版标题样式栏中可查看所有预设样式，如图10-148所示。

图10-148

1. 应用字幕样式

应用字幕样式只需在字幕工作区中选择需要应用样式的文本，然后在旧版标题样式中单击需要应用的样式。图10-149所示为应用字幕样式前后的对比效果。

图10-149

2. 管理字幕样式

旧版标题样式栏中包含了多种字幕样式，在旧版标题样式栏中的空白区域单击鼠标右键，将弹出图10-150所示菜单，在其中可对样式库进行相应的管理操作。

● 新建样式：选择该命令，将打开"新建样式"对话框，在"名称"文本框中输入新建样式的名称，单击 确定 按钮可新建样式，如图10-151所示。

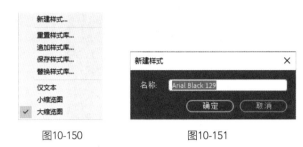

图10-150　　　　　图10-151

● 重置样式库：可对样式库进行还原操作。

● 追加样式库：可添加样式类型。选择该命令后将打开"打开样式库"对话框，在其中选择需要载入的样式（文件后缀名为".prsl"），单击 打开(O) 按钮，在旧版标题样式栏中可查看载入的外部样式库。

● 保存样式库：可将当前面板中的字幕样式保存为样式库文件，以便于随时使用。

● 替换样式库：可在打开的样式库与原来的样式库之间进行替换操作。

● 仅文本：可让样式库仅显示文字样式的名称。

● 小缩略图：可将所有样式的缩略图调小。

● 大缩略图：可将所有样式的缩略图调大。

选择某字幕样式，然后单击鼠标右键，将弹出图10-152所示的菜单，在其中可对样式进行相应的管理操作。

图10-152

● 应用样式：可应用设置好的样式。

● 应用带字体大小的样式：在应用样式时，同时应用该样式的全部属性。

● 仅应用样式颜色：在应用样式时，仅应用该样式的颜色效果。

● 复制样式：可对样式进行复制。

● 删除样式：可对不需要的样式进行删除。

● 重命名样式：可对样式进行重命名操作。

10.4 综合实训：制作"都市新闻"栏目包装效果

栏目包装属于影视后期制作之一，主要是对电视节目、栏目、频道或者电视台的整体形象进行外在形式的设计，使之与栏目内容相符合，这些外在形式的设计包括栏目标识、宣传语、片头、片尾、字幕条、背景音乐、色彩的规范和强化等。

10.4.1 实训要求

某电视台为了满足大众需要，打造了一个名为"都市新闻"的新闻栏目。为了突出该栏目的特色，提高栏目的识别度，需要制作栏目包装效果，要求将提供的视频和音频素材应用到栏目的包装效果中，并且最终效果要醒目、简洁、特点突出，其内容要有正确的舆论导向。

10.4.2 实训思路

（1）片头是栏目开播时的重点展现内容，通过分析提供的视频素材，发现第1段"新闻片头素材.mp4"视频比较适用于制作栏目包装的片头。栏目包装的片头需要重点展现栏目的主题，这里可以通过文字内容来体现。一般来说，栏目的主题要简单、突出，因此在制作片头文字时，内容不要过多，同时可以为主题文字添加一些标题样式，让文字效果更具吸引力。通过分析视频画面，可以将主题文字放在画面右侧，这样视频画面既有了平衡感，又显得灵活。最后还可以为文字添加关键帧动画，让片头具有创意性。

（2）"都市新闻"栏目主要展现新闻内容，因此内容部分的包装效果可着重于字幕条的制作，通过为文字、图形等元素添加关键帧，增强字幕条的视觉层次感，再搭配节奏感较强的音效，让人眼前一亮。

（3）除了字幕条，视频背景也不可忽视。通过分析"背景视频.mp4"素材，发现该视频整体色调比较灰暗，而"都市新闻"栏目包装的整体调性应该偏向积极、阳光，因此可考虑对该视频进行调色处理，增加饱和度和亮度，让画面色彩更加鲜艳，更具视觉冲击力。

（4）为保持栏目包装的整体调性，在制作片尾时可继续使用栏目内容部分的视频画面作为背景，然后将片尾文字制作为常见的滚动字幕。

本实训完成后的参考效果如图10-153所示。

扫码看效果

图10-153

图10-154

10.4.3 制作要点

知识要点　基本图形面板、旧版标题的应用

配套资源　素 材 文 件\第10章\新 闻 片 头 素材.mp4、背景视频.mp4、新闻音乐.mp3、滚动字幕.txt

效果文件\第10章\都市新闻栏目效果.prproj、都市新闻栏目效果.mp4

扫码看视频

本实训的主要操作步骤如下。

1. 制作片头

1 新建名为"都市新闻栏目效果"的项目文件，将素材文件夹中对应的视频素材和音频素材导入项目面板中，并将视频素材拖动到时间轴面板中。

2 将时间指示器移动到"00:00:06:20"位置，新建名为"片头字幕"的旧版标题字幕，打开字幕设计器。

3 在字幕设计器中输入文字"都市新闻"，在旧版标题样式栏中选择"Arial Black gold"标题样式。

4 修改该样式字体为"方正综艺简体"，渐变颜色为"#F2D7B3~#E4A554"。

5 在字幕设计器中新建字幕，字幕内容为"CITY NEWS"，标题样式为第2排第1个，然后对样式进行修改，如图10-154所示。

6 关闭字幕设计器，依次将项目面板中的字幕文件拖动到V2和V3轨道上的时间指示器位置，并为其添加"交叉溶解"视频过渡效果。在时间轴面板中调整字幕时长与整个视频时长一致，然后在节目面板中调整字幕在画面中的位置，效果如图10-155示。

图10-155

7 将"裁剪"视频效果应用到V2轨道的素材上，在左侧和右侧分别添加一个关键帧，设置参数分别为"57%""46%"；将时间指示器移动到"00:00:08:13"位置，恢复左侧和右侧的默认参数。

2. 制作内容部分

1 新建序列，保持默认设置，设置名称为"新闻内容部分"。将"背景视频.mp4"素材拖动到新序列的V1轨道上，将素材设置为帧大小，使素材符合序列的大小。

2 在Lumetri颜色面板中调整视频画面的色彩。将时间指示器移动到"00:00:12:13"位置，按【W】键。

3 输入素材文件夹中"滚动文字.txt"素材的文字信息，设置字体为"HYZhongHeiJ"，颜色为白色。

4 调整该字幕时长与整个视频时长一致。将时间指示器移动到开始位置，在效果控件面板的"文本"栏中创建一个位置关键帧，然后在节目面板中将文字从右侧移出画面；将时间指示器移动到结束位置，同样将文字从左侧移出画面。

5 将V2轨道上的素材拖动到V3轨道上，然后在V3轨道上创建一个蓝色（#030E48）矩形作为字幕底纹，效果如图10-156所示。

图10-156

6 将时间指示器移动到"00:00:06:21"位置，选择V3轨道上的文字素材，创建一个矩形蒙版，设置蒙版羽化为"55"，调整蒙版位置，如图10-157所示。

图10-157

7 将该矩形条与字幕嵌套，嵌套名称为"滚动字幕"，再次绘制一个从白色到透明的线性渐变矩形。

8 在渐变矩形中输入主标题文字，设置字体颜色与蓝色矩形相同，字体为"FZLanTingHeiS-DB1-GB"。设置该字幕的持续时间与整个视频时长一致，并将该字幕与白色矩形嵌套，嵌套名称为"主标题"。

9 继续在画面中绘制一个暗红色（#560404）矩形，在矩形中输入"19:20 星期四"文字，设置文字颜色为白色，字体为"FZLanTingHeiS-EL-GB"。将文字与矩形水平、垂直居中对齐显示。

10 再绘制一个颜色为"#011BA5"的矩形，在其中输入文字。设置中文字体为"FZLanTingHeiS-H-GB"，英文字体为"FZLanTingHeiS-EL-GB"，字体大小均为40，颜色为白色，效果如图10-158所示。

图10-158

11 将时间指示器移动到开始位置，进入"主标题"序列。将"裁剪"视频效果运用到图形素材中，创建一个右侧位置的关键帧，设置参数为"81"；在相同位置为文字素材创建一个位置关键帧和一个不透明度关键帧，设置"位置"为"960""438"，"不透明度"为"0"；将时间指示器移到"00:00:01:00"位置，将"裁剪""不透明度""位置"参数都恢复为默认。

12 将时间指示器移动到开始位置，选择V4轨道上的素材，创建一个位置关键帧，设置"位置"为"574""540"；将时间指示器移到"00:00:01:00"位置，将"位置"参数恢复为默认。

13 将时间指示器移动到开始位置，选择V5轨道上的素材，创建一个不透明度关键帧，设置"不透

明度"为"0"；将时间指示器移到"00:00:01:00"位置，将"不透明度"恢复为默认。为"滚动字幕"序列中的图形素材运用相同的不透明度动画效果。

14 将时间轴面板中所有素材的出点都拖动到"00:00:06:23"位置。

3. 制作片尾

1 新建序列，保持默认设置，设置序列名称为"新闻结尾部分"。将"新闻内容部分"序列V1轨道上的素材复制粘贴到"新闻结尾部分"序列V1轨道上。

2 在基本图形面板中新建两个矩形图层，设置颜色分别为白色和蓝色（#041987），大小和位置如图10-159所示。

3 新建一个名为"结尾字幕"的旧版标题字幕文件。在字幕设计器中绘制一个蓝色矩形（#030E48），然后在矩形中输入文字，设置文字字体为"方正兰亭大黑_GBK"，大小为"53"，将文字与矩形居中显示。继续输入文字，设置文字字体为"方正兰亭大黑_GBK"，大小为"70"，颜色为蓝色（#030E48），效果如图10-160所示。

图10-159

图10-160

4 打开"滚动/游动选项"对话框，单击选中"向左游动"单选项并勾选"开始于屏幕外"复选框。在字幕设计器中通过复制、粘贴和修改上一步创建的矩形和文字制作滚动字幕，效果如图10-161所示。

图10-161

5 关闭字幕设计器，将字幕文件拖动到时间轴面板中V3轨道上视频素材的开头位置。为V2轨道上的图形素材添加"裁剪"视频效果，将时间指示器移动到开始位置，创建一个具有"右侧"属性的关键帧，设置"右侧"为"100"；将时间指示器移动到"00:00:00:06"位置，将"右侧"参数恢复为默认。

6 新建序列，保持默认设置，设置序列名称为"都市新闻栏目效果"，依次将项目面板中的所有序列和音频素材拖曳到时间轴面板中，调整位置和时长，如图10-162所示。

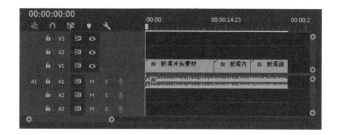

图10-162

7 保存文件，并将文件导出为MP4格式。

巩固练习

1. 制作短片片尾效果

本练习将制作短片片尾字幕效果，要求字幕从下往上游动，直到消失。制作时，可以适当为字幕文字添加颜色或描边效果，尽量与背景画面区分开来，参考效果如图10-163所示。

素材文件\第10章\片尾视频.mp4、片尾背景.jpg
效果文件\第10章\短片片尾效果.prproj

图10-163

2. 制作七夕主题电子相册

本练习将制作七夕主题电子相册，要求不仅要展示出所有的婚纱照片，还要利用提供的卡通素材制作出动画效果。制作时，可添加与画面相符的特效文字，增添七夕节的氛围。参考效果如图10-164所示。

素材文件\第10章\"七夕图片素材"文件夹
效果文件\第10章\七夕主题电子相册.mp4

图10-164

3. 制作电影片头字幕效果

本练习将利用提供的素材制作电影片头字幕效果，要求字幕的字体样式、颜色等都与视频画面相匹配，营造出浓厚的电影氛围。可以利用关键帧制作出文字的动画效果，参考效果如图10-165所示。

素材文件\第10章\电影片头.mp4
效果文件\第10章\电影片头字幕效果.prproj、
电影片头.mp4

图10-165

技能提升

在Premiere中制作视频时，可能会遇到字幕很多的情况，如人物对话、电影旁白等，由于字幕内容非常多，依次单独输入的工作量非常大，所以需要掌握批量、快速添加字幕的方法。

Premiere的字幕面板支持导入SRT格式的字幕文件，因此只需要制作一个SRT格式的字幕文件，然后将其导入Premiere项目面板中进行编辑。

制作字幕文件有很多种方法，这里主要介绍两种。

（1）使用在线生成字幕的网站生成字幕。首先将音频文件上传至在线生成字幕的网站，网站将自动识别其中的文字并生成字幕，然后将字幕文件导出为SRT格式，最后将其导入Premiere中。在线生成字幕的网站也非常多，如讯飞语音、网易见外等。

（2）使用字幕软件，如绘影字幕、ArcTime等。绘影字幕具有自动为视频加字幕，支持多种语言的视频字幕制作、提取和翻译，以及一键匹配字幕时间轴等优势，并且支持在线制作字幕，不用下载、安装软件。ArcTime是一款简单、高效、专业的跨平台字幕软件，可以快速进行文本的编辑、翻译，同时还支持Premiere、After Effects、会声会影等多个视频编辑软件。利用字幕软件既可以在生成字幕文件后将其导入Premiere中，也可以直接在字幕软件中添加字幕。

除了使用字幕软件制作字幕外，也可以使用一些视频剪辑软件直接识别音频并添加字幕，如剪映、蜜蜂剪辑、爱剪辑等，这样操作也非常便捷。

第 11 章

添加与编辑音频

本章导读

Premiere提供了强大的音频编辑功能，可在制作的视频中添加并编辑音频，从而丰富视频的视听效果，提升观者的观看体验。

知识目标

< 了解音频与音频编辑的相关理论知识
< 掌握音频的基本操作方法
< 掌握音频过渡效果与特效的设置

能力目标

< 能够制作混合音频效果
< 能够快速调整音频的音量
< 能够优化音频效果
< 能够制作音频的淡入淡出效果
< 能够制作山谷回音音频效果

情感目标

< 培养为画面搭配音频的能力
< 积极探索Vlog视频中背景音乐对视频氛围的影响

11.1 认识音频与音频编辑

人类能够听到的所有声音都可以称为音频，音频与图像和视频有机结合在一起，共同承载着创作者所要表达的思想和情感。在视频编辑中，通过音频可以直接表达或传递视频信息，制造出某种视频效果和氛围。

11.1.1 声音和音频

人对于外部世界的信息，约10%是通过听觉获得的。人的听觉范围为20Hz～20kHz，这个频率范围内的信号被称为声音。声音是由物体振动而引发的一种物理现象。频率范围小于人20Hz的信号被称为亚音信号，这个范围内的信号人们一般听不到；频率范围大于20kHz的信号被称为超音频信号或超声波信号，具有很强的方向性，并且可以形成波束。利用这种特性，人们制造了超声波探测仪、超声波焊接设备等。另外，人的发声器官可以发出80Hz～3400Hz频率范围内的声音，人们平时说话声的频率范围为300Hz～3000Hz。当说话声、歌声、乐器声和噪声等声音被录制后，就可以通过数字音乐软件进行处理，转换为音频。

11.1.2 音频的采样

当把声音变成音频时，需要在时间轴上每隔一个固定时间对波形曲线的振幅进行一次取值，即为采样，采样的时间间隔即为采样周期。

音频的采样就是将模拟量表示的音频电信号转换成由许多二进制码组成的数字音频文件。采样过程中所用的主要硬件是A/D转换器（模拟/数字转换器），它可以完成音频信号的采样工作。

在数字音频回放时，再由D/A转换器（数字/模拟转换器）将数字信号转换为原始电信号。声卡的主要部分之一就是A/D和D/A转换器及其相应的电路。

11.1.3　音频中的常用术语

在Premiere中进行音频编辑前，需要对音频的常用术语有一定的了解，以便于后续的音频编辑操作。

1. 采样频率

采样频率又称取样频率，是将模拟的声音波形转换为音频时，每秒钟所抽取声波幅度样本的次数。采样频率越高，经过离散数字化的声波越接近于其原始波形，所需的信息存储量越多，这就意味着音频的保真度越高，音频的质量也越好。目前通用的标准采样频率有11.025kHz、22.05kHz、44.1kHz等。

2. 量化位数

量化位数又称取样大小，是每个采样点能够表示的数据范围。如8位量化位数可以表示为2^8，即256个不同的量化值；16位量化位数可表示为2^{16}，即65536个不同的量化值。量化位数的大小决定了音频的动态范围，即被记录和重放的音频最高与最低之间的差值。量化位数越高，音频越好，数据量也越大。在实际工作中，经常需要在波形文件的大小和音频回放质量之间进行权衡。

3. 声道数

声道数是指所使用的音频通道的个数，表明音频记录只产生一个波形（单音或单声道）或产生两个波形（立体声或双声道）。立体声听起来要比单音更丰富，但需要两倍于单音的存储空间。

11.1.4　认识音频轨道

音频轨道是存放和编辑音频的主要场所，位于时间轴面板中视频轨道的下方。默认情况下，Premiere的时间轴面板中包含1个主声道音频轨道（主声道）和3个单独的音频轨道（A1、A2、A3），如图11-1所示。

图11-1

要编辑音频，首先要对音频轨道的添加、音频轨道的类型有所了解。

（1）设置主声道音频轨道

主声道音频轨道用于控制当前序列中所有音频轨道的合成输出，在创建序列时，可以设置序列主声道音轨的类型、数量等参数，如图11-2所示。

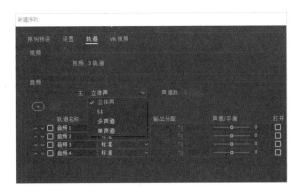

图11-2

（2）设置单独的音频轨道

添加单独的音频轨道的方法与添加视频轨道的方法相同，这里不做过多介绍。在打开的"添加轨道"对话框中可以选择添加音频轨道的数量和类型，如图11-3所示。

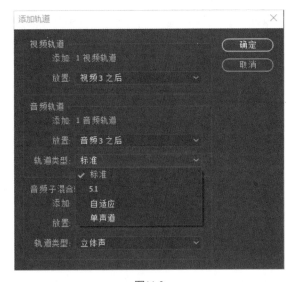

图11-3

在"添加轨道"对话框中可以看到常见的几种音频轨道类型，了解这些音频轨道类型，有助于添加适合的音频类型。

● 标准：标准是替代旧版本的立体声音轨，可以同时进行单声道和立体声音频剪辑。

● 5.1声道：5.1声道包含了中央声道、前置左声道、后置左环绕声道、后置右环绕声道，以及通向低音炮扬声器的低频效果音频声道。在5.1声道中，只能添加5.1音频素材。

● 自适应：自适应可以进行单声道和立体声音频剪辑，并且能实际控制每个音频轨道的输出方式，常用于处理多个音轨的摄像机录制的音频。

● 单声道：单声道是一条音频声道。将立体声音频素材添加到单声道轨道中，立体声音频通道将汇总为单声道。

11.1.5 认识"音频"工作模式

在Premiere中编辑音频时，可以切换到"音频"工作模式。其操作方法为：选择【窗口】/【工作区】/【音频】命令，或者直接在工作界面中单击"音频"选项卡，如图11-4所示。

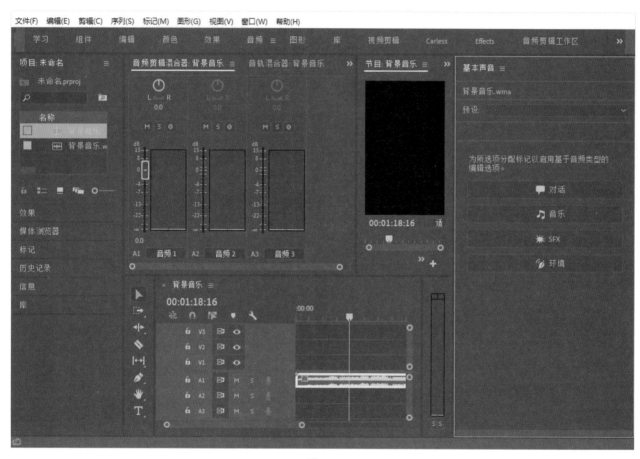

图11-4

1. 音轨混合器面板

在Premiere中使用音轨混合器面板可以混合多个轨道的音频素材，还可录制声音和分离音频等，其功能十分全面、强大。切换到"音频"工作模式后，可直接看到音轨混合器面板，或者选择【窗口】/【音轨混合器】命令，也可打开音轨混合器面板，如图11-5所示。

（1）显示/隐藏效果与发送

单击"显示/隐藏效果与发送"按钮，将打开效果设置面板。在该面板中，用户可根据需要为轨道应用音频特效，这些音频特效与效果面板的"音频效果"文件夹中的特效完全相同，不同的是，在音轨混合器面板中应用音频特效是应用在轨道中，而不是应用在轨道中的某个音频素材上。单击

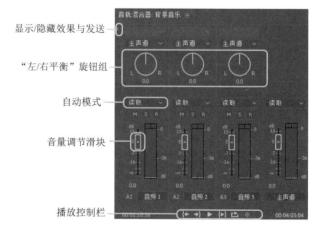

图11-5

效果设置面板中的"效果选择"按钮█，在弹出的快捷菜单中可以选择音频效果，如图11-6所示。

图11-6

（2）"左/右平衡"旋钮组

"左/右平衡"旋钮组用于控制单声道轨道的级别，即声音的平衡参数。声音调节滑轮中将显示出"L"和"R"，向左拖动滑轮，可将声音输出到左声道，增大左声道的音量；向右拖动滑轮，可将声音输出到右声道，增大右声道的音量。在声音调节滑轮下方的数值上单击并拖动鼠标，也可以调整声音的平衡参数。

（3）自动模式

自动模式是指在确定的时间长度内允许音频参数自行调整，在其下拉列表中有5个选项，用于选择不同的音频控制的方法，如图11-7所示。

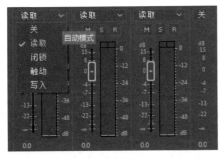

图11-7

● 关：选择"关"选项，将关闭自动模式，在"关"模式中不会录制对音轨所做的更改。

● 读取："读取"模式是Premiere默认的自动模式，可读取轨道中手动设置的关键帧，并在回放期间使用关键帧控制轨道。如果某轨道没有关键帧，则在调整该轨道选项时，会统一影响整条轨道。

● 闭锁：选择"闭锁"选项，只在开始调整某属性后，才会启动自动操作，否则不会进行自动处理。在"闭锁"模式中停止调整某属性时，可使用上一次调整中使用过的选项设置，直到停止回放并重新开始，其选项设置才会返回到原始位置。

● 触动："触动"模式与"写入"模式相似，都会写入关键帧。不同的是，在"触动"模式中停止调整某属性时，其选项设置将会返回到原始位置。需要注意的是，在"触动"模式下，必须触动音频滑块才能记录更改。

● 写入："写入"模式可录制回放期间所做的调整，并在时间轴面板中创建相应的轨道关键帧。回放开始后，"写入"模式会自动写入系统所进行的调整。

（4）音量调节滑块

音量调节滑块用于调节当前轨道中音频对象的音量，在滑块下方将实时显示出当前轨道的音量，其单位为dB（分贝）。向上拖动音量调节滑块，将增大轨道的音量；向下拖动音量调节滑块，将减小轨道的音量。

（5）播放控制栏

播放控制栏主要用于控制音频的播放状态，共包含6个按钮。

● "转到入点"按钮█：单击该按钮，时间指示器将移动至入点的位置。

● "转到出点"按钮█：单击该按钮，时间指示器将移动至出点的位置。

● "播放-停止切换"按钮█：单击该按钮，将播放当前的音频素材。

● "从入点到出点播放视频"按钮█：单击该按钮，将播放从入点到出点之间的音频素材。

● "循环"按钮█：单击该按钮，将循环播放音频素材。

● "录制"按钮█：单击该按钮，将录制从音频设备输入的信号。

2. 音频仪表

音频仪表固定在时间轴面板的右侧，主要用于监控当前音频轨道中音频素材的音量大小，如图11-8所示。当音量大于0时，可以听到声音；当音量小于0时，将无法听到声音。通常情况下，音频仪表中的音量应保持在"-12dB~-6dB"，若音量超过"-6dB"，则音频仪表的上方将会显示为红色，表示音量较大。

图11-8

实战 利用音轨混合器制作混合音频效果

知识要点 音轨混合器的应用

配套资源 素材文件\第11章\钢琴.mp3、钢琴曲.mp3

效果文件\第11章\混合音频.mp3、混合音频.prproj

 扫码看视频

 操作步骤

1 新建名为"混合音频"的项目文件，切换到"音频"工作模式，并将"钢琴.mp3""钢琴曲.mp3"素材导入项目面板中。

2 将"钢琴曲.mp3"音频素材拖动到时间轴面板的A1轨道上，将"钢琴.mp3"音频素材拖动到A2轨道上，然后分别双击A1和A2轨道前面的空白处，使轨道放大显示，如图11-9所示。

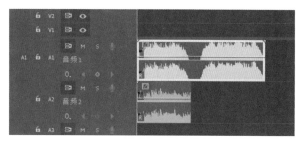

图11-9

3 将时间指示器移动到"00:00:20:01"位置，使用剃刀工具 剪辑A1轨道上的音频素材，并删除素材的后半部分，将A1和A2轨道上的音频素材的时长调整为一致。

4 单击A1和A2轨道上的"显示关键帧"按钮 ，在弹出的快捷菜单中选择【轨道关键帧】/【音量】命令，使两个音频轨道上都显示出轨道的音量关键帧，如图11-10所示。

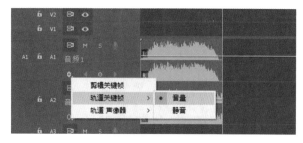

图11-10

5 按空格键试听音频素材的效果，此时发现A1轨道上的音频素材在"00:00:02:12"处时音量较大，因此需要

在此处对A1轨道上音频素材的音量进行调整，使音频的混合更加和谐。将时间指示器定位到"00:00:02:12"处，即开始进行混合的地方。在音轨混合器面板中设置A1轨道对应的自动模式为"写入"，然后单击"播放-停止切换"按钮 ，同时不断拖动音轨混合器面板中A1轨道上的音量调节滑块调节音量（音量大则向下拖动减小音量，音量小则向上拖动增大音量），如图11-11所示。

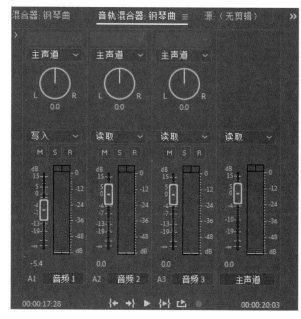

图11-11

6 在适当的位置再次单击"播放-停止切换"按钮 停止播放（这里是"00:00:17:28"位置），此时在A1轨道上的"00:00:02:12"处开始自动创建多个音量的关键帧，如图11-12所示。

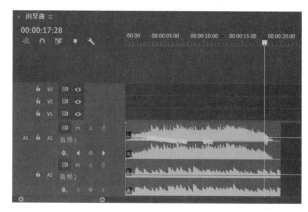

图11-12

7 此时混合音频效果已经制作完成，按空格键在节目面板中试听音频效果，可发现混合后的音频效果更加和谐自然。选择【文件】/【导出】/【媒体】命令或按【Ctrl+M】

组合键，打开"导出设置"对话框，在"导出设置"栏的"格式"下拉列表中选择"MP3"选项，单击"输出名称"右侧超级链接中的内容，对输出名称进行修改，这里修改为"混合音频.mp3"，单击 保存(S) 按钮，返回"导出设置"对话框，单击 导出 按钮，可将音频导出为MP3格式，如图11-13所示。

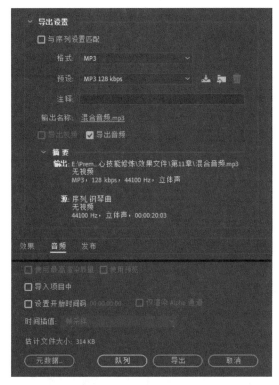

图11-13

声道效果，其操作方法与音轨混合器中的操作大致相同。与音轨混合器面板不同的是，在音频剪辑混合器面板中可以单击"写关键帧"按钮 ◎ 来为音频添加关键帧，制作出音频的渐入渐出效果。

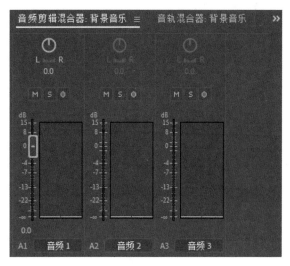

图11-14

技巧

在导出文件时，若只需要保留项目文件中的音频文件，则可将其直接导出为音频。其操作方法与视频导出方法相同，只需在"导出设置"对话框中勾选"导出音频"复选框。若项目文件中只有音频文件，则该复选框默认为勾选状态，无须再次选择。

3. 音频剪辑混合器

使用音频剪辑混合器面板可以对音频轨道上的音频素材进行音量调控，其中每条混合轨道与时间轴面板中的音频轨道相对应，但没有主声道的音频轨道。切换到"音频"工作模式后，可直接看到音频剪辑混合器面板，或者选择【窗口】/【音频剪辑混合器】命令，也可打开音频剪辑混合器面板，如图11-14所示。

在音频剪辑混合器面板中可以拖动音量调节滑块快速控制素材的音量，或者在"左/右平衡"旋钮组中改变音频的

操作步骤

1 新建名为"快速调整音频音量"的项目文件，切换到"音频"工作模式，并将"音乐.mp3"素材文件导入项目面板中。

2 将"音乐.mp3"音频素材拖动到时间轴面板中，将时间指示器移动到音频的开始位置，打开音频剪辑混合器面板，单击"写关键帧"按钮 ◎，向下拖动A1轨道上的音量调节滑块，降低音量（或者直接在滑块下方输入具体数值"−18.4"），如图11-15所示。

3 将时间指示器移动到"00:03:59:17"位置，向上拖动A1轨道上的音量调节滑块，增大音量（或者直接在滑块下方输入具体数值"−6.8"），如图11-16所示。从音频的开始位置试听音频，发现音量调节滑块缓缓向上移动，表示音量在慢慢增大。

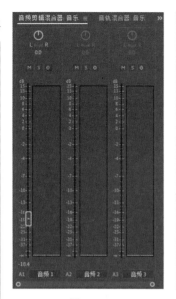
图11-15

图11-16

4 将时间指示器移动到音频的结束位置，然后使用相同的方法降低音量（具体数值为-30.6），制作出音频的淡出效果。

5 按空格键在节目面板中试听音频效果。按【Ctrl+S】组合键保存文件，并将音频导出为MP3格式。

4．基本声音面板

基本声音面板提供了混合音频技术和修复音频的一整套工具集，适用于完成常见的音频混合任务，如快速统一多段音频音量、修复声音、提高清晰度以及添加特殊效果等，从而使音频效果快速达到专业音频工程师混音的水平。切换到"音频"工作模式后，在工作界面右侧可看到基本声音面板，或者选择【窗口】/【基本声音】命令，也可打开基本声音面板，如图11-17所示。

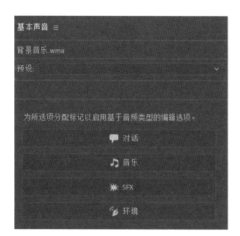
图11-17

在基本声音面板的"预设"下拉列表中可以选择4种不同音频类型的多种预设效果，如图11-18所示。

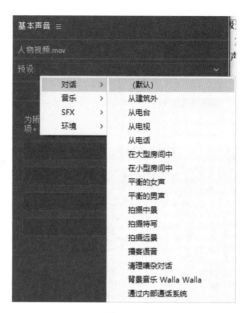
图11-18

在基本声音面板中，音频分为"对话""音乐""SFX""环境"4种类型。在时间轴面板中选择一个或多个素材，然后在基本声音面板中选择某种类型（这里以"对话"类型为例），将打开"对话"选项卡，在其中可设置与"对话"相关的参数，如图11-19所示。

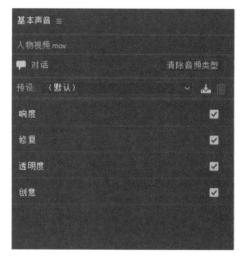
图11-19

选中"响度"复选框，可以将不同的对话统一为常见响度；选中"修复"复选框，可以降低对话的背景噪声，从而修复声音；选中"透明度"复选框，可以提高对话轨道的清晰度；选中"创意"复选框，可以为音频创建伪声效果。

单击"预设"下拉列表后的 按钮，将打开"保存预设"对话框，如图11-20所示。可将应用的音频效果保存为预设，以便于将其应用到更多的音频编辑工作中。单击 清除音频类型 按钮，可将当前设置的音频类型取消。

图11-20

知识要点　基本声音面板的应用

配套资源　素材文件\第11章\课件录音素材.mp3、背景音乐.mp3
效果文件\第11章\课件录音.mp3、课件录音.prproj

扫码看视频

范例说明

　　本例提供了一段"课件录音"素材，现需要为素材添加一段背景音乐，要求能够应用到教室的多媒体设备中，供学生上课学习。由于该素材存在音频音量大小不一致的问题，因此需要先在基本声音面板中使音频响度一致，然后添加背景音乐，并且要求在人声出现时背景音乐减弱，最后为音频添加在"大厅"环境中播放的效果。

操作步骤

1 新建名为"课件录音"的项目文件，切换到"音频"工作模式，并将"课件录音素材.mp3""背景音乐.mp3"素材导入项目面板中。

2 将"课件录音素材.mp3"素材拖动到时间轴面板的A1轨道上，预览视音频，发现音频在"00:00:11:20"处音量突然增大，导致音频素材前后音量有非常明显的差别，因此需要先统一音频音量。打开基本声音面板，选择"对话"选项， 在"响度"栏中单击 自动匹配 按钮，统一响度级别，此时Premiere自动匹配到的响度级别（单位为 LUFS）显示在 自动匹配 按钮下方，如图11-21所示。

图11-21

3 将"背景音乐.mp3"拖动到时间轴面板的A2轨道上，将时间指示器移动到"00:00:59:28"位置，使用剃刀工具 剪辑A2轨道上的音频素材，并删除素材的后半部分，使两段音频素材的时长一致。

4 试听音频，发现A2轨道上的音频素材音量过大，音频仪表的上半部分已显示红色，因此需要降低音量。打开音频剪辑混合器面板，向下拖动A2轨道上的音量调节滑块到"−10.0"位置，降低音量，如图11-22所示。

图11-22

5 选择A2轨道上的音频素材，在基本声音面板中选择"音乐"选项，勾选"回避"复选框，设置其中的各项参数后单击 生成关键帧 按钮，如图11-23所示。

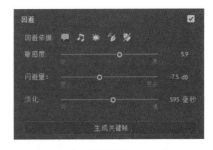

图11-23

技巧

　　勾选"回避"复选框，将自动计算可降低背景声音相对于前景声音音量的关键帧。其中"回避依据"选项用于选择要回避的音频内容类型；"敏感度"数值框用于调整回避触发的阈值，该值越高或越低，调整越少；"闪避量"数值框用于选择背景音乐回避时音量的高低；"淡化"数值框用于控制回避触发时音量调整的速度。

6 按空格键试听音频素材的效果，在音轨剪辑混合器面板中可发现人声出现时，背景音乐的音量降低，人声未出现时，背景音乐的音量升高，如图11-24所示。

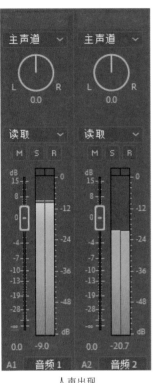
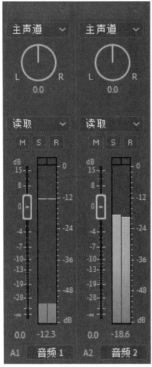

人声出现　　　　　　人声未出现

图11-24

7 继续试听音频，发现有时A1和A2轨道上音频素材的音量会出现持平现象，表示背景音乐和人声的音量几乎相同，这样会导致听不清人声，因此还需要将背景音乐的音量整体降低。选择A2轨道上的音频素材，在基本声音面板的"剪辑音量"栏中勾选"级别"复选框，并设置级别为"−11.7"，如图11-25所示。

8 接下来为人声添加在"大厅"播放的效果。选择A1轨道上的音频素材，在基本声音面板的"对话"栏中展开"创意"选项，在"预设"下拉列表中选择"大厅"选项，为人声添加在"大厅"环境中播放的效果，如图11-26所示。

图11-25　　　　　　　图11-26

9 按空格键在节目面板中试听音频效果。按【Ctrl+S】组合键保存文件，并将音频导出为.mp3格式。

11.2 音频的基本操作

在Premiere中添加、删除和剪辑音频的操作与视频的相关操作相同，这里不做过多介绍。本小节主要介绍在Premiere中添加音频后，调节音频音量、速度，以及设置淡入淡出效果等操作。

11.2.1　调节音频的音量

在Premiere中，调节音频的音量有多种方法，比如前面讲解过的通过音频剪辑混合器面板和音轨剪辑混合器面板来调节音量，这里主要讲解在时间轴面板和效果控件面板中调节音量的方法。

1. 在时间轴面板中调节音量

添加音频素材后，在时间轴面板中双击音频轨道右侧的空白处，放大音频轨道，单击音频轨道上的"显示关键帧"按钮，在弹出的快捷菜单中选择【轨道关键帧】/【音量】命令，轨道上会出现一条白色的线，使用选择工具向上拖动白线可升高音量，向下拖动白线可降低音量，如图11-27所示。

图11-27

与视频轨道一样，在音频轨道上也可以添加和删除关键帧，从而可以在Premiere中轻松实现音量的淡入淡出效果，以增加音频的多样性。

2. 在效果控件面板中调节音量

在时间轴面板中选择音频素材后，打开效果控件面板，展开"音频"效果属性中的"音量"栏，可设置"级别"参数来调节所选音频素材的音量大小，如图11-28所示。

与视频素材一样，在效果控件面板中，也可以为音频素材添加关键帧，制作音频的关键帧动画。其操作方法与制作视频关键帧动画的方法相同，都需要先单击"音频"栏中某项参数右侧的"添加/移除关键帧"按钮激活关键帧属性，然后将时间指示器移动到下一时间点，调整参数值，

Premiere会在该时间点自动添加一个关键帧，如图11-29所示。

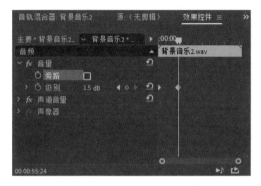

图11-28

图11-29

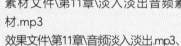
 操作步骤

1 新建名为"音频淡入淡出"的项目文件，将"淡入淡出音频素材.mp3"素材导入项目面板中，并将其拖动到时间轴面板中。

2 选择A1轨道上的音频素材，将时间指示器移动到素材的起始点。放大A1轨道，并单击A1轨道上的"显示关键帧"按钮，在弹出的快捷菜单中选择【轨道关键帧】/【音量】命令，设置关键帧属性为音量，如图11-30所示。

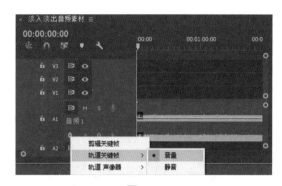

图11-30

3 单击A1轨道上的"添加-移除关键帧"按钮，在当前位置添加一个关键帧，设置该关键帧为淡入的开始点；将时间指示器移动到"00:00:14:20"处，再次单击A1轨道上的"添加-移除关键帧"按钮，设置该关键帧为淡入的结束点，如图11-31所示。

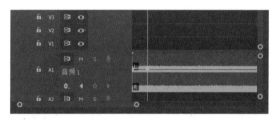

图11-31

4 将鼠标指针移至淡入开始点的关键帧上，当鼠标指针变为形状时，向下拖动鼠标，使音量淡入；将鼠标指针移至淡入结束点的关键帧上，当鼠标指针变为形状时，向上拖动鼠标，增大音量，使音频的淡入效果更加明显，如图11-32所示。

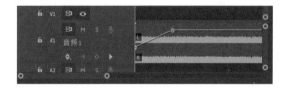

图11-32

技巧

在音频轨道上添加关键帧时，也可以选择钢笔工具，将鼠标指针移至音频素材中需要添加关键帧的位置，当鼠标指针变为形状时，单击鼠标左键，可添加一个关键帧。

5 选择钢笔工具，将鼠标指针移至第2个关键帧上，按【Ctrl】键，此时鼠标指针变为形状，同时单击鼠标，在关键帧上将出现一个蓝色的控制柄，并且在两个关键帧之间形成一条弯曲的淡化线，如图11-33所示。

6 使用相同的方法在A1轨道上"00:03:22:03"处添加关键帧，设置该关键帧为淡出的开始点，在音频的结尾处添加关键帧，设置该关键帧为淡出的结束点。将鼠标指针移至淡出结束点的关键帧上，当指针变为形状时，向下拖动鼠标，使音量产生淡出效果，逐渐降低音量的级别。

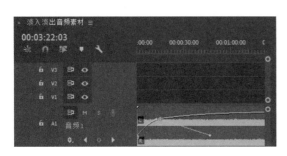

图11-33

7 此时可发现音频的中间部分音量过高，需要将其降低。选择选择工具，将鼠标指针移至音频中间的白色线条上，向下拖动线条降低音量，如图11-34所示。

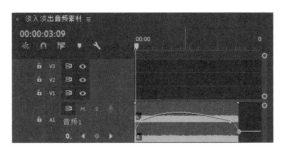

图11-34

8 此时整个淡入淡出效果制作完成，按空格键在节目面板中试听音频效果。按【Ctrl+S】组合键保存文件，并将音频导出为MP3格式。

11.2.2　声像器调节立体声

立体声包括左声道和右声道，要对立体声的声道音量进行调节，可以通过时间轴面板中的"声像器"来进行。其操作方法是：在时间轴面板中单击"显示关键帧"按钮，在打开的下拉列表中选择【轨道声像器】/【平衡】命令，如图11-35所示。该命令表示立体声已平衡，此时左声道和右声道的音量是完全相同的。使用与设置音量淡入淡出相同的方法，添加关键帧并设置关键帧之间的淡化线，当关键帧位于淡化线的下方时，右声道中的音量增大，左声道中的音量

减小；反之左声道中的音量增大，右声道中的音量减小。

图11-35

使用声像器调节立体声的另一种方法是：在时间轴面板中选择音频素材，在效果控件面板中展开素材的"音频"效果属性，然后设置"声像器"栏中的"平衡"参数来调节立体声的声道音量。

11.2.3　设置音频速度和持续时间

设置音频素材的速度和持续时间的操作方法与设置视频素材的方法一样，都可以在"剪辑速度/持续时间"对话框中进行。

设置音频持续时间的另一种方法是：选择选择工具，在音频轨道上直接拖动音频的边缘（入点或出点），通过改变音频的入点或者出点位置，以及音频轨道上音频素材的长度来调整音频的持续时间。

11.2.4　设置音频增益

除了对音频进行基础的编辑外，在Premiere中还可以调整音频增益。音频增益是指音频信号的声调高低，使用"音频增益"命令可以调整一个或多个选定剪辑的增益电平，以使各轨道之间的电平保持一致。选择【剪辑】/【音频选项】/【音频增益】命令，打开"音频增益"对话框，如图11-36所示。

图11-36

● 将增益设置为：默认值为 0.0dB。选中该单选项将允许用户将增益设置为某一特定值。该值始终更新为当前增益，即使未选择该单选项且该值显示为灰色时也是如此。

● 调整增益值：默认值为0.0dB。选中该单选项将允许用户将增益调大或调小。如果在此字段中输入非零值，"将增益

设置为"值会自动更新，以反映应用于该音频的实际增益值。

● 标准化最大峰值为：默认值为0.0dB。用户可以将此值设置为低于0.0dB的任何值。选中该单选项可将选定剪辑的最大峰值振幅调整为用户指定的值。

● 标准化所有峰值为：默认值为0.0dB。用户可以将此值设置为低于0.0dB的任何值。选中该单选项可将选定音频的峰值振幅调整为用户指定的值。

11.3 添加音频过渡和特效

为图像或视频应用视频切换或视频特效，可丰富其展示效果。同样，在音频的处理上，Premiere也有其对应的过渡效果和特效效果，为音频应用这些效果能够制作出不同的听觉效果。

11.3.1 添加音频过渡效果

在效果控件面板中展开"音频过渡"文件夹，可在展开的列表中看到"交叉淡化"效果组。该效果组主要用于制作两个音频素材间的流畅切换效果，可放在音频素材之前创建音频淡入的效果，或放在音频素材之后创建音频淡出的效果。该效果组包含3种过渡效果，如图11-37所示。

图11-37

● 恒定功率：该效果是默认的音频过渡效果，它可以使音频产生类似于淡入和淡出的效果，没有任何参数。

● 恒定增益：该效果可以创建精确的淡入和淡出效果，没有任何参数。

● 指数淡化：该效果可以创建不对称的交叉指数型曲线来进行声音的淡入和淡出，没有任何参数。

11.3.2 添加音频效果

除了为音频应用音频过渡效果以外，还可以为音频添加

特效，方法与应用音频过渡效果的方法类似。在效果控件面板中选择需要应用的音频特效，将其拖动到音频轨道上需要应用效果的音频素材上。添加音频效果后，可以采用与设置视频效果相同的方法来编辑音频效果，如使用关键帧控制效果、设置特效的参数等。

在效果控件面板中展开"音频效果"文件夹，在展开的列表中可看到Premiere提供的多种音频效果，如图11-38所示。

图11-38

1. 吉他套件

"吉他套件"音频效果可以模拟吉他套件的效果。应用该效果后，在效果控件面板的"自定义设置"选项中单击 编辑 按钮，在打开的对话框中可进行自定义设置。

2. 多功能延迟

"多功能延迟"音频效果是一种延迟效果，可以使音频产生回音。应用该效果后，在效果控件面板中最多可以为音频添加4层回音，并且还能设置每层回音的延迟、反馈、级别等参数。

3. 多频段压缩器

"多频段压缩器"音频效果主要用于制作较为柔和的音频效果，可以在效果控件面板的"自定义设置"选项中单击 编辑 按钮，打开"剪辑效果编辑器"对话框，在其中可以进行自定义设置。

4. 模拟延迟

"模拟延迟"音频效果可以模拟不同样式的回声，在效果控件面板中单击 编辑 按钮，在打开的对话框中

可进行自定义设置，也可在"各个参数"栏中进行参数设置。

5．带通

"带通"音频效果可移除音频中的噪声。应用该效果后，在效果控件面板中的"中心"栏下可以设置移除的频率，同时可在"Q"栏下设置频率的带宽。

6．降噪

"降噪"音频效果可以对各种噪声进行降低或消除处理。

7．低通

"低通"音频效果用于移除高于指定频率以下的频率，使音频产生浑厚的低音效果，在效果控件面板对应的"屏蔽度"选项中可以设置频率的值。

8．低音

"低音"音频效果可用于调整音频中的重音部分，在效果控件面板对应的"提升"选项中可以设置增加或降低分贝。

9．平衡

"平衡"音频效果可用于设置立体声中左右声道的音量平衡，通过效果控件面板中"平衡"选项进行设置，其值范围为"−100~100"。"平衡"值大于0时，可提高右声道的声音；小于0时，可降低右声道的声音。

10．卷积混响

"卷积混响"音频效果可以制作混响的效果，在效果控件面板中可以设置其参数。

11．静音

"静音"音频效果可用于对音频进行静音设置，在效果控件面板的"静音"选项中可以设置"0~1"的静音强度。

12．互换声道

"互换声道"音频效果主要用于交换立体声轨道中的左声道和右声道。

13．人声增强

"人声增强"音频效果可以对声音进行增强设置，在"各个参数"栏的"模式"选项中可设置其增强声音的类型，如男性、女性、音乐。

14．反转

"反转"音频效果可以对每个声道的音频相位进行反转设置，该效果没有任何参数，将该效果应用于音频素材后会自动进行反转操作。

15．和声/镶边

"和声/镶边"音频效果可以产生一个与原始音频相同的音频，并附带一定的延迟与原始音频混合，产生一种推动的效果。

16．声道音量

"声道音量"音频效果可以调整声道的音量，如立体声、5.1素材或其他轨道的声道音量。"声道音量"效果可以独立于其他声道进行调整，在效果控件面板中可对左右声道的音量进行调整。

17．室内混响

"室内混响"音频效果可以产生类似于房间内的声音和音响效果，可以在电子声音中加入充满人群氛围的声音。

18．延迟

"延迟"音频效果可以为音频添加回声效果，在效果控件面板中可以设置其参数。

19．母带处理

"母带处理"音频效果可以模拟各种声音场景，在效果控件面板的"自定义设置"栏中单击 编辑 按钮，在打开的对话框中可进行自定义设置，"预设"下拉列表中提供了10个选项，可在该下拉列表中选择需要模拟的音频效果。

20．消除齿音

"消除齿音"音频效果可以消除音频中的齿音，在效果控件面板中可以设置其参数。

21．消除嗡嗡声

"消除嗡嗡声"音频效果可消除音频中某一范围内的嗡嗡声，在效果控件面板中单击 编辑 按钮，在打开的对话框的"预设"下拉列表中可选择消除音频的范围。

22．环绕声混响

"环绕声混响"音频效果可以模仿室内的声音和音响效果，增加音频氛围感，在效果控件面板中单击 编辑 按钮，在打开的对话框中可进行自定义设置，在"预设"下拉列表中可选择声音环绕的环境。

23．移相器

"移相器"音频效果可以对音频中的一部分频率进行相位反转操作，并与原始音频混合，在效果控件面板中单击 编辑 按钮，在打开的对话框的"预设"下拉列表中可选择不同模式的声音。

24．雷达响度计

"雷达响度计"音频效果能以雷达的方式显示音量的大小，在效果控件面板中单击 编辑 按钮，在打开的对话框中可单击"雷达"选项卡，查看音量大小；或单击"设置"选项卡，对其参数进行设置。

25．音量

"音量"音频效果用于设置音频的音量。默认值为0dB，可通过参数面板中的"级别"选项进行设置，正值提高音量，负值则相反。需要注意的是，"级别"的最大值为6dB。

26．高通

"高通"音频效果能清除截止频率以上的频率，使音频产生清脆的高音效果，其频率值在效果控件面板的"屏蔽度"选项中设置。

27. 高音

"高音"音频效果可用于调整4 000Hz及更高的频率，在效果控件面板的"提升"选项中可以设置调整的效果。

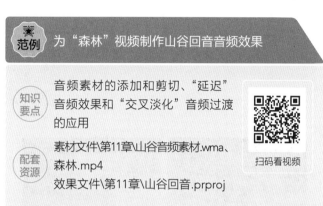

范例 为"森林"视频制作山谷回音音频效果

知识要点 音频素材的添加和剪切、"延迟"音频效果和"交叉淡化"音频过渡的应用

配套资源 素材文件\第11章\山谷音频素材.wma、森林.mp4
效果文件\第11章\山谷回音.prproj

扫码看视频

范例说明

本例提供了两段音频和视频素材，要求将音频素材添加到视频素材中作为背景音乐，并根据视频画面的内容为音频素材添加合适的音频效果。

扫码看效果

操作步骤

1 新建名为"山谷回音"的项目，将"山谷音频素材.wma""森林.mp4"素材导入项目面板中，将"森林.mp4"素材拖动到时间轴面板中。

2 选择V1轨道上的视频素材，单击鼠标右键，在弹出的快捷菜单中选择"取消链接"命令分离音、视频，然后删除分离后的音频素材，将"山谷音频素材.wma"素材拖动到A1轨道上，如图11-39所示。

图11-39

3 试听音频，可发现该音频前一段为鸟叫声，后一段为音乐，因此可以将其分为两段素材并添加不同的音频效果。将时间指示器移动到"00:00:03:00"位置，使用剃刀工具在该处分割音频素材。

4 在效果控件面板中展开"音频效果"文件夹，选择"延迟"效果，将其添加至A1轨道的第1段音频素材上。

5 选择第1段音频素材，在效果控件面板中设置"延迟"音频效果中的参数，如图11-40所示。

6 由于音频素材过长，可以还需要将音频素材多余的部分删除。将时间指示器移到"00:00:17:24"位置，使用剃刀工具剪切，并删除剪切后的后半段音频素材。

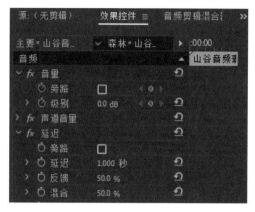

图11-40

7 试听音频，发现音频的开始和结束较为突兀，因此需要在音频素材的首尾处和两段音频素材之间添加音频过渡效果，使音频之间的衔接更加柔和、自然。在效果控件面板中展开"音频过渡"文件夹，选择"交叉淡化"文件夹中的"恒定功率"效果，将其添加至音频素材的起始位置。

8 在时间轴面板中单击选中"恒定功率"效果，进入效果控件面板，设置音频过渡的持续时间为"00:00:00:20"，如图11-41所示。

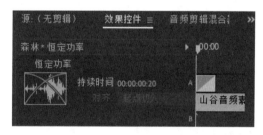

图11-41

9 使用相同的方法在两段音频素材的中间和结尾位置添加"恒定增益"音频过渡效果，并在效果控件面板中设置中间音频过渡效果的持续时间为"00:00:01:00"，结尾音频过渡效果的持续时间为"00:00:01:20"。此时A1轨道上的音频素材包含3个音频过渡效果，如图11-42所示。

图11-42

281

10 此时山谷回音效果制作完成，按空格键在节目面板中试听音频效果。按【Ctrl+S】组合键保存文件。

11.4 综合实训：制作"毕业旅行"Vlog中的音频

> Vlog（Video Log，视频日志）是一种由创作者通过拍摄视频来记录日常生活的形式。Vlog中的背景音乐影响着整个Vlog的风格和节奏。

11.4.1 实训要求

不同类型的视频具有不同的主题内容和情绪节奏，所以需要选择不同类型的背景音乐。本实训提供了一个"毕业旅行"Vlog，要求从风格、内容等角度对视频画面中的所有内容进行深度分析，然后为其添加合适的音频，并且需要对音频进行基础编辑，使音频更加贴合Vlog的氛围。

> 音乐是一种最具情感的艺术，是一种意识形态，是人们的精神食粮。优秀的音乐作品能够使人的心灵得到放松，丰富人的精神世界，激发人积极向上的精神，或消除疲惫、紧张、焦虑等消极的心理，让人产生不同的情绪体验。制作Vlog时，可以在其中添加优秀的音乐作品作为背景音乐，对人的情操陶冶、心理素质、审美趣味、审美能力的培养产生积极影响，使Vlog更丰富、生动、真实，加强Vlog的表现力和感染力。
>
> **设计素养**

11.4.2 实训思路

（1）音乐都有自己独特的情绪和节奏，选择与视频内容情绪吻合度较高的音频，能增强视频画面的感染力，让人产生更多的代入感。因此，在选择"毕业旅行"Vlog中的音频时，需要重点观察视频内容。预览素材后发现，本实训的视频风格比较文艺、清新，可选取一些温暖、清新、旋律优美的音乐来渲染气氛，给人轻松自在、心情舒畅的感受。

（2）一般来说，视频中的画面才是主角，背景音频则是画面的辅助。选择背景音乐的最高境界是让音乐自然流淌在

视频画面中，而不能让音乐抢了画面的风头。因此，本实训最好选择没有歌词的纯音乐作为背景音乐。

（3）确定音频之后，就可以对音频进行基础编辑了。本实训提供了一个记录毕业旅行的Vlog，而且根据视频画面，Vlog的拍摄地点是室外空旷处，因此可以为视频添加混响或者回音之类的音频效果，然后为音频添加淡入淡出的过渡效果，让音频与视频的融合更加自然。

扫码看效果

本实训完成后的参考效果如图11-43所示。

图11-43

11.4.3 制作要点

> **知识要点** 音频素材的添加和剪切、音频效果和音频过渡的使用
>
> **配套资源** 素材文件\第11章\毕业旅行.mp4、轻音乐.mp3
> 效果文件\第11章\毕业旅行.mp4、毕业旅行.prproj

扫码看视频

本实训的主要操作步骤如下。

1 新建名为"毕业旅行Vlog"的项目文件，将"毕业旅行.mp4""轻音乐.mp3"素材导入项目面板中，将"毕业旅行.mp4"拖动到时间轴面板中。

2 删除V1轨道上的原始音频，将"轻音乐.mp3"素材拖动到A1轨道上，在"00:00:08:01"位置分割音频素材，并删除分割后的后半段音频。

3 选择A1轨道上的素材，在基本声音面板中选择"环境"选项，勾选"混响"复选框，设置数量为"6"。

4 将"高通""低通"音频效果添加至A1轨道上的音频素材中，在效果控件面板的"屏蔽度"栏中分别添加关键帧。

5 将时间指示器移动到"00:00:05:21"位置，设置"高通"和"低通"分别为"500""3000"。

6 将"恒定增益"音频效果添加至音频素材的起始位置，设置音频过渡的持续时间为"00:00:00:20"。

7 保存文件，并将视频导出为MP4格式。

巩固练习

1. 对视频素材中的音频进行降噪处理

本练习提供了一个原声的视频素材，由于该素材是在室外拍摄的，受外部环境干扰大，视频素材中的音频出现了很多噪声，因此需要对素材进行降噪处理。

配套资源
素材文件\第11章\天鹅.mp4
效果文件\第11章\音频降噪处理.mp4、音频降噪处理.prproj

2. 为视频更换合适的背景音乐

本练习提供了一个视频素材，该视频的噪声比较大，现要求将素材中自带的音频素材删除，然后重新为其添加一个合适的音频，并对音频进行编辑。同时可以将视频的播放速度调慢，制作出慢速奔跑的效果，并搭配文字展现出视频"心怀梦想 一路前行"的主题。

配套资源
素材文件\第11章\奔跑视频.mp4、奔跑音频.mp3
效果文件\第11章\奔跑.mp4、奔跑.prproj

3. 编辑女装视频中的音频

本练习提供了一个女装视频素材，该视频展现的重点内容是女装模特，但视频中音频的音量较大，容易分散观众的注意力，因此需要对女装视频素材中的音频进行处理。除了降低音量，还可以考虑添加一些音频效果或者音频过渡效果。

配套资源
素材文件\第11章\女装视频素材.mp4
效果文件\第11章\女装.mp4、女装.prproj

技能提升

在Premiere中编辑音频时，往往需要添加额外的音频素材。此时，可以通过以下4种方法录制、传输或下载素材。

1. 通过Windows 10的录音机录制

在通过Windows 10的录音机录制前，需要先插入麦克风，然后才能进行录制。

2. 通过数码录音笔录制

通过数码录音笔录制声音的操作十分简单，数码录音笔往往包括录制、停止、播放、快进和快退等按键，在录音时，通常只需要按下"录音"键即可进行录制。

对于普通用户来说，录音笔是录制会议信息、采访信息、讲课实况的工具，但是由于要进行长时间的录制，因此录音笔不能使用传统的音频压缩格式储存音频文件。例如，录制的未压缩的音频文件每分钟要占用

10MB的储存空间，即便是经过MEPG算法压缩而成的MP3格式，每分钟也要占用约1MB的储存空间。所以，各个品牌的录音笔通常都使用自己研发的特殊音频格式，其共同特点是高质量、高压缩、体积小。

3. 通过手机、数码相机和摄像机传输

通过手机、数码相机和摄像机拍摄视频获取的音频，通常存储在手机、数码相机和摄像机的存储器中，可以通过数据连接线将手机、数码相机和摄像机与计算机相连，将其中的音频文件传输到计算机中。使用手机自带的录音功能也可以获取音频。

4. 通过音频素材网站下载

当需要给视频添加各种丰富的音效时，可以通过音频素材网站下载。常用的音频素材网站有淘声网、耳聆网、爱给网和Freesound等。

第 **12** 章

视频渲染与输出

📖 本章导读

在Premiere中编辑视频时，经常需要为视频添加各种效果，之后预览视频时可能会变得非常卡顿。若需要实时预览流畅的视频，则需要对视频进行渲染。视频经过渲染后，若需要在其他网站上查看，则需要将其输出，并以方便观看的方式保存。

🖸 知识目标

- 了解视频渲染的基本知识
- 熟悉视频渲染的基本流程
- 熟悉视频输出的类型

🏆 能力目标

- 掌握不同格式文件输出的方式
- 掌握打包工程文件的方法

❤️ 情感目标

- 提高对视频渲染范围的判断能力
- 养成良好的视频输出习惯

12.1 视频渲染

在Premiere中对视频进行剪辑、调色、添加特效、文字等操作后，还需要将这些效果加以固定和合成，这个操作过程即为视频渲染。渲染时并不会生成文件，只会提供实时的预览效果，并且渲染后的视频在编辑和播放时会更加流畅。

12.1.1 视频渲染的基本知识

在Premiere中渲染视频前，需要先了解视频渲染的基本知识，如在Premiere中常见的渲染条，如图12-1所示。

图12-1

Premiere中的渲染条主要有绿色、黄色和红色3种状态。红色渲染条表示需要渲染才能以全帧速率实时回放的未渲染部分，播放时会非常卡顿；黄色渲染条表示无须渲染即能以全帧速率实时回放的未渲染部分，播放时会有些卡顿；绿色渲染条表示已经渲染其关联预览文件的部分，播放时会非常流畅。

12.1.2 视频渲染的基本流程

在Premiere中按照一定的流程渲染视频，能够有效提高渲染时的工作效率。

1. 选择渲染范围

渲染视频时可根据需要，在时间轴面板中重新确定视频入点（快捷键为【I】）和出点（快捷键为【O】），然后只对选择的这一段视频进行渲染，也可以保持默认渲染范围，对整个视频进行渲染。

2. 选择渲染命令

选择"序列"菜单命令，在其中可以看到不同的渲染命令，如图12-2所示。在渲染视频时，可根据需要合理选择。

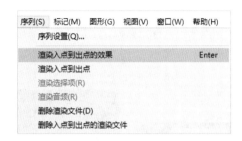

图12-2

● 渲染入点到出点的效果：渲染位于包含红色渲染栏的入点和出点内的视频轨道部分，即只渲染添加了效果的视频片段，适用于因添加效果导致视频变卡顿的情况。只渲染了两段视频中间的视频过渡效果如图12-3所示。

渲染前

渲染后

图12-3

● 渲染入点到出点：渲染位于包含红色渲染栏或黄色渲染栏的入点和出点内的视频轨道部分，即渲染入点到出点的完整视频片段，渲染后整段视频的渲染条将变为绿色，表示已经生成了渲染文件，如图12-4所示。

● 渲染选择项：渲染在时间轴面板中选中的轨道部分。

● 渲染音频：渲染位于工作区域内的音频轨道部分的预览文件。

图12-4

默认情况下，在渲染时间轴面板中的视频轨道部分时，Premiere 不会渲染音频轨道部分。此时可以更改此默认设置，使 Premiere 在渲染视频时自动渲染音频。其操作方法为：选择【编辑】/【首选项】/【音频】命令，在打开的"首选项"对话框中勾选"渲染视频时渲染音频"复选框（若不需要可取消勾选），完成后按【Enter】键确认更改。

● 删除渲染文件：可删除一个序列的所有渲染文件，选择该命令后，将打开图12-5所示的对话框。

图12-5

● 删除入点到出点的渲染文件：可只删除入点到出点这一范围内关联的所有渲染文件。选择该命令后，将会打开图12-6所示的对话框。

图12-6

对视频渲染完成后，在节目面板中会自动播放渲染后的效果，渲染文件也会自动保存到暂存盘中。

12.2 视频导出

视频导出也就是将编辑完成的视频导出为需要的格式。在导出前，需要对视频导出类型、导出的基本设置、导出的各种格式等相关知识有所了解。

12.2.1 视频输出类型

选择【文件】/【导出】命令，可以在打开的子菜单中根据需要选择不同的输出类型，如图12-7所示。

图12-7

● 媒体：该命令为常用的输出方式，可用于各种不同的编码视频、音频文件和图片等文件的输出。

● 动态图形模板：该命令主要是将文件导出为动态图形模板，导出前需要在视频轨道上选择图形素材才能激活该命令，导出时将打开图12-8所示的对话框，在其中可选择文件名称和导出位置。

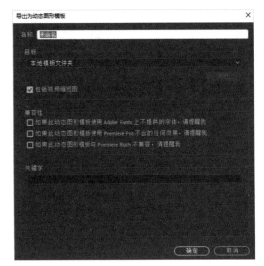

图12-8

● 字幕：可从项目面板中导出3种格式的字幕文件，如图12-9所示。

● 磁带（DV/HDV）：该命令可将文件直接输出至磁带中。

● 磁带（串行设备）：该命令可将所编辑的序列从计算机录制到录像带，例如用于创建母带。

● EDL：该命令可将文件导出为EDL（Editorial Determination List，编辑决策列表）格式，如图12-10所示。EDL是一个表格形式的列表，由时间码值形式的电影剪辑数据组成。

● OMF：该命令可将文件输出为OMF（Open Media Framework，公开媒体框架）格式，如图12-11所示。

图12-9 　　　　　　　　图12-10

● 标记：该命令可导出文件中的标记，如图12-12所示。导出前需要先打开标记面板，选择需要导出标记，然后才能激活该选项。

图12-11 　　　　　　　　图12-12

● 将选择项导出为Premiere项目：该命令可将文件导出为Premiere项目。

● AAF：该命令可将文件导出为AAF（Advanced Authoring Format，高级制作格式）格式，如图12-13所示。

图12-13

● Avid Log Exchange：该命令可将文件导出为ALE格式。

● Final Cut Pro XML：该命令可将文件导出为XML格式。

12.2.2 输出的基本设置

选择【文件】/【导出】/【媒体】命令，或按【Ctrl+M】组合键，打开"导出设置"对话框，在其中可以对文件的基本信息进行设置。

1. 输出预览

在"导出设置"对话框左侧单击"源"选项卡，可对视频进行裁剪操作，以及对裁剪的比例进行设置，如图12-14所示。

图12-14

- 左侧：用于设置左侧裁剪的大小。
- 顶部：用于设置顶部裁剪的大小。
- 右侧：用于设置右侧裁剪的大小。
- 底部：用于设置底部裁剪的大小。
- 裁剪比例：在其下拉列表中可选择裁剪的比例。
- "长宽比较正"按钮 ：单击该按钮，可对输出文件的长宽比进行校正。
- "设置入点"按钮 ：单击该按钮，可将当前时间指示器的位置设置为文件输出的起始时间点。
- "设置出点"按钮 ：单击该按钮，可将当前时间指示器的位置设置为文件输出的结束时间点。
- "选择缩放级别"下拉列表 ：在该下拉列表中可对文件在该窗口显示的比例进行设置。
- 源范围：用于设置输出文件的范围。

单击"输出"选项卡，可在"源缩放"下拉列表中设置输出时文件的填充方式，如图12-15所示。

图12-15

2. 导出设置

在"导出设置"对话框右侧的"导出设置"栏中可对文件的类型、保存路径、保存名称、是否输入音频等进行设

置，如图12-16所示。

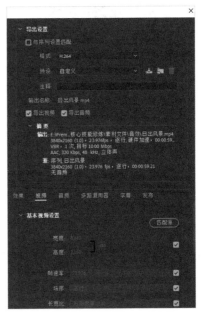

图12-16

- "与序列设置匹配"复选框：勾选该复选框，Premiere会自动将输出文件的属性与序列进行匹配，且"导出设置"栏中所有的选项都将变为灰色状态，不能对其进行自定义设置。
- 格式：用于选择Premiere支持的文件格式。
- 预设：用于设置文件的序列预设，即视频的画面大小。
- 注释：在该文本框中可输入文本对文件进行注释。
- 输出名称：单击该超链接的内容，将打开"另存为"对话框，在其中可以对文件的保存路径和文件名进行自定义设置。
- "导出视频"复选框：勾选该复选框，可对选择的影片进行输出；取消勾选该复选框，将不会输出视频文件。
- "导出音频"复选框：勾选该复选框，可输出视频中的音频文件；取消勾选该复选框，将不会输出音频文件。

技巧

在"预设"下拉列表右侧单击"导入预设"按钮 ，将打开"导入预设"对话框，在其中可以导入已有的预设；单击"保存预设"按钮 ，可保存导入的预设；单击"删除预设"按钮 ，可删除选择的预设。

在"导出设置"对话框下方单击不同的选项卡可对文件的输出格式进行更加细致的设置。如单击"音频"选项卡，可对视频的音频文件基本格式进行设置；单击"视频"选项卡，可对视频的尺寸、帧数率、场序、长宽比等进行设置，如图12-17所示。

图12-17

> 一名专业的设计师不仅需要极强的动手操作能力，也需要丰富的知识积累，这样会对设计工作有很大帮助。如在Premiere中导出文件前，我们需要先了解Premiere支持的，以及常见的文件格式，这样才能快速选择出自己需要的文件格式。
>
> **设计素养**

12.2.3　导出各种格式的文件

了解了输出的设置方法后，就可以将项目文件导出为需要的格式。下面介绍7种常用格式文件的导出方法。

1. 导出为视频

在Premiere中将编辑的项目导出为视频文件是非常常用的导出方法。用户不仅可以通过视频文件直观地查看编辑后的效果，也能将视频文件发送至可移动设备中观看。导出视频的操作方法为：在时间轴面板中选择需要导出的视频序列，打开"导出设置"对话框，在"导出设置"栏的"格式"下拉列表中选择视频格式，完成后单击 导出 按钮。

2. 导出为音频

当只需要保留项目文件中的音频文件时，可将其导出为音频。导出音频的方法与导出视频的方法类似，只需在"格式"下拉列表中选择音频文件的格式，然后对其他参数进行设置。

3. 导出为序列图片

在Premiere中可以将项目中的内容导出为一张一张的序列图片，即将视频画面的每一帧都导出为一张静态图片。其方法与导入视频和音频的方法类似，只需在打开的对话框中选择导出的格式为图片格式（如PNG、JPEG），然后设置图片的保存路径和名称，保持"视频"选项卡中的"导出为序列"复选框为勾选状态，单击 导出 按钮即可。

4. 导出为单帧图片

如果需要将项目文件中当前时间指示器所处位置的视频效果导出为一张图片，则可以通过"导出设置"对话框和节目面板两种方式来进行。

● 通过"导出设置"对话框导出：将当前时间指示器定位到需要导出的位置，选择【文件】/【导出】/【媒体】命令，在打开的对话框中选择一种图片格式，然后取消勾选"导出为序列"复选框，单击 导出 按钮。

● 通过节目面板导出：直接通过节目面板导出单帧图片的操作更加方便快捷。其操作方法为：在时间轴面板中将当前时间指示器移动到需要导出单帧图片的位置，在节目面板中单击"导出帧"按钮，打开"导出帧"对话框，在"名称"文本框中输入图片的名称，在"格式"下拉列表中选择"JPEG"选项，然后单击 确定 按钮，如图12-18所示。

图12-18

5. 导出为GIF动图

导出为GIF动图的方法与导出为音频、视频的方法类似，只需在"格式"下拉列表中选择"动画 GIF"格式即可。

6. 导出为EDL

如果希望将项目中的内容导出为包含剪辑名称、卷场、转场、所有编辑的入点和出点信息的EDL文件，并将其应用到其他软件中，如CMD等，则可以通过Premiere完成。

7. 导出为AAF

AAF是一种标准的行业格式，能支持多种高端视频系统，因此如果需要在另一个视频系统中重新创建一个Premiere项目，就可以将项目文件导出为AAF格式。

导出文件需要的时间由计算机的硬件配置决定，配置越高，导出的速度越快。使用相同配置的计算机时，输出视频的参数设置不同，所需的时间也不相同。缩减视频文件的画面尺寸和项目中占用轨道的数量都能够提高文件的输出速度，减少输出时间。

在"导出设置"对话框中勾选"使用最高渲染质量"复选框，可以对文件进行高质量渲染，但其导出的时间也会相应增加。

12.2.4　工程文件的打包

在编辑视频时，一般都会应用到视频、音频、图片等多种素材，如果不小心删除素材，在后期对项目文件进行修改时，就可能会出现素材缺少的情况，我们可以将项目中的所有素材放到一个文件夹中，也就是将项目文件打包为工程文件。

在打包项目文件前需要先保存项目文件，然后选择时间轴面板，选择【文件】/【项目管理】命令，打开"项目管理器"对话框，如图12-19所示。

图12-19

在"项目管理器"对话框的"序列"栏中选择需要打包的序列，在"目标路径"栏中选择文件的保存路径，单击 **确定** 按钮即可完成项目文件的打包。

操作步骤

1 打开"美食调色视频.prproj"项目文件，选择【文件】/【项目管理】命令，打开"项目管理器"对话框，勾选"美食调色视频"复选框，取消勾选"美食素材"复选框，如图12-20所示。

图12-20

2 继续在"项目管理器"对话框中单击 **浏览** 按钮，打开"请选择生成项目的目标路径"对话框，在其中选择项目的保存路径，单击 **选择文件夹** 按钮。

3 返回"项目管理器"对话框，单击 **确定** 按钮，待进度条提示完成即可完成导出操作。此时打开保存文件的文件夹，可以看到已经打包完成的文件夹，双击打

开该文件夹，可以看到项目中用到的所有素材以及项目源文件，避免素材丢失，如图12-21所示。

图12-21

12.3 综合实训：渲染和输出产品宣传短视频

产品宣传短视频是一种以提升产品销售额为目的的短视频，侧重于展示产品的不同属性、亮点和卖点，具有很强的营销性。

12.3.1 实训要求

本实训将制作一个水果类的产品宣传短视频，提供了"水果.mp4"和"水果短视频.mp4"两个视频素材，但"水果短视频.mp4"没有音频文件，不能很好地吸引消费者，要求为"水果短视频.mp4"视频素材添加"水果.mp4"视频素材中的背景音乐，并且让该背景音乐能够在各大音乐平台传播分享，以及运用到更多的视频素材中。同时，为了更好地宣传产品，还需要截取一张视频图片作为短视频的封面图。

12.3.2 实训思路

（1）根据实训要求，可以将"水果.mp4"素材文件中的音频文件单独导出为MP3格式，这样不仅可以将其应用到"水果短视频.mp4"素材中作为背景音乐，还能将其传播到更多的音乐平台中。

（2）分析"水果类短视频.mp4"素材，发现该素材中有部分片段的衔接过于生硬，可以在视频生硬处添加视频过渡效果。

（3）根据实训要求，需要截取短视频画面作为封面图，在导出文件时，可以将视频中的某一画面单独导出为JPEG格式的单帧图片。为了将制作完成的作品分享到短视频平

台，也可以将"水果类短视频.prproj"文件导出为MP4格式。为了保证项目文件中的素材不会缺失，还可以将最终的项目文件打包。

本实训完成后的参考效果如图12-22所示。

扫码看效果

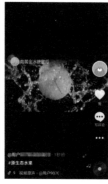

图12-22

12.3.3 制作要点

 知识要点　视频渲染与输出

素材文件\第12章\水果.mp4、水果短视频.mp4

 配套资源　效果文件\第12章\水果短视频.mp4、水果短视频.prproj、水果短视频封面.jpg、水果音频.mp3、"已复制_水果短视频"文件夹

扫码看视频

本实训的主要操作步骤如下。

1 新建名为"水果短视频"的项目文件，导入"水果.mp4"视频素材。将该素材中的音频导出为.mp3格式，名称为"水果音频"。

2 导入"水果短视频.mp4"视频素材和"水果音频.mp3"音频素材。关闭"水果"序列，将视频素材拖动到时间轴面板中，将音频素材拖动到A1轨道上，覆盖原始音频素材。

3 在"00:00:06:24"位置剪切音频素材，并删除剪切后的后半段音频素材。

4 将"黑场过渡"视频过渡效果拖动到V1轨道上视频的结尾处。将"恒定增益"音频过渡效果拖动到A1轨道上音频的结尾处。

5 将时间指示器移动到"00:00:01:03"位置，在节目面板中单击"导出帧"按钮📷，打开"导出帧"对话框，在其中设置帧的格式为"JPEG"，名称为"水果短视频封面"，然后导出。

6 选择【序列】/【渲染入点到出点】命令，等待渲染提示条完成，在节目面板中预览视频效果。

7 打开"导出设置"对话框，在其中设置格式为"MP4"，名称为"水果短视频"，然后导出。

8 选择【文件】/【项目管理】命令，打开"项目管理器"对话框，勾选"序列"栏下的"水果"复选框，保持其余默认设置，然后将其打包，最后可将视频文件发布到短视频平台中。

 巩固练习

1. 导出"卡点短视频"视频文件中的音频

本练习提供了一个"卡点短视频"视频素材，需要将该素材中的音频文件单独导出，以便于应用到其他视频中，要求导出的音频格式为MP3格式，如图12-23所示。

配套资源　素材文件\第12章\卡点短视频.mp4
　　　　　效果文件\第12章\卡点音频.mp3

图12-23

2. 输出产品展示GIF动图

本练习提供了4张图片素材，现要求在Premiere中将这些图片依次放到一个视频轨道上，且图片的持续时间最好不超过1秒，否则动态效果会显得迟钝，然后为图片添加产品介绍文案，最后将文件导出为GIF动图格式，效果如图12-24所示。

图12-24

配套资源

素材文件\第12章\"GIF图片素材"文件夹
效果文件\第12章\产品展示GIF动图.gif、产品展示GIF动图.prproj

3. 打包"萌宠"项目文件

本练习提供了一个AVI格式的素材文件，但由于这种格式的文件较大，需要在不影响视频质量的情况下减小文件，而WMV格式有压缩率高、文件小等优势，因此需要将"萌宠.avi"视频转化为"萌宠.wmv"视频，以便于在互联网上播放和传输，如图12-25所示。

配套资源

素材文件\第12章\萌宠.avi
效果文件\第12章\萌宠.wmv

转换前视频大小

转换后视频大小
图12-25

🔷 技能提升

Premiere支持直接渲染输出和通过Adobe Media Encoder渲染输出。直接渲染输出会直接从Premiere中生成新文件，而通过Adobe Media Encoder导出会将文件发送到Adobe Media Encoder进行渲染，然后使用Adobe Media Encoder渲染和输出文件。这里主要讲解通过Adobe Media Encoder渲染输出的相关知识。

Adobe Media Encoder是Premiere自带的一款视频和音频编码应用程序，支持多种媒体格式，帮助运用不同应用程序的用户以各种格式对音频和视频文件进行编码，快速轻松地将作品输出为任何格式，在各种主流的设备、平台中播放、传播，并呈现出最佳视觉效果。

启动Adobe Media Encoder后，要想将视频或音频文件导出为需要的编码格式，还需要熟悉其操作流程。

● 第一步：在Adobe Media Encoder中进行编码前，

要先将需要编码的文件添加到队列面板中，添加的方式有很多，这里主要介绍两种，一种是启动Adobe Media Encoder，在其工作界面的队列面板中单击"添加源"按钮 ➕ ，打开"打开"对话框，在其中选择一个Adobe Media Encoder支持的需要添加的源文件格式。另一种是在Premiere中打开"导出设置"对话框，设置好导出的参数后，单击对话框底部的 队列 按钮，此时被导出的剪辑自动添加到Adobe Media Encoder的队列面板中。

● 第二步：确定导出的方式，即这里预设的或自定义编码的方式。

● 第三步：选择合适的输出视频、音频或静止图像的格式。

● 第四步：设置编码文件的输出路径和文件名称。

● 第五步：开始编码，并监视编码进度，然后预览编码效果。

第 13 章

制作"二十四节气"快闪视频特效

本章导读

本章将综合运用前面所学的知识来制作"二十四节气"快闪视频特效。该视频将中国传统文化——二十四节气以现代流行的快闪视频形式展现，具有画面美观、节奏鲜明、新颖创新的特点。

知识目标

< 了解快闪视频的特点
< 了解快闪视频的制作要点
< 掌握快闪视频的制作方法

能力目标

< 能够制作快闪视频特效

情感目标

< 培养对自然设计元素的感知和收集能力
< 增强文化意识，重视优秀文化遗产的传承
< 培养对视频编辑知识的整合能力

13.1 相关知识

"工欲善其事，必先利其器"，就是说要做好一件事情，必须先做好准备工作。因此，在制作快闪视频前，需要先了解快闪视频的相关知识，从而制作出符合需求的作品。

13.1.1 快闪视频的特点

自从第一支快闪视频进入大众视野后，快闪这种视频形式便逐渐流行开来。快闪作为一种新颖、前卫的创意视频形式，非常符合当下年轻人在快节奏生活方式下快速阅读和观看的需求，有着与众不同的特点。

1. 短平快的呈现方式

快闪是一种在短时间内快速闪过大量文字或图片信息的视频制作方式，因此具有视频整体时长较短、节奏较快的特点，在短时间内就能快速吸引用户，并让用户了解视频内容。

2. 感染力强

快闪视频有着极具动感的视觉效果和快节奏的背景音乐，可以刺激用户的听觉和视觉，营造一种急促、欢快的氛围，这种氛围中的视频内容更容易打动人心，因此快闪视频也具有较强的感染力。

3. 容纳信息量大

快闪视频需要在短时间内让用户把握内容的主旨及情感导向，因此能够容纳的信息量较大，内容以短小精练为主。

4. 创意新颖

快闪视频利用互联网技术，借助短视频平台，将快闪行为艺术应用到视频创作中，是一种新颖的视频形式。

13.1.2 快闪视频的制作要点

要想制作出优秀的快闪视频，除了需要了解快闪视频的特点

后，还需要了解快闪视频的制作要点。

1. 注意画面节奏的把控

快闪视频的画面节奏较快，如果不停地快速切换画面，则会让用户一直处于神经紧绷的状态，产生视觉疲劳。因此在制作快闪视频时，需要注意对画面节奏的把控，要做到张弛有度，根据音乐节奏来调整画面的闪现时间。

2. 注意画面视觉和动效

快闪视频信息量大，画面也非常多，为了避免视觉单调，尽量不要使用单一的画面和动效，要保持间隔变化。图13-1所示为"网易有道词典"推出的"便携式翻译笔"快闪视频画面，该视频中前面几帧为白底黑字的画面，后面几帧更换为黑底白字的画面，然后在讲解产品时又更换为与产品相关的背景和文字，在介绍产品的视频片段中也穿插了白底黑字和黑底白字的背景，并且文字的动效也在不断更换。

图13-1

3. 音画同步

由于快闪视频会根据音乐节奏来切换，所以在制作背景音乐时，也要注意让视频画面出现的节点与声音的关键节奏保持一致，即音画同步，这样会让视频画面的切换更自然。

13.2 案例分析

在制作"二十四节气"快闪视频特效前，首先应构思本例所要展现的内容、制作思路以及希望达到的最终效果，然后使用Premiere来完成。

13.2.1 案例要求

二十四节气是我国古代劳动人民智慧的结晶，表现了人与自然之间的特殊时间联系。为了促进二十四节气的传统文化与现代文化的有机融合，传承我国优秀传统文化，现要求制作一个"二十四节气"快闪视频特效，要求视频效果直观易懂，画面切换节奏与音频尽量保持一致，视频流畅自然，并将提供的图片、视频和音频等素材均运用到视频中，提升视频的美观度，同时还需要对节气的名称和节气的介绍信息进行动态展示，尺寸大小要求为"720像素×480像素"。

> 除了二十四节气外，我国还有从远古先民时期发展而来的多个传统节日，如春节、元宵节、中秋节、端午节、七夕节、中元节、重阳节等。中国传统节日是中华民族悠久历史文化的重要组成部分，其形式多样、内容丰富，蕴含着深厚的历史与人文情怀，拥有丰富的文化内涵和精神核心。
>
> 设计素养

13.2.2 案例思路

在制作"二十四节气"快闪视频特效前，需要先做好视频内容的规划，并根据规划呈现效果。

1. 内容规划

本例提供了春、夏、秋、冬4个季节的素材文件夹和两段音频素材，如图13-2所示。这些素材内容大致规划为3个部分：第一部分为快闪片头字幕，主要使用打字音效素材制作；第二部分为各季节快闪效果，主要使用春、夏、秋、冬4个季节的素材制作；第三部分为音频，使用快闪音频素材制作。

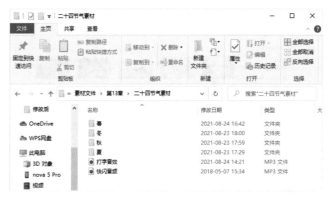

图13-2

（1）制作快闪片头字幕

本例提供了一段打字音效，可作为视频片头字幕的背景音乐。在制作快闪片头字幕时，考虑到打字音效的速度较快、时间较短，因此字幕内容不宜过多，再结合画面内容，可输入片头字幕为："你们知道什么是二十四节气吗？"为了让画面中的文字配合打字音效，可以为文字制作逐字出现的效果，该效果可运用"裁剪"视频效果和关键帧来实现。

（2）制作各季节快闪效果

二十四节气是按照节气出现的先后顺序进行排序的，因此需要先制作春季的快闪效果。打开提供的"春"素材文件夹，如图13-3所示。在制作"春季"快闪效果时，需要考虑节气的顺序，如春季依次包括立春、雨水、惊蛰、春分、清明、谷雨6个节气。

打开提供的其他季节素材文件夹（这里以夏季为例），如图13-4所示。其中的内容与"春"素材文件夹中的大致相同。为了让整个视频的画面风格和谐统一，在制作其他季节的快闪效果时，可运用与"春季"快闪效果大致相同的效果，且都需要遵循节气出现的先后顺序。

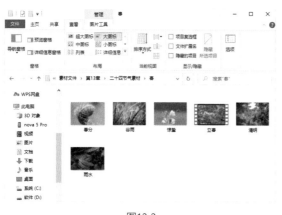

图13-3

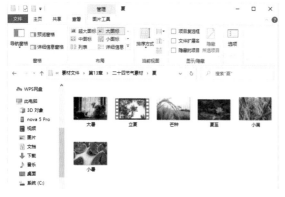

图13-4

（3）制作音频效果

考虑到整个视频的完整性，可将音频素材的时长与整个视频的时长设置为一致，并且可为音频制作出渐渐淡出的过渡效果，避免造成音频突然中断的突兀感。

2. 效果呈现

为了使最终呈现出的效果更加丰富，可添加一些文字以及文字动效。添加时，可以从以下4个方面考虑。

（1）文字内容

由于快闪视频节奏较快，因此文字应尽量精简。考虑到本例以"二十四节气"为主题，文字内容可以是节气名称以及对该节气的简单介绍，如立春节气的介绍可以是："立春，为二十四节气之首。立，是'开始'之意；春，代表着温暖、生长。"

（2）字体选择

本例的主要内容是"二十四节气"传统文化，具有独特的艺术价值与文化内涵，因此在字体的选择上可采用书法体，这样与传统文化能够更好地融合，也能够凸显视频的主题。

（3）文字大小和位置

文字大小和位置一般根据文字的重要程度来调整，如节气名称需要重点展示，因此可将其放大显示，并放置在画面中显眼的位置；节气的相关介绍文字可相对缩小，并且可放在画面下方，作为视频画面的补充说明。

（4）文字动效

制作文字动效时，可以从文字以及音频节奏两个方面来综合考虑。如本例的背景音乐节奏较快，具有强烈的动感，那么文字动效也应该快速且有节奏感。再考虑到节气名称的文字字体较大、位置显眼，因此可为节气名称的文字制作快速移动、缩放的动效，同时每一个文字动效的出现尽量与音频的节奏一致，达到音画同步的效果；而节气介绍的文字稍多，不适合制作快闪动效，可考虑将其制作为开放式字幕效果，配合不同的节气依次展现相应的内容。

需要注意的是，快闪视频的画面效果不能太过单一。因此，可在每个季节画面的开始处制作不一样的动效，例如，"立春"文字的动效为从下到上移动，那么"立夏"文字的动效就可从上到下移动，其他季节文字的动效也可以从左到右或者从右到左移动。

本例完成后的参考效果如图13-5所示。

扫码看效果

图13-5

图13-5（续）

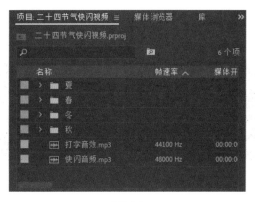

图13-6

13.3 案例制作

本例可先制作快闪视频的片头字幕，然后根据"春、夏、秋、冬"4个季节的节气依次制作出快闪效果，最后制作出音频效果。

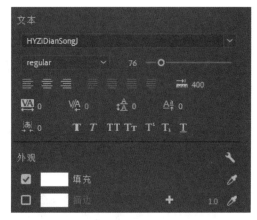

图13-7

13.3.1 制作快闪片头字幕

本节需要制作一个打字机效果的片头字幕码，其主要操作步骤如下。

1 新建名为"二十四节气快闪视频"的项目文件，按【Ctrl+N】组合键打开"新建序列"对话框，保持默认设置并创建一个新的序列。

2 选择【文件】/【导入】命令，在"导入"对话框中找到素材位置（素材文件\第13章\二十四节气素材\），选择其中的"春"文件夹，单击 导入文件夹 按钮，导入整个文件夹。

3 使用相同的方法导入其余3个文件夹，使用常规的导入方法导入音频素材，项目面板如图13-6所示。

4 将"打字音效.mp3"音频素材拖动到A1轨道上。选择文字工具 T，在画面中输入文字"你们知道什么是二十四节气吗?"

5 打开基本图形面板，单击"编辑"选项卡，依次单击"垂直居中对齐"按钮 和"水平居中对齐"按钮，设置文本参数，如图13-7所示。

6 使用剃刀工具 分别在"00:00:00:10"位置和"00:00:01:17"位置剪切A1轨道上的音频素材，将其分为3段，然后波纹删除第1段和第3段，将文字素材的持续时长调整至和音频素材的持续时长一样。

7 在效果控件面板中选择"裁剪"视频效果，并将其应用到V1轨道的素材上，将时间指示器移动到视频的开始位置，在效果控件面板中激活"右侧"属性的关键帧，并设置"右侧"为"95%"。将时间指示器移动到"00:00:01:04"位置，在效果控件面板中设置"右侧"为"0%"，如图13-8所示。

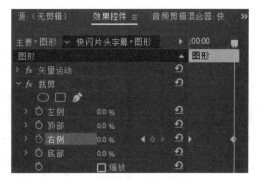

图13-8

8 按空格键在节目面板中预览打字机效果，如图13-9所示。按【Ctrl+S】组合键及时保存。

图13-9

13.3.2 制作"春季"快闪效果

本节需要制作二十四节气中春季包含的6个节气视频片段的快闪效果，其主要操作步骤如下。

扫码看效果

1 为了便于观看，这里可将多余的音频轨道删除。在轨道空白处单击鼠标右键，在弹出的快捷菜单中选择"删除轨道"命令，打开"删除轨道"对话框，勾选"删除音频轨道"复选框，单击 确定 按钮，如图13-10所示。

图13-10

2 将"快闪音频.mp3"音频素材拖动到A1轨道上打字音效的后面，放大该音频轨道，直至看清轨道中的音波，如图13-11所示。

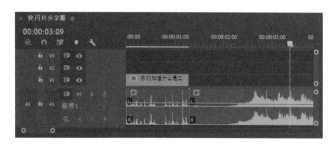

图13-11

3 试听音频，发现该音频音量较大，需要调整。选择"快闪音频.mp3"音频素材，打开效果控件面板，调整其中的参数，如图13-12所示。

图13-12

4 在"00:00:02:03"位置剪切音频素材，然后波纹删除剪切后的前半段素材。

5 切换到项目面板，展开"春"素材箱，将"立春.mp4"素材拖动到V3轨道上的时间指示器位置，分离该素材的音、视频链接，然后删除原始音频素材，再将该视频素材拖动到V1轨道上，如图13-13所示。

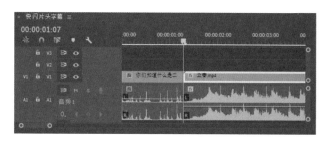

图13-13

6 选择V1轨道上的立春视频素材，单击鼠标右键，在弹出的快捷菜单中选择"设为帧大小"命令。在"00:00:01:20"位置剪切视频素材，然后删除剪切后的后半段素材。

7 选择文字工具 T ，在画面中输入文字"立春"，在基本图形面板中将文字居中和垂直对齐，并设置文本颜色为白色，文本参数如图13-14所示。

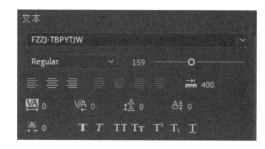

图13-14

8 在时间轴面板中将"立春"文本轨道拖动到V2轨道上，调整其时长与"立春.mp4"视频素材的时长一致，如图13-15所示。

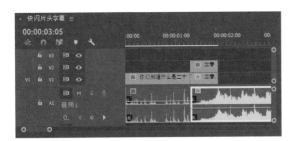

图13-15

9 选择"立春"文本和"立春.mp4"视频素材，单击鼠标右键，在弹出的快捷菜单中选择"嵌套"命令，打开"嵌套序列名称"对话框，设置嵌套名称为"立春"，如图13-16所示。

图13-16

10 双击进入"立春"序列，在效果面板中选择"变换"视频效果，并将其应用到V2轨道的素材上，在效果控件面板中激活"位置"属性的关键帧，并"设置"为"360""576"。将时间指示器移动到"00:00:00:05"位置，恢复"位置"的默认参数，并设置快门角度为"360"，制作运动模糊效果，如图13-17所示。

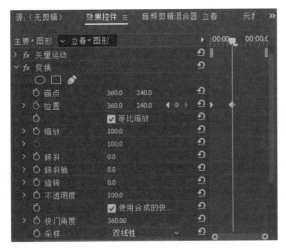

图13-17

11 选择V2轨道上的素材，在节目面板中选中文字，将锚点移动到文字中心。在效果控件面板中展开"文本"栏，在"变换"栏中激活"缩放"属性，将时间指示器移动到"00:00:00:08"位置，设置"缩放"和"位置"参数，如图13-18所示。

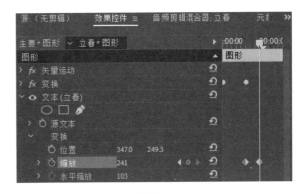

图13-18

12 将时间指示器移动到"00:00:00:10"位置，设置"缩放"为"100"。

13 返回"快闪片头字幕"序列，选择【文件】/【新建】/【字幕】命令，打开"新建字幕"对话框，在"标准"下拉列表中选择"开放式字幕"选项，其他参数保持默认设置，确定后进入字幕面板。

14 在字幕面板中输入与立春相关的文字，然后设置字体为"方正硬笔楷书简体"，单击"背景颜色"按钮■，在吸管形状后面设置透明度为"0%"，设置"打开位置字幕块"形状为▦，表示字幕位于画面最下方并居中，如图13-19所示。

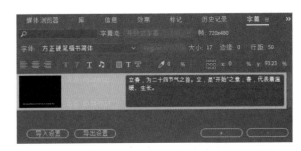

图13-19

15 在项目面板中将"开放式字幕"字幕素材拖动到V2轨道上，并调整字幕的持续时间与"立春"序列的时长一致，在节目面板中调整字幕位置，如图13-20所示。

图13-20

16 选择V2轨道上的字幕素材，在效果控件面板中激活"不透明度"属性，设置参数为"0"，将时间指示器移动到"00:00:01:13"位置，将不透明度参数恢复默认。

17 将时间指示器移动到"00:00:01:20"位置，在项目面板中将"雨水.jpg"素材拖动到V1轨道上的"立春"序列后，选择该素材，单击鼠标右键，在弹出的快捷菜单中选择"设为帧大小"命令。在时间轴面板中将"雨水.jpg"素材的出点位置调整到"00:00:02:07"，并将该素材嵌套，嵌套名称为"雨水"，如图13-21所示。

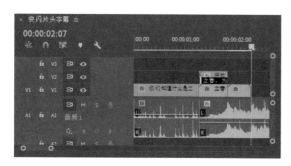

图13-21

18 双击进入"雨水"序列，新建2个视频轨道。新建一个白色的颜色遮罩，在项目面板中将白色的遮罩拖动到V2轨道上，设置颜色遮罩的持续时间为"00:00:00:06"，效果如图13-22所示。

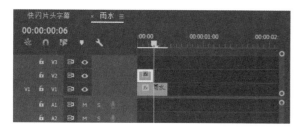

图13-22

19 选择文字工具 T，在画面中输入文字"雨水"，在基本图形面板中将文字居中和垂直对齐，设置文本字体为"FZZJ-TBPYTJW"、颜色为黑色，大小为"130"，然后在时间轴面板中调整文字的持续时间与颜色遮罩的持续时间一致，效果如图13-23所示。

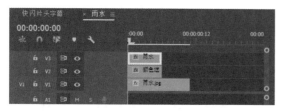

图13-23

20 进入基本图形面板，单击"编辑"选项卡，选择"雨水.jpg"素材，将其拖动到"编辑"选项卡的图层窗格中，效果如图13-24所示。

图13-24

21 在图层窗格中选择"雨水"图形图层，在下方的"对齐并变换"栏中设置图形的"位置"和"大小"参数，如图13-25所示。

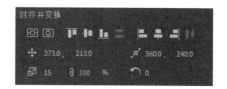

图13-25

22 在图层窗格中选择"雨水"文字图层，在下方的"文本"栏中勾选"文字蒙版"复选框。

23 选择V3轨道上的素材，在节目面板中选中文字，将锚点移动到文字中心。将时间指示器移动到视频开始位置，在效果控件面板中展开"矢量运动"栏，激活缩放属性，将时间指示器移动到"00:00:00:02"位置，设置"缩放"为"500.0"，将时间指示器移动到"00:00:00:04"位置，将"缩放"参数恢复默认，如图13-26所示。

图13-26

24 将时间指示器移动到"00:00:00:06"位置，选择文字工具 T，在画面中输入文字"雨水"，在基本图形面板中将文字居中和垂直对齐，设置文本字体为"FZZJ-TBPYTJW"，颜色为白色，大小为"159"，然后在时间轴面板中调整文字的持续时间，效果如图13-27所示。

25 在项目面板中选择"雨水"序列，然后复制并粘贴，修改复制后的序列名称为"惊

蛰"。返回"快闪片头字幕"序列，将时间指示器移动到"00:00:02:07"位置，将"惊蛰"序列拖动到该位置，如图13-28所示。

图13-27

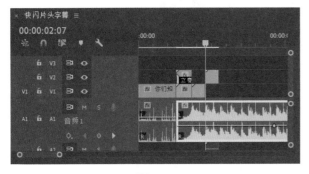

图13-28

26 取消"惊蛰"序列的音、视频链接，删除音频素材，将该序列拖动到V1轨道上。双击进入复制"惊蛰"序列，修改其中的文字为"惊蛰"，将其中的"雨水.jpg"素材也全部更换为项目面板中的"惊蛰.jpg"素材，并对"惊蛰.jpg"素材执行"设为帧大小"命令，如图13-29所示。

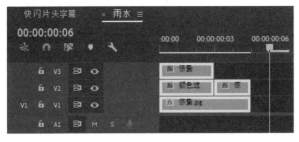

图13-29

27 将项目面板中的"惊蛰.jpg"素材拖动到图层窗格，删除"雨水"图形图层，并在"惊蛰"图形图层下方的"对齐并变换"栏中设置图形的"位置"和"大小"，如图13-30所示。

28 使用相同的方法制作"春分""清明""谷雨"序列，效果如图13-31所示。

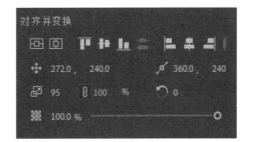

图13-30

图13-31

29 在"快闪片头字幕"序列中选择V2轨道上的素材，调整其出点至"00:00:04:02"位置，然后双击该字幕文件，进入字幕面板。

30 在字幕面板中设置出点为"00:00:00:13"，然后单击"添加字幕"按钮 ＋ 添加一个字幕，接着在该字幕中输入与雨水相关的文字，效果如图13-32所示。

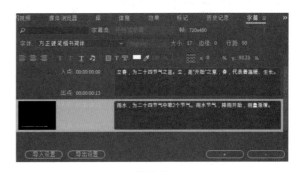

图13-32

31 使用相同的方法制作惊蛰、春分、清明、谷雨字幕，如图13-33所示。

32 由于本例中的图像和视频素材文件较多，并且很多素材的大小也都不相同，这里以"立春"为标准统一调整其他素材的尺寸。将时间指示器移动到"立春"序列处，选中节目面板，依次选择【视图】/【显示标尺】命令和【视图】/【显示参考线】命令，在节目面板中创建参考线，如图13-34所示。

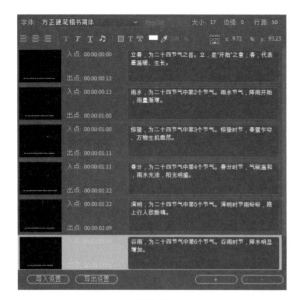

图13-33

图13-34

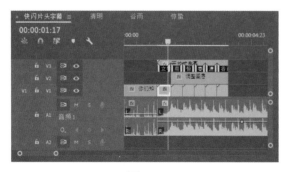

图13-35

33 选择【文件】/【新建】和【调整图层】命令，打开"调整图层"对话框，保持默认设置并确认，新建一个调整图层。将V2轨道上的字幕素材拖动到V3轨道上，将新建的调整图层拖动到V2轨道上，调整其入点和出点，如图13-35所示。

34 在效果面板中选择"裁剪"视频效果，并将其应用到V2轨道上的调整图层中，将时间指示器移动到"00:00:02:10"位置。选择调整图层，在效果控件面板中设置"顶部"为"11.5%"，"底部"为"12%"。

35 隐藏标尺和参考线，此时春季中6个节气的视频片段制作完成。

36 按空格键在节目面板中预览"春季"视频，效果如图13-36所示。按【Ctrl+S】组合键及时保存。

图13-36

13.3.3 制作"夏季"快闪效果

本节需要制作二十四节气中夏季包含的6个视频片段的快闪效果，其主要操作步骤如下。

扫码看效果

1 在项目面板中选择"立春"序列，然后复制并粘贴，修改复制后的序列名称为"立夏"。将时间指示器移动到"00:00:04:02"位置，将"立夏"序列拖动到时间轴面板中，删除序列中的音频，如图13-37所示。

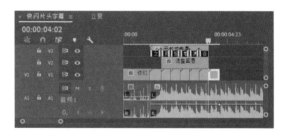

图13-37

2 双击进入"立春"序列，将其中的"立春.mp4"素材替换为项目面板中"夏"素材箱中的"立夏.mp4"素材，并修改文字为"立夏"，画面效果如图13-38所示。

图13-38

3 选择V2轨道上的文字素材，将时间指示器移动到视频的开始位置，在效果控件面板中展开"变换"栏，设置"位置"数为"360""146"。

4 使用与制作"惊蛰"序列相同的方法制作"小满""芒种""夏至""小暑""大暑"序列。完成后，返回"快闪片头字幕"序列，此时时间轴面板的效果如图13-39所示。

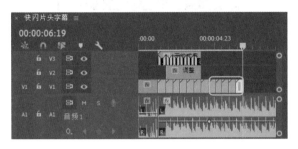

图13-39

5 在"快闪片头字幕"序列中将V2和V3轨道上素材的出点调整至"00:00:06:19"位置，如图13-40所示。

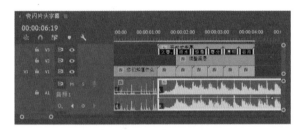

图13-40

6 双击V3轨道上的字幕文件，进入字幕面板，依次制作立夏、小满、芒种、夏至、小暑、大暑字幕，如图13-41所示。

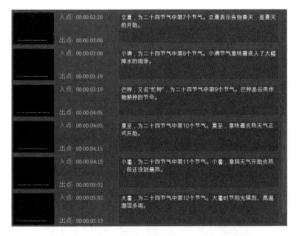

图13-41

7 按空格键在节目面板中预览"夏季"视频，效果如图13-42所示。按【Ctrl+S】组合键及时保存。

图13-42

13.3.4 制作"秋季"快闪效果

本节需要制作二十四节气中秋季所包含的6个视频片段的快闪效果，其效果与"夏季"视频快闪效果大致相同，因此可通过复制与粘贴的方式进行制作，以提高工作效率。其主要操作步骤如下。

扫码看效果

1 在项目面板中选择"立夏"序列，然后复制并粘贴，修改复制后的序列名称为"立秋"。使用相同的方法将"立秋"序列拖动到"00:00:06:19"位置。

2 双击进入"立秋"序列，使用相同的方法将其中的"立夏.mp4"素材替换为项目面板的"秋"素材箱中的"立秋.mp4"素材，并修改文字为"立秋"，画面效果如图13-43所示。

图13-43

3 选择V2轨道上的文字素材，将时间指示器移动到视频开始位置，在效果面板中展开"变换"栏，设置"位置"为"−293.0""233"。

4 使用相同的方法制作"处暑""白露""秋分""寒露""霜降"序列，然后将V2和V3轨道上素材的出点调整至"00:00:09:11"位置，如图13-44所示。

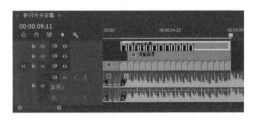

图13-44

5 双击V3轨道上的字幕文件，进入字幕面板，依次制作立秋、处暑、白露、秋分、寒露、霜降字幕，如图13-45所示。

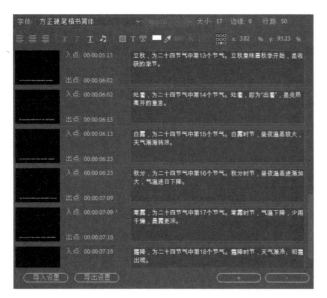

图13-45

6 按空格键在节目面板中预览"秋季"视频，效果如图13-46所示。按【Ctrl+S】组合键及时保存。

图13-46

13.3.5 制作"冬季"快闪效果

本节需要制作二十四节气中冬季包含的6个视频片段的快闪效果，其制作方式与"秋季"快闪效果的制作方式大致相同。其主要操作步骤如下。

扫码看效果

1 在项目面板中选择"立秋"序列，然后复制并粘贴，修改复制后的序列名称为"立冬"，将"立冬"序列拖动到"00:00:09:11"位置。

2 双击进入"立冬"序列，使用相同的方法将其中的"立秋.mp4"素材替换为项目面板的"冬"素材箱中的"立冬.mov"素材，并修改文字为"立冬"，画面效果如图13-47所示。

图13-47

3 选择V2轨道上的文字素材，将时间指示器移动到视频的开始位置，在效果面板中展开"变换"栏，设置"位置"数为"979.0""233"。

4 使用相同的方法制作"小雪""大雪""冬至""小寒""大寒"序列。需要注意的是，由于本板块中的图片多为白色，与文字颜色不好区分，所以要为文字添加阴影效果。这里以"小雪"序列为例介绍文字阴影的添加方法。在"小雪"序列中选择V2轨道上的图形素材，在基本图形面板中选择文字图层，在下方的"外观"栏中勾选"阴影"复选框，调整"阴影"参数，如图13-48所示。

图13-48

5 将V2和V3轨道上素材的出点调整至"00:00:12:04"位置。双击V3轨道上的字幕文件，进入字幕面板，依次制作立冬、小雪、大雪、冬至、小寒、大寒字幕，效果如图13-49所示。

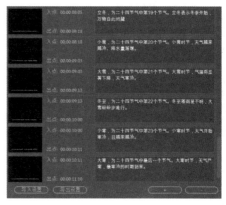

图13-49

6 按空格键在节目面板中预览"冬季"视频，效果如图13-50所示。按【Ctrl+S】组合键及时保存。

图13-50

13.3.6 制作音频效果

本例需要制作二十四节气中的音频效果，其主要操作步骤如下。

扫码看效果

1 使用剃刀工具在"00:00:12:04"位置剪切A1轨道上的音频素材，然后删除后半段音频。

2 在效果控件面板中展开"音频过渡"文件夹，选择"交叉淡化"文件夹中的"恒定增益"效果，将其添加至音频素材的结束位置。

3 在时间轴面板中勾选"恒定增益"效果，进入效果控件面板，设置音频过渡的持续时间为"00:00:00:20"。

4 选择【序列】/【渲染入点到出点】命令，待渲染完成后按【Ctrl+S】组合键保存文件，然后将该文件打包，并将视频导出为MP4格式。

 巩固练习

1. 制作RGB故障转场视频效果

本练习将制作一个RGB故障转场视频效果，让视频的过渡更加炫酷。制作时，为了不影响到原始视频素材，可在两个视频素材之间创建调整图层，然后为调整图层添加"VR色差"和"VR发光"效果，并在效果控件面板中为效果参数创建和编辑关键帧，参考效果如图13-51所示。

 配套资源　素材文件\第13章\"故障转场素材"文件夹
效果文件\第13章\RGB故障转场视频.mp4、RGB故障转场视频.prproj

图13-51

2. 制作"微缩世界"视频效果

本练习将为视频素材创建一个移轴微缩效果，让视频的视觉效果更加独特。制作时，可使用蒙版的方式，将主体（桥）抠取出来，然后将背景变模糊，与主体分离，突出微缩模型的效果，参考效果如图13-52所示。

所示。

配套资源　素材文件\第13章\"微缩世界素材"文件夹
效果文件\第13章\微缩世界.mp4、微缩世界视频效果.prproj

图13-52

3. 制作聊天界面UI动效

本练习将利用提供的素材制作聊天界面UI动效，要求文字与背景音乐同时出现，且出现的时间要准确，动效之间的间隙要合理，不可过长或过短。制作时，可以通过关键帧或蒙版控制聊天对话的出现时间，参考效果如图13-53所示。

 配套资源　素材文件\第13章\"聊天动画效果素材"文件夹
效果文件\第13章\微信聊天节目UI动效.mp4、微信聊天界面UI动画效果.prproj

图13-53

技能提升

在Premiere中调整音画同步时，可以通过标记进行自动卡点。其操作方法为：先将需要的多张序列图片和卡点音频导入Premiere中，再将音频素材拖动到时间轴面板中的音频轨道上，试听音频，在卡点位置按【M】键进行标记（标记时可放大该音频轨道，查看音波，根据音波高低来判断卡点位置）。注意要将标记设置在时间轴面板中，而不是轨道上，标记如图13-54所示。

始位置，并在项目面板中选择所有的序列图片，选择【剪辑】/【自动匹配序列】命令，打开"序列自动化"对话框，在"放置"下拉列表中选择"在未编号标记"选项，如图13-55所示。

按【Enter】键确认后，这些序列图片将自动对齐音频上的标记，效果如图13-56所示。

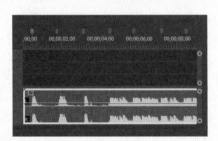

图13-54

选择项目面板，将时间指示器移动到视频的开

图13-55

图13-56

第14章

制作"茶叶"商品短视频

本章导读

本章将综合运用前面所学的知识来制作"茶叶"商品短视频。该短视频充分展现了"茶叶"商品的产地、采摘、外观、制作、口感、包装等信息，具有效果美观、内容充实的特点。

知识目标

- 了解短视频的特点
- 掌握商品短视频的制作要点
- 了解商品短视频的应用

能力目标

- 能够制作商品短视频

情感目标

- 激发对短视频的学习兴趣
- 探究传统文化与现代科技的融合方式

14.1 相关知识

随着时代的发展，短视频营销开始引起大多数企业的重视，商品短视频的重要性越发凸显。要想制作出优秀的商品短视频，需要了解短视频的特点，以及商品短视频的制作要点和应用。

14.1.1 短视频的特点

平台和商家常常会借助短视频来进行营销，不断传播短视频能有效扩大短视频内容的营销范围。与传统的长视频相比，短视频具有以下4个特点。

1. 时长较短，传播速度快

短视频有着时长较短、传播速度快的特点，可以很好地满足消费者碎片化的娱乐需求，而且互联网环境使短视频在发布的第一时间就能够被消费者看到，并在短时间内得到大量传播。一旦短视频拥有热度，就会被更多消费者看到，甚至被很多消费者主动传播到各大社交平台，传播范围迅速扩大。短视频时长较短、传播速度快的特点让短视频具备了极佳的营销效果。

2. 互动性强，粉丝黏性高

短视频的互动性主要体现在及时与消费者保持互动和沟通，关注消费者的体验上，并能够根据他们的需求提供更多的体验方式，包括评论、转发、分享和点赞等，让消费者可以通过多元化的互动方式表达自己的看法和意见，最终达到增强粉丝黏性，并与商品或品牌建立情感链接的目的。

3. 内容丰富，主题性强

相对于文字、图像等内容而言，短视频的内容更加丰富，其集图、文、影、音于一体，形式多样，能带给消费者更全面、更立体的观看体验。并且短视频因为时长短这一特性，其内容都经过了高度的提炼，有很强的主题性。

4. 生产流程简单，成本低

传统的长视频生产周期很长，制作成本与推广成本都相对较高，而短视频大大降低了生产和传播的门槛，可以实现即拍即传，随时分享。从抖音、秒拍等目前主流的短视频平台中可以看出，短视频的制作过程比较简单、快捷，只需要一部手机，就可以进行拍摄、后期制作、上传与分享短视频等操作，并且这些短视频平台自带很多滤镜、美颜等特效，操作也非常简单，从而能以较低的成本得到更好的推广效果。

14.1.2　商品短视频的制作要点

商品短视频的质量是决定商品的引流能力和转化率的重要因素。要想制作出优秀的商品短视频，就需要先了解商品短视频的制作要点。

1. 明确短视频的内容需求

在制作商品短视频时，需要先明确短视频的内容需求，这样才能向着清晰的目标前进。目前较为常见的商品短视频内容可分为直接展示和间接展示两类，不同短视频内容的制作要点不同。如制作外观直接展示类商品短视频时，需要直接切入商品的外观和卖点，呈现商品的优势，如直接展示使用场景、步骤和使用前后的对比效果，需要注意短视频画面的美感和文案的精练，通过商品的外观和卖点来快速吸引消费者，如图14-1所示。

图14-1

制作间接展示类商品短视频时，应从目标用户的需求出发，尽量不要过于强调商品，可以制作一个以剧情为重点的商品短视频，并将商品融入剧情，推动剧情发展，从而将商品卖点非常流畅、形象地传达给消费者，此时需要注意剧情应尽量真实、有代入感，如图14-2所示。

2. 商品信息简明扼要、清晰

一般来说，商品短视频的时长都较短，因此需要在有限的时间内将商品的卖点和亮点明确地传达出去，以便消费者能在短时间内准确把握住有效信息，从而激发购买欲望。

3. 合适的背景音乐

合适的背景音乐可以为商品短视频的宣传效果锦上添花，从而让消费者产生继续观看的欲望。因此在制作商品短视频时，可以根据短视频风格或商品特点来选择合适的背景音乐，如节奏感比较强的电子音乐，可以营造出科技感十足的

氛围，适用于电子产品类短视频；欢快、活泼的背景音乐，可以营造出温暖、有趣的氛围，适用于儿童产品类短视频。

图14-2

4. 画面分辨率高、清晰美观

高质量的画面效果能够提高消费者的观看兴趣，给消费者带来更好的观看体验。因此，在拍摄或收集商品短视频素材时，需要保证视频画面有较高的清晰度。

5. 画面切换流畅自然

流畅自然的画面切换会提升消费者对整个商品短视频的观感，提升对该短视频中商品的好感度，促使他们做出购买行为。

6. 创意新颖独特

创意是商品短视频引人注目的关键，能够加深消费者对商品的印象。创意新颖独特的商品短视频不但可以提高商品的商业价值，增强短视频的视觉效果，还可以给消费者带来视觉上的享受与精神上的满足。在制作商品短视频时，可以以大胆创新的独特视角，来突出表现商品的主题与内容，使之产生与众不同的效果。

14.1.3　商品短视频的应用

制作完成的商品短视频可以应用到不同场合，如电商平台（淘宝、天猫、拼多多、京东）、社交平台（微博、微信、小红书）、短视频平台（抖音、快手、美拍）等。

1. 电商平台

一般应用到电商平台的短视频主要是被各大网店用于商品主图展示或详情展示。当然，不同用途的短视频需符合相应的上传要求。下面以淘宝电商平台为例讲解上传短视频的具体要求。

● 短视频的大小和长度：淘宝主图短视频的时长要求不超过60秒，以9~30秒为最佳，节奏明快的短视频有助于提升转化率。淘宝主图短视频尺寸建议为1:1（800像素×800

像素），如图14-3所示；或3:4（750像素×1000像素）如图14-4所示；详情页短视频尺寸建议为16:9（1920像素×1080像素），时长不超过2分钟，如图14-5所示。

 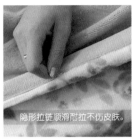

图14-3

图14-4

图14-5

● 短视频的内容：上传的短视频不能有违背主流文化、反动政治题材和色情暴力的内容，不能有侵害他人合法权益和侵犯版权的短视频片段；内容可以以品牌理念、制作工艺、商品展示为主。

● 短视频的格式：上传的短视频大小需在200MB以内，可上传WMV、AVI、MOV、MP4、MKV等格式的短视频。

2. 社交平台

近年来，社交平台的用户急剧增加，对于广告主来说，这意味着更高的流量转化和营销效果。依托于社交平台的商品短视频被赋予了更强的信任感。图14-6所示为微博平台中的商品短视频。

3. 短视频平台

随着短视频的不断增多，其拍摄平台也在不断增多。下面主要介绍短视频拍摄的主流平台。

图14-6

● 美拍短视频：美拍短视频的主要功能是直播与短视频拍摄，其短视频类型众多，吸引了不同年龄阶段粉丝的关注与参与。

● 抖音短视频：抖音短视频的一大特色是以音乐为主题展现短视频，其个性化的音乐比较受年轻消费群体的喜欢。消费者可以选择个性化的音乐，再配以短视频制作出自己的作品。此外，抖音短视频中还有很多自带的技术特效。图14-7所示为抖音短视频的"魔法变身"特效。

● 快手短视频：快手短视频不仅可以用照片和短视频记录生活的点滴，还可以通过直播与粉丝进行实时互动，是热门的短视频应用之一，受到很多年轻人的追捧。

图14-7

14.2 案例分析

在制作"茶叶"商品短视频前，首先应构思该范例所要展现的内容、制作思路以及希望达到的最终效果，然后使用Premiere完成。

14.2.1 案例要求

中国是茶的故乡，中国人饮茶已有上千年的历史，因此茶叶在我国受到大量用户的青睐。某茶叶品牌为了提高茶叶销售量，需要制作一个"茶叶"商品短视频，要求将提供的素材全部运用到短视频中，而短视频总时长不能超过一分钟，并且画面节奏要与整个短视频风格相符。在短视频中可以展示茶叶的产地、外观、制作等信息，尽量满足茶叶消费者的需求。在制作时，需要对部分素材进行调色，提升画面美观度，同时还需要展现茶叶的文字信息，尺寸大小要求为"1920像素×1080像素"。

几千年来，我国积累了大量关于茶叶种植、饮用等的物质文化，如茶书、茶画、茶馆、茶具、茶艺表演等，还积累了丰富的关于茶的精神文化，如茶德、茶道精神、以茶待客、以茶会友等。茶文化属于中国的传统文化，经过上千年的锤炼和洗礼，仍然有着强大的生命力，蕴含着民族深厚的历史积淀，因此也需要每代人的传承与弘扬。

设计素养

14.2.2 案例思路

（1）查看提供的素材，本例提供了茶叶产地、采摘、制作等与"茶叶"商品密切相关的视频素材，也就是说本例短视频的内容属于直接展示类，因此在制作"茶叶"商品短视频前，可以先去互联网上收集与茶叶相关的文案素材。

（2）查看提供的视频素材，可以发现其中有的视频片段并不连贯，再根据案例要求，可知短视频总时长不能超过一分钟，而这里提供的视频素材的时长都比较长。综合以上思路，在制作"茶叶"商品短视频时，首先要对视频素材进行剪切，然后将剪切后的视频片段重新组合，使组合后的视频画面前后逻辑正确。制作时，可将同一画面内容的视频片段组合在一起，如茶叶产地画面、采茶画面、制茶画面、泡茶画面、茶叶包装画面等。

（3）查看提供的视频素材，发现有的视频素材画面灰暗，效果不美观，也与其他视频画面风格不符，因此需要考虑对部分视频片段进行调色处理。在调色时，尽量让短视频的色调保持一致，并且符合商品特点，因短视频中的商品为茶叶，所以尽量以自然、清新的绿色为主。

（4）查看提供的视频素材，发现有的视频画面过于单调，因此需为这些视频画面添加视频特效，使画面的视觉效果满足本例需要。

（5）本例短视频为多个视频片段组合而成，可能会出现各视频片段过渡生硬的问题，因此可以为视频片段添加过渡效果，让各个视频片段衔接自然、条理清晰。在添加视频过渡效果时，也要考虑视频片段的节奏，如在为快节奏视频添加过渡效果时，尽量让过渡变得干净、利落；而在为慢节奏视频添加过渡效果时，可偏向轻柔、缓慢。本例提供的音频素材节奏自然、轻缓，因此可添加一些渐变、溶解类的视频过渡效果。

（6）字幕是制作商品短视频时需要重点考虑的内容。添加字幕时，可根据画面内容进行，如第1个画面作为视频片头，其字幕应以标题的形式出现，那么在调整字幕时，应将文字作为焦点，可使用具有设计感的字体、放大标题、为标题添加动效等方式；其他画面为视频的内容部分，以画面为主，以文字介绍为辅，因此可添加少量文字，并尽可能选用简洁美观的无衬线字体。

（7）合适的音频效果可以为商品短视频锦上添花，本例已经提供了音频素材，可为音频添加淡入淡出效果，让音频与画面充分融合。

扫码看效果

本例完成后的参考效果如图14-8所示。

图14-8

14.3 案例制作

本例在制作过程中，先对视频素材进行剪辑，然后对部分需要调整颜色的视频素材进行调色处理，再为视频添加特效、过渡效果、字幕，最后添加音频素材。

知识要点　剪辑视频的操作、Lumetri颜色面板的应用、不同视频特效和视频过渡效果的组合应用

配套资源　素材文件\第14章"茶叶素材"文件夹
效果文件\第14章\"茶叶"商品短视频.prproj、
茶叶短视频.mp4

14.3.1　剪辑视频素材

本节需要对所有的视频素材进行剪辑处理，其主要操作步骤如下。

1 新建名为为"'茶叶'商品短视频"的项目文件，将"茶叶素材"文件夹中的所有素材导入项目面板中，效果如图14-9所示。

扫码看效果

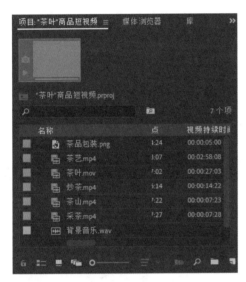

图14-9

2 将"茶叶.mp4"视频素材拖动到时间轴面板中，取消该视频的音、视频链接，然后删除音频素材。将时间指示器移动到"00:00:01:16"位置，选择剃刀工具 在该处剪切视频素材。使用相同的方法依次在"00:00:04:03""00:00:05:20""00:00:11:03""00:00:13:10""00:00:16:00""00:00:17:08"位置剪切，将素材分为8段，如图14-10所示。

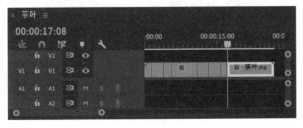

图14-10

3 波纹删除第1、第3、第6和第8段视频素材。将"炒茶.mp4"视频素材拖动到V1轨道上"茶叶.mp4"视频素材的后面，删除该视频素材的原始音频。选择该素材，单击鼠标右键，在弹出的快捷菜单中选择"设为帧大小"命令，然后为该素材设置速度为"60%"的慢动作，如图14-11所示。

图14-11

4 使用剃刀工具 在"00:00:15:00"位置剪切视频，然后删除剪切后的后半段视频。将"茶山.mp4"视频素材拖动到V1轨道上"炒茶.mp4"视频素材的后面，删除该视频素材的原始音频。使用剃刀工具 在"00:00:18:21"位置剪切视频，然后删除剪切后的后半段视频。

5 将"采茶.mp4"视频素材拖动到V1轨道上"茶山.mp4"视频素材的后面，删除该视频素材的原始音频。使用剃刀工具 在"00:00:21:00"位置剪切视频，然后删除剪切后的后半段视频。

6 将"茶艺.mp4"视频素材拖动到时间轴面板中，取消该视频的音、视频链接，然后删除音频素材。使用剃刀工具 依次在"00:00:24:23""00:00:29:06""00:00:39:24""00:00:44:23""00:00:51:17""00:00:56:07""00:01:04:21""00:01:22:24"位置剪切视频素材，然后依次将第1、第3、第7和第9段视频素材波纹删除。

7 剪切完成后，还需要对素材视频的片段重新排序。按住【Ctrl】键，选择第6段视频素材，将其拖动到视频的开始位置。使用相同的方法，将第7段素材拖动到第2段素材前面；将第9段素材拖动到第4段素材前面；将完成上一步操作后的第9段素材拖动到第5段素材前面；将完成上一步操作后的第9~第11段视频素材拖动到第6段素材后面。拖动素材后，V1轨道上会出现空白区域，可选择空白区域，然后将其波纹删除。

第14章 制作"茶叶"商品短视频

309

14.3.2　调整视频色彩

　　本节需要对部分视频素材进行调色处理，其主要操作步骤如下。

扫码看效果

1 打开Lumetri颜色面板，在时间轴面板中选择第1段视频素材，将时间指示器移动到第1段视频素材中，发现该素材画面色彩暗淡、曝光不足，需要在Lumetri颜色面板的"基本校正"栏中调整素材的亮度和饱和度等参数，如图14-12所示。调色前后的对比效果如图14-13所示。

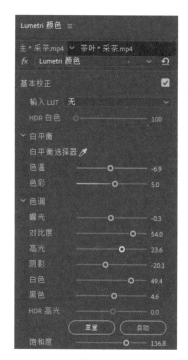

图14-14

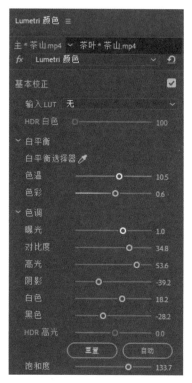

图14-12

图14-15

图14-13

2 在时间轴面板中选择第2段视频素材，将时间指示器移动到第2段视频素材中，在Lumetri颜色面板中调整第2段素材的参数，如图14-14所示。调色前后的对比效果如图14-15所示。

3 使用相同的方法调整第7段视频素材，调色参数如图14-16所示。调色前后的对比效果如图14-17所示。

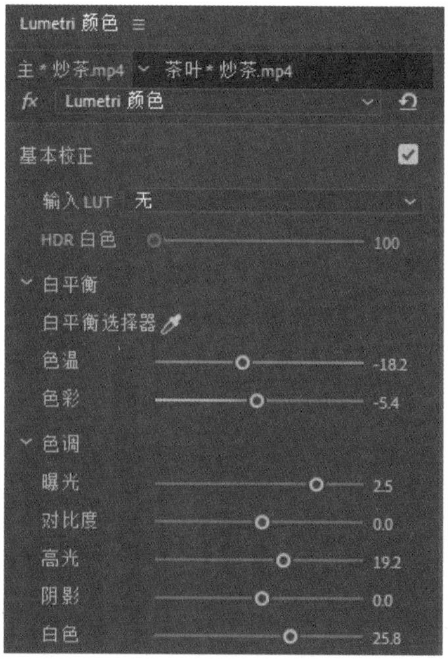

图14-16

图14-17

14.3.3　添加视频特效

本节需要为部分视频素材添加视频特效，其主要操作步骤如下。

扫码看效果

1 按【Shift+I】组合键将时间指示器移动到入点位置，在效果控件面板中将"镜头光晕"视频效果拖动到第1段视频中，然后调整视频效果的参数，如图14-18所示。

2 继续在效果控件面板中将"裁剪"视频效果拖动到第1段视频中，调整羽化值为"100"，并添加"顶部"和"底部"关键帧，将其参数都调整为"100"，将时间指示器移动到"00:00:01:06"位置，将其参数都调整为"0"，如图14-19所示。

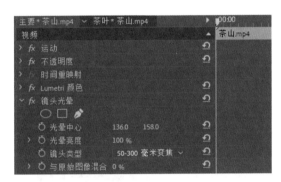

图14-18

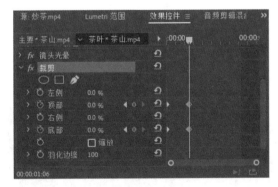

图14-19

3 继续将"均衡"视频效果拖动到第1段视频中，然后在效果控件面板中调整均衡量为"30%"。使用相同的

方法为第3段和第5段视频素材添加"均衡"视频效果，均衡量分别为"80%""28%"。

4 按空格键在节目面板中预览视频，效果如图14-20所示。按【Ctrl+S】组合键及时保存。

图14-20

14.3.4　添加视频过渡效果

本节需要为部分视频的入点和出点或者在相邻视频之间添加视频过渡效果，其主要操作步骤如下。

扫码看效果

1 在效果控件面板中选择"交叉溶解"视频过渡效果，单击鼠标右键，在弹出的快捷菜单中选择"将所选过渡设置为默认过渡"命令，将鼠标指针移动到第2段视频的入点位置，单击鼠标右键，选择"应用默认过渡"命令，如图14-21所示。

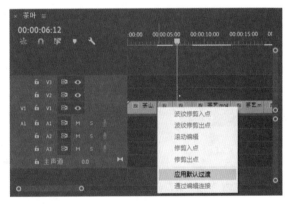

图14-21

2 使用相同的方法在第3段和第4段、第4段和第5、第10段和第11段视频素材之间添加默认的视频过渡效果，如图14-22所示。

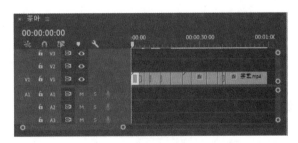

图14-22

第14章

制作"茶叶"商品短视频

3 使用相同的方法在第5段和第6段视频素材之间添加"螺旋框"视频过渡效果；在第7段视频入点处、第7段和第8段、第8段和第9段视频素材之间添加"交叉缩放"视频过渡效果。

4 在最后一段视频素材的出点位置添加"黑场过渡"视频过渡效果，并在效果控件面板中设置持续时间为"00:00:03:00"，如图14-23所示。

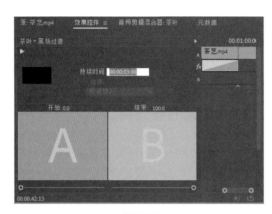

图14-23

5 按空格键在节目面板中预览视频，效果如图14-24所示。按【Ctrl+S】组合键及时保存。

图14-24

14.3.5 添加字幕效果

本节需要为整个视频添加字幕效果，描述画面内容，其主要操作步骤如下。

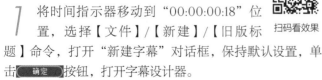

扫码看效果

1 将时间指示器移动到"00:00:00:18"位置，选择【文件】/【新建】/【旧版标题】命令，打开"新建字幕"对话框，保持默认设置，单击 确定 按钮，打开字幕设计器。

2 选择垂直文字工具，在画面中输入文字"西湖龙井"，设置文字字体为"方正字迹-全斌飘逸体简"，

字体颜色为"白色"。每个字体的大小不一致，可根据实际需要进行调整。勾选"阴影"复选框，为文字添加阴影效果，如图14-25所示。

3 在字幕工作区中拖动鼠标选择所有文字，按住【Alt】键向左拖动进行复制。使用相同的方法选择右侧的"西湖龙井"文字，在字幕设计器右侧"填充"栏的"填充类型"下拉列表中选择"重影"选项，效果如图14-26所示。

图14-25   图14-26

4 选择左侧的"西湖龙井"文字，取消勾选"阴影"复选框，然后将文字拖动到右侧，将两段"西湖龙井"文字重叠，制作出文字的重影效果。

5 选择切角矩形工具，在画面中绘制一个切角矩形形状，设置该形状的填充类型为"实底"，颜色为"#F31515"，并取消勾选"阴影"复选框。选择垂直文字工具，在画面中输入文字"正品"，设置文字字体为"方正字迹-吕建德字体"，字体颜色为"#FFFFFF"，字体大小为"65"，调整文字的位置，效果如图14-27所示。

图14-27

6 关闭字幕设计器，将项目面板中的字幕文件拖动到V2轨道上的时间指示器位置，并调整该字幕的出点与第1个视频素材的出点一致，然后在字幕文件的入点位置添加"交叉缩放"视频过渡效果，如图14-28所示。

图14-28

7 选择【文件】/【新建】/【字幕】命令，打开"新建字幕"对话框，在"标准"下拉列表中选择"开放式

字幕"选项，其他参数保持默认设置，单击 确定 按钮，如图14-29所示。

图14-29

8 将时间指示器移动到"00:00:04:18"位置，再次新建"旧版标题"字幕。

9 进入字幕设计器，选择文字工具 T，在画面中输入描述性的文字内容。在字幕设计器右侧的"变换"栏中设置Y位置为"1005"；在"属性"栏中设置字体为"方正兰亭中粗黑_GBK"，字体大小为"50"；在"填充"栏中设置字体颜色为"白色"；在"阴影"栏中勾选"阴影"复选框，为文字添加阴影效果；在字幕设计器左侧单击"水平居中对齐"按钮 回，效果如图14-30所示。

图14-30

10 关闭字幕设计器，将项目面板中的"字幕02"字幕文件拖动到V2轨道上的时间指示器位置，并调整该字幕的出点与第2个视频素材的出点一致。

11 按住【Alt】键，选择"字幕02"字幕文件，将其向右拖动进行复制，并调整该字幕的出点与第3个视频素材的出点一致，如图14-31所示。

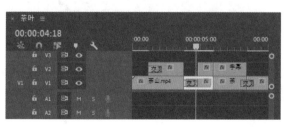

图14-31

12 将时间指示器移动到第3个视频素材处，双击复制后的字幕文件，进入字幕设计器，修改其中的文字内容，并使文字保持水平居中对齐，效果如图14-32所示。

图14-32

13 使用相同的方法制作其他视频片段的字幕，效果如图14-33所示。需要注意的是，第10段和第11段视频素材的字幕相同，第12段视频素材的字幕出点位置为"00:00:56:17"，如图14-34所示。

图14-33

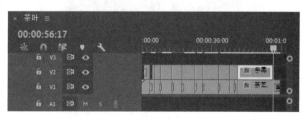

图14-34

14 将项目面板中的"茶品包装.png"图片素材拖动到V2轨道上当前时间指示器位置，在该素材的入点处添加默认的视频过渡效果，并将该素材的出点调整至与V1轨道上最后一个视频素材的出点一致。

15 选择该素材，打开效果控件面板，展开"运动"栏，调整"缩放"为"80"。按住【Alt】键，选择V2轨道上任意一个字幕文件向右拖动进行复制，调整字幕入点和出点与图片素材的入点和出点一致，然后在字幕设计器中修改该字幕的文字内容，效果如图14-35所示。

图14-35

16 将时间指示器移动至"00:00:34:02"位置，选择矩形工具■，在节目面板中绘制一个矩形框，打开基本图形面板，在其中设置矩形颜色为黑色，透明度为"60"，效果如图14-36所示。

图14-36

17 选择垂直文字工具■，在矩形中输入文字"鲜茶"，在基本图形面板中设置文字的字体、大小、间距，如图14-37所示。

图14-37

18 将文字居中对齐于矩形，在节目面板中选择矩形和文字，并复制粘贴到右侧，然后修改文字内容，效果如图14-38所示。

图14-38

19 在时间轴面板中设置该素材的出点为"00:00:37:24"，并在该文字的入点位置添加"交叉溶解"视频过渡效果。

20 按空格键在节目面板中预览视频，按【Ctrl+S】组合键及时保存。

14.3.6 添加音频并导出最终效果

扫码看效果

本节需要为整个视频片段添加音频效果，然后将视频导出为MP4格式。其主要操作步骤如下。

1 将"背景音乐.mp3"音频素材拖动到A1轨道上的"00:00:00:00"位置，使用剃刀工具◆在"00:00:59:18"位置剪切音频素材，删除剪切后的后半段音频，如图14-39所示。

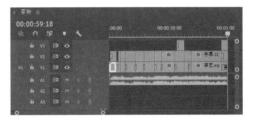

图14-39

2 按空格键试听音频，发现音频音量过高，需要调整。选择A1轨道上的音频素材，进入效果控件面板，展开"音量"栏，调整其中的"级别"参数，如图14-40所示。

图14-40

3 由于音频从中间被剪切过，因此音频的结尾处显得较为突兀，此时可以为音频制作淡出效果，让音频慢慢结束。放大A1轨道，单击A1轨道上的"显示关键帧"按钮，在弹出的快捷菜单中选择【轨道关键帧】/【音量】命令，设

置关键帧属性为音量。

4 将时间指示器移动到"00:00:56:19"位置，单击A1轨道上的"添加-移除关键帧"按钮，设置该关键帧为淡出的开始点；按【Shift+O】组合键转到视频的出点位置，并添加关键帧，设置该关键帧为淡出的结束点，如图14-41所示。

图14-41

5 将鼠标指针移至淡出结束点的关键帧上，当鼠标指针变为形状时，向下拖动鼠标，降低音量，如图14-42所示。

图14-42

6 选择【序列】/【渲染入点到出点】命令，待渲染完成后，按【Ctrl+S】组合键保存文件，然后将该文件打包，并将视频导出为MP4格式。

巩固练习

1. 制作图书商品短视频

本练习将制作一个图书商品短视频，要求短视频画面剪辑自然、信息丰富，充分展现出商品特点。制作时，可先删除视频素材中的原始音频，然后对视频素材进行剪辑处理并重新添加合适的背景音乐，最后添加文字。参考效果如图14-43所示。

 素材文件\第14章\"图书商品素材"文件夹
效果文件\第14章\图书商品短视频.mp4

图14-43

2. 制作家居用品短视频

本练习将利用提供的视频素材制作一个家居用品短视频，要求为该视频素材添加合适的背景音乐与字幕。制作时，为了丰富画面效果，可为字幕应用一些简单的动效。参考效果如图14-44所示。

 素材文件\第14章\"家居用品素材"文件夹
效果文件\第14章\家居用品短视频.mp4

图14-44

3. 制作枸杞商品短视频

本练习将制作一个"枸杞"商品短视频，要求短视频的画面效果美观、视频过渡自然。制作时，可先对视频素材进行剪辑、拼接，剪辑时相同的视频内容可只保留一段；然后对视频片段进行调色，使画面效果更加美观、自然，调色时考虑到整个短视频的色调需要保持一致，可新建调整图层，然后在调整图层上进行调色，最后将调整图层应用到所有视频片段中。参考效果如图14-45所示。

 素材文件\第14章\枸杞视频素材.mp4
效果文件\第14章\枸杞商品短视频.mp4、枸杞
商品短视频.prproj

图14-45

技能提升

高品质的商品短视频是吸引消费者点击和购买商品的重要因素。要想制作出高品质的商品短视频，不仅需要制作者熟练掌握后期编辑技术，还需要拍摄者拍出符合要求的视频素材。在进行商品短视频拍摄时，可以运用以下技巧。

1. 保持画面稳定

画面稳定是短视频拍摄的核心，拍摄时尽量使用三脚架，避免因变焦出现画面模糊不清的情况。若没有三脚架，则可右手正常持机，左手扶住摄像机使其稳定，若胳膊肘能够顶住身体找到第三个支点，则摄像机会更加稳定。此时还可双手紧握摄像机，将摄像机的重心放在腕部，同时保持身体平衡；也可找依靠物来稳定重心，如墙壁、柱子、树干等。若需要进行移动拍摄，则应尽量保证双手紧握摄像机，将摄像机重心放在腕部，两肘夹紧肋部，双腿跨立，稳住身体重心。

2. 合理掌控拍摄时间

拍摄短视频时，需要通过不同的镜头展示不一样的效果。同一个动作或同一个场景如果通过几段甚至十几段不同镜头的短视频进行连续展现，则效果会生动许多。因此，可分镜头拍摄多段短视频，然后将视频片段剪辑成一个完整的短视频。拍摄短视频时还需对拍摄时间进行控制，保证特写镜头控制在2~3秒，近景3~4秒，中景5~6秒，全景6~7秒，大全景6~11秒，而一般镜头控制在4~6秒。对拍摄时间进行控制，可以方便后期的制作，让观看者看清楚拍摄的场景并明白拍摄者的意图。

3. 合理运用拍摄视角

在拍摄短视频时，若一镜到底，则可能会显得乏味。因此，可通过不同的拍摄视角进行拍摄，展示拍摄主体的不同角度。镜头由下至上拍摄主体，可以使主体的形象变得高大；镜头由上至下拍摄主体，可使主体的形象变得渺小，并产生戏剧性的效果；镜头由远及近拍摄主体，可以使主体的形象由小变大，不仅能突出拍摄主体的整体形象，还能突出主体的局部细节；镜头由近及远拍摄主体，可以使主体的形象由大变小，从而与整体画面形成对比、反衬等效果。注意在拍摄过程中镜头的移动速度要匀称，除特殊情况外，尽量不要出现时快时慢的现象。

4. 保持画面水平

保持摄像机处于水平状态，尽量让画面在取景器内保持平衡，这样拍摄出来的画面才不会倾斜。因此在拍摄过程中，应确保取景的水平线（如地平线）和垂直线（如电线杆或大楼）平行于取景器或液晶屏的边框，效果如图14-46所示。

图14-46